5G 增强技术丛书

5G通信系统定位技术原理与方法

孙韶辉 任斌 达人 范绍帅 等◎编著

Principles and Methods of 5G Wireless Positioning Technology

U0341369

人民邮电出版社

北 京

图书在版编目（ＣＩＰ）数据

5G通信系统定位技术原理与方法 / 孙韶辉等编著
. -- 北京 ：人民邮电出版社，2023.3（2023.9重印）
（5G增强技术丛书）
ISBN 978-7-115-60619-8

Ⅰ. ①5… Ⅱ. ①孙… Ⅲ. ①第五代移动通信系统—
定位—研究 Ⅳ. ①TN929.538

中国版本图书馆CIP数据核字(2022)第234599号

内 容 提 要

本书介绍了 5G 通信系统定位技术的原理与方法。全书共分为 9 章，第 1 章介绍蜂窝网络定位技术发展概述，第 2 章介绍蜂窝网络定位技术基础，第 3 章介绍 5G 位置服务架构和信令过程，第 4～6 章分别介绍 5G 下行定位技术、5G 上行定位技术和 5G 上下行联合定位技术，第 7 章介绍 5G 蜂窝网络和非蜂窝网络的融合定位技术，第 8 章介绍 5G NR 载波相位定位技术，第 9 章介绍 5G 定位标准的进展和趋势展望。

本书适合工程技术人员、高校通信相关专业的老师和学生及通信行业从业人员阅读。

◆ 编　著　孙韶辉　任　斌　达　人　范绍帅　等
　　责任编辑　王海月
　　责任印制　马振武
◆ 人民邮电出版社出版发行　　北京市丰台区成寿寺路 11 号
　　邮编　100164　　电子邮件　315@ptpress.com.cn
　　网址　https://www.ptpress.com.cn
　　固安县铭成印刷有限公司印刷
◆ 开本：787×1092　1/16
　　印张：16.25　　　　　　　　　　2023 年 3 月第 1 版
　　字数：315 千字　　　　　　　2023 年 9 月河北第 2 次印刷

定价：129.80 元

读者服务热线：(010)81055493　　印装质量热线：(010)81055316
反盗版热线：(010)81055315
广告经营许可证：京东市监广登字 20170147 号

前言

　　随着信息时代的到来和定位技术的快速发展，蜂窝移动通信系统定位技术在产业界和学术界备受关注。蜂窝移动通信系统定位技术从第二代（2G）蜂窝移动通信系统开始进行标准化工作，持续演进到第五代（5G）蜂窝移动通信系统。目前，高精度的位置服务已经成为 5G 蜂窝移动通信系统的重要应用领域，被广泛地应用于各个行业和领域中。

　　5G 蜂窝移动通信系统在第三代合作伙伴计划（3GPP）的标准规范从 Release 15 发展到 Release 18 的过程中，基于 5G 蜂窝移动通信系统定位技术的定位精度也从米级逐步走向厘米级。3GPP Release 15 支持基于第四代（4G）蜂窝移动通信系统的全部蜂窝网络定位方法，以及 4G 支持的各种非蜂窝网络定位方法。3GPP Release 16 完成了基于 5G 新空口（NR）的第一个标准化版本，定义了定位方案的协议架构、接口信令、上下行定位参考信号、定位测量量、物理层和高层过程。3GPP Release 17 完成了提升定位精度、降低定位时延、支持非连接态终端定位和支持按需下行定位参考信号等的标准化工作，使得定位精度提升到分米级别。3GPP Release 18 正在开展支持直通链路（Sidelink）定位、5G 蜂窝网络完好性、5G NR 载波相位定位、低功耗高精度定位和低能力等级终端定位等方面的研究项目，一方面力图不断扩展定位的应用场景和范围，另一方面也在开发更高精度的定位能力。在此过程中，中国信息通信科技集团有限公司旗下的中信科移动通信技术股份有限公司和北京邮电大学的专家们积极地推动相关技术研究与国际标准化制定工作，为技术发展做出了重要贡献。

　　本书着重向读者介绍 5G 通信系统定位技术和标准设计，包括蜂窝网络定位技术发展概述、蜂窝网络定位技术基础、5G 位置服务架构和信令过程，以及基于 5G NR 信号的下行、上行和上下行联合定位技术。此外，本书还向读者介绍了 5G 蜂窝网络和非蜂窝网络的融合定位技术、5G NR 载波相位定位技术，以及 5G 定位标准的进展和发展趋势展望等。通过本书，读者可以了解 5G NR 从 Release 15 到 Release 17 定位标准的设计方法和特点，以及对 5G Release 18 后续版本和 6G 的发展趋势展望，对于 5G 通信系统定位技术的研究与应用具有参考意义。

　　本书主要由孙韶辉组织编写，其他参与编写的人员包括任斌、达人、范绍帅、任晓涛、李辉、李健翔、侯云静、肖国军、全海洋、张惠英、郭秋格、方荣一、于哲、师源谷、田晓阳、张不方、贾艺楠、王佰晓、荣志强、母蕊和胡博洋等。本书凝聚了中信科移动通信技术股份有限公司全体同事，以及北京邮电大学网络与交换技术国家重点实验室多年来的研究和标准化工作的成果，作者在此一并表示衷心的感谢。鉴于作者水平有限，书中难免存在疏漏和错误，殷切希望广大读者批评指正。

编著者

目录

第1章

蜂窝网络定位技术 发展概述

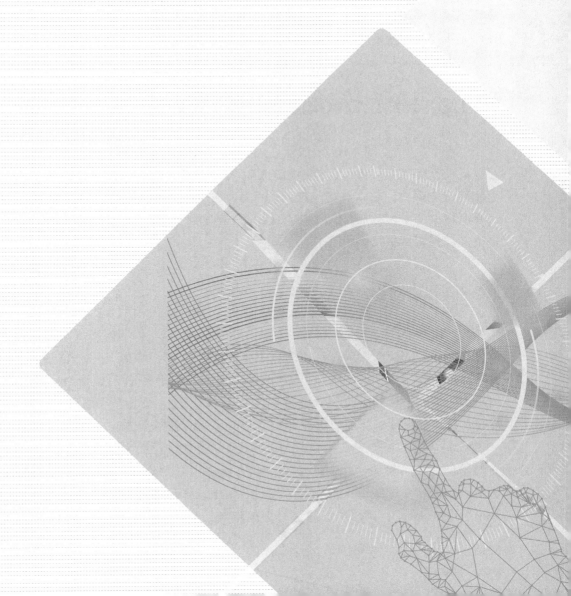

(•) 1.1 引言

随着信息时代的到来和移动互联网相关技术的快速发展，泛在的高精度定位信息应用已经从军事、航空、航海、导航等传统领域逐渐进入移动物联网和人们的生活中，成为国家安全、经济建设和社会生活的关键。定位是指确定某个物体在某一个坐标系中的位置过程。无线定位是指利用无线电波信号的特性获取定位测量量，并采用适当的定位算法来获得目标位置的过程。传统的非无线定位技术包括激光定位、基于相机等视觉信息的定位技术。相比于传统的非无线定位技术，无线定位技术采用的无线电波受气候条件的影响较小，具有易于部署实施、工程可实现性高及可靠性高等优点，因此无线定位技术成为当前应用最为广泛的定位技术。

(•) 1.2 无线定位系统的概述和技术发展

从服务范围角度来划分，无线定位系统可被分为无线广域定位系统和无线局域网/个域网定位系统。其中，无线广域定位系统主要包括全球导航卫星系统（GNSS）和蜂窝网络定位系统。无线局域网/个域网定位系统主要包括无线局域网定位系统、蓝牙定位系统和超宽带（UWB）定位系统。

1.2.1 蜂窝网络定位系统

20世纪70年代，蜂窝小区和频率复用的概念被提出，无线移动通信时代随之到来。蜂窝网络作为如今应用最为广泛的广域通信网络之一，在城市、乡村等均实现了广域覆盖，其基本功能是提供语音和视频等通信业务。由于应急呼叫的业务需求，在2G通信系统中，我们开始了基于蜂窝网络的定位技术研究。随着移动互联网和工业物联网等技术的快速发展，终端定位服务在5G通信系统中越来越重要。

将5G蜂窝网络的定位测量量分为以下三类。第一类，与信号空口传输时延相关的测量量，包括相对到达时间（RTOA）、参考信号到达时间差（RSTD）、用户设备收发时间差（User Equipment Rx-Tx Time Difference）和基站收发时间差（gNB Rx-Tx Time Difference）；第二类，与信号角度相关的测量量，包括到达角（AoA）和离开角（AoD）；第三类，与信号功率强度相关的测量量，包括接收参考信号功率（RSRP）、参考信号接收质量（RSRQ）。根据对上述定位测量量的划分，5G蜂窝网络支持以下三类定位方法。第一类，基于信号空口传输时延的定位方法，包括下行链路到达时间差（DL-TDOA）、上行链路到达时间差（UL-TDOA）和多小区往返行程时间（Multi-RTT）；第二类，基于信号角度的定位方法，包括上行链路到达角（UL-AoA）和下行链路离开角（DL-AoD）；第三类，基于信号功率强度的定位方法，包括增强小区标识（E-CID）。

1.2.2　卫星定位系统

图1-1给出了网络辅助的全球导航卫星系统（A-GNSS）示意图。在A-GNSS的工作过程中，A-GNSS参考网络首先接收和处理GNSS信号，并将GNSS信息和辅助信息提供给本地定位服务器，然后通过蜂窝移动通信网络将上述GNSS信息和辅助信息作为定位辅助信息提供给用户设备。定位辅助信息包括卫星星历、频率范围、标准时间和近似位置等信息，能帮助用户设备快速地检测和锁定卫星信号，降低定位时延，提升定位精度。与没有网络辅助的GNSS相比，A-GNSS信号的搜索跟踪性能和速度都得以提升，并且可以在半开阔区域内或受到一定遮挡的情况下实现卫星导航定位。通过蜂窝移动通信网络播发GNSS信息和辅助信息，可以在卫星导航过程中协助用户设备缩短卫星初搜的时间并提升定位精度。

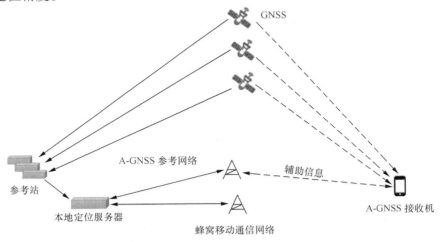

图1-1　A-GNSS示意图

A-GNSS缩短了定位时间，提升了定位灵敏度。根据蜂窝移动通信网络提供的辅助信息，用户设备在检测卫星信号之前就能够知道应该捕获的卫星星历等信息。用户设备捕获到信号后，能直接利用测量量和卫星星历进行位置解算，使得首次定位的总时间从分钟级降到秒级。同时由于用户设备利用辅助信息预先就知道需要搜索哪些卫星，信号搜索跟踪过程变得简单，可以有针对性地压缩搜索频带、降低噪声带宽、延长信号能量的累计时间，从而提升信号接收灵敏度，使用户设备可以捕获更弱的信号。

除了可以缩短定位时间外，A-GNSS还可以提升定位精度。辅助信息使得A-GNSS接收机能捕获和跟踪较弱的卫星信号，与普通接收机相比，它能利用更多的卫星进行定位，有更好的几何精度因子，定位精度得到了改善。

1.2.3 无线局域网定位系统

无线局域网定位系统采用基于电气电子工程师学会（IEEE）802.11标准的定位技术，其中，IEEE 802.11标准简称为Wi-Fi。基于Wi-Fi的室内定位技术具有部署简单、易于实现、抗干扰能力强且定位精度较高等优势。它利用附近Wi-Fi和其他无线接入点来发现设备所在的位置，结合某些相关算法来确定目标位置。基于Wi-Fi的室内定位技术的演进过程大致划分为以下3个阶段。第1个阶段，1999年，3个最初的Wi-Fi版本只支持基于通信信号的接收信号强度指示（RSSI）进行指纹匹配或三边定位；IEEE 802.11a采用正交频分复用（OFDM）调制技术，与RSSI相比，可以提供更多信息维度的信道状态信息（CSI），能够获得亚米级的指纹定位精度。第2个阶段，2009年发布的IEEE 802.11n标准，支持多输入多输出（MIMO）技术，从而支持基于AoA的三角定位，能够获得米级定位精度。第3个阶段，IEEE 802.11-2016标准之后，Wi-Fi新增加了精细时间测量（FTM）量，从而支持RTT与RSSI融合的定位算法，获得更为准确的距离测量量，并进一步与AoA结合，在小范围内提供亚米级定位精度。

基于Wi-Fi的室内定位技术主要分为4种。基于RSSI的定位技术、指纹定位技术、基于AoA的定位技术和基于到达时间（TOA）的定位技术。基于RSSI的定位技术需要测量客户端设备接收到的多个不同接入点的信号强度，然后利用传播模型解算出客户端设备与接入点之间的距离，再根据三边测量法估计位置。虽然这种定位技术容易实现，但不能提供较高的定位精度。指纹定位技术可以分为以下两个阶段，即离线阶段和在线跟踪阶段：离线阶段通过探测接收信号强度建立RSSI指纹库；在线跟踪阶段将在未知位置上测量的RSSI向量与指纹库数据进行比较，并返回最接近的匹配项作为估计的用户位置。指纹定位精度取决于数据库的大小和系统针对环境变化的不断校准。基于AoA的定位技术通过感知其他设备发送信号的到达角度，利用三角测量方法来解算客户端的位置，这种技术通常比其他技术更准确，但需要特殊的硬件才能部署。基于TOA的定位技术使用无线接口提供的时间戳计算信号的RTT，从而估计客户端设备与接入点之间的距离，然后利用三边测量技术来解算客户端位置。基于Wi-Fi的室内定位技术的问题在于Wi-Fi标准面向无线局域网网络设计，信号覆盖范围为10m量级，且不具有类似于蓝牙信标的小型化节点，导致进行大范围覆盖需要极高的建设成本。

1.2.4 蓝牙定位系统

蓝牙是一种常用的短距离无线通信技术，工作于非授权的工业、科学和医疗（ISM）频带，主要用于无线个域网。蓝牙在定位方面的发展可以分为以下3个阶段。第1个阶段，2002年，蓝牙1.1版本（IEEE 802.15.1-2002）中引入了测量RSSI的功能，从而可以基于蓝牙实现信号强度的指纹匹配定位，或通过路径损耗模型解算信号传播距离后的三边定位，定位误差可达数米；第2个阶段，2010年，蓝牙4.0版本中的低功耗蓝牙（BLE）协议推出了蓝牙信标产品，使得蓝牙定位网络的部署密度高，成本得到了极大程度的降低，在部署密度较高的情况下，定位精度最高能达到米级；第3个阶段，2019年，蓝牙5.1版本进一步支持AoA和AoD测量功能，融合RSSI和AoA/AoD测量结果，能够提供亚米级定位精度。

蓝牙定位系统根据定位设备的不同，可被分为网络侧定位与终端侧定位。网络侧定位由蓝牙信标、终端设备、蓝牙网关、无线局域网及后台服务器组成；终端侧定位系统由蓝牙信标与终端设备组成。定位的原理是蓝牙信标定时广播数据包，终端设备获取到蓝牙信标的RSSI信息后，通过特定的定位算法解算出定位结果。由于蓝牙设备具有体积小、易集成于多种终端设备及功耗低等特点，蓝牙定位系统被广泛应用。目前蓝牙定位系统主要被应用于室内小范围定位，例如展馆定位、医院中的人员定位管理等。蓝牙定位系统存在以下两方面问题：第一，蓝牙信号带宽只有2MHz，在室内环境中存在严重的多径干扰，定位精度的进一步提高较为困难；第二，面向无线个域网络设计，信标节点覆盖范围一般仅为10m左右，如果需要大范围定位服务，则需要部署巨量节点，成本较高。

1.2.5 超宽带定位系统

从1988年开始，美国联邦通信委员会（FCC）向通信行业征求意见，主要针对的是UWB对其他无线通信系统的干扰和它们之间的兼容问题。2002年，FCC解除了对UWB的军用限制，批准向民众开放使用，此外，还修改了UWB的技术标准，规划了频谱使用范围为3.1GHz~10.6GHz，并且只要在规定的功率辐射范围内就可以商用，这一举措极大地促进了UWB技术的发展。目前在国际范围内应用最广泛的两种UWB技术标准是支持采用多频带方式来实现UWB技术的多频带OFDM联盟（MBOA）标准和支持采用单频带方式的直接序列超宽带（DS-UWB）标准。

UWB技术通过发送和接收具有纳秒级或微秒级以下的极窄脉冲来实现无线传输。由于脉冲时间宽度极窄，因此可以实现频谱上的UWB技术。UWB技术使用的典型带宽在500MHz以上，具有精度高、穿透能力强、抗多径干扰能力强和功耗低等特点。UWB定位通过基站、定位标签发送和接收脉冲信号来获取信号到达时间的相关测量量，然后通过定位算法解算得到位置坐标，定位精度可达厘米级。

(•)) 1.3 蜂窝网络定位技术的演进过程

第一代蜂窝移动通信系统利用模拟信号进行通信，没有统一的、标准化的定位方法，实现定位功能需要单独加装专用于定位的设备。例如，TruePosition公司通过在美国的高级移动电话系统（AMPS）上加装特殊设备实现基于上行信号的到达时间差（TDOA）测量与终端位置估计。该方案在基站侧安装信号接收机，监听终端发送的特定信号并记录信号到达基站的时间，将不同基站间的信号到达时间相减获得TDOA测量量，并对终端进行定位，定位精度约为190m。

从2G蜂窝移动通信系统向5G蜂窝移动通信系统演进的蜂窝网络定位技术标准如图1-2所示。

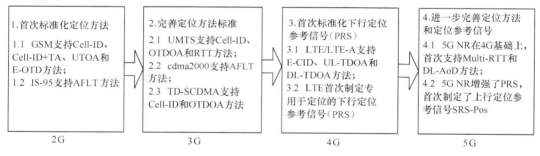

图1-2 蜂窝网络的定位技术演进过程

2G时代，FCC出于对公共安全的考虑，在1996年颁布了E911法案，要求电信运营商必须在为用户提供应急呼叫的条件下，提供至少150m精度的定位服务，从而推动为专用于移动通信的2G蜂窝网络制定的定位方法标准，进行通信和定位功能的融合。其中，具有代表性的定位方法包括小区标识（Cell-ID）、Cell-ID与定时提前量（TA）联合定位、UL-TDOA和增强观测时间差（E-OTD）。Cell-ID将当前终端接入的小区位置作为用户设备（UE）的最终定位位置，定位精度往往较低。针对2G的GSM网络时分多址（TDMA）接入的特点，TA也可用来辅助定位。例如，TA与Cell-ID相结合，并通过将小区天线方向与TA相结合，再利用已知的小区坐标，可以解算出用户的位置坐标。然而，此类方案受到小区大小与TA测量精度的影响，通常定位精度只能达到百米量级。UL-TDOA与E-OTD的引入使得蜂窝网络的定位精度得到了明显的提升。对于UL-TDOA，小区通过测量UE在随机接入信道中的突发脉冲来测量到达时间。对于E-OTD，UE通过接收小区发送的广播控制信道来测量到达时间。

第三代（3G）移动通信系统的通用移动通信系统（UMTS）网络标准仍然支持Cell-ID定位方法，并支持通过测量下行专用物理控制信道和上行专用物理控制信道的信号到达时间实现RTT的定位方法。此外，UMTS还定义了观测到达时间差（OTDOA）定位方法，由基站进行信号广播，UE接收不同基站的公共导频信道并记录信号到达时间差以解算定位结果，定位误差在几十米量级。此外，cdma2000网络标准沿用了IS-95的高级前向链路三边测量（AFLT）定位方法，定位精度为几十米量级。中国提出的时分同步码分多址（TD-SCDMA）网络标准支持Cell-ID 和OTDOA定位方法，定位精度与UMTS网络接近。

如上所述，2G和3G蜂窝网络的定位技术完全复用移动通信系统的导频或控制信号，没有定义专用的定位参考信号，定位精度有限。

第四代（4G）移动通信系统也被称为长期演进（LTE）系统。4G与2G/3G蜂窝网络相比，最大的不同在于3GPP在Release 9标准版本中定义了专用的定位参考信号（PRS），并且专门配置了PRS时频资源。PRS采用一组经过四相移相键控（QPSK）调制的Gold伪随机序列，在资源映射过程中对于PRS所映射到的资源单元采用梳状结构排列，每个OFDM符号的梳状尺寸均为6。UE通过接收相邻基站发送的PRS估计相邻基站的到达时间差并进行定位，即OTDOA定位方法。LTE最大可使用的20MHz带宽将定位精度提升至几十米的量级。此外，由于大规模天线的引入，AoA的精度有所提升，在4G通信系统中，基于RTT与AoA的E-CID方案的定位精度得到了进一步提升。

综上所述，虽然4G蜂窝网络比2G和3G蜂窝网络更加注重定位功能并设计了专用的定位参考信号，但是由于4G信号带宽最大仅为20MHz，并且基站间距在百米级，因此定位精度仍然难以满足米级的高精度定位需求。

随着工业物联网和位置服务应用的发展，5G通信系统对UE的定位精度性能提出了比4G通信系统更严格的指标。例如，3GPP技术规范（TS）22.261为此专门定义了7个定位性能级别，水平绝对定位精度要求从最低10m到最高0.3m，垂直绝对定位精度要求从最低3m到最高2m。其中，为了满足5G通信系统的定位需求，5G通信系统同时支持5G无线接入技术（RAT-dependent）和独立于5G无线接入技术（RAT-independent）的定位技术。与基于4G信号的RAT-dependent定位技术相比，基于5G NR信号的RAT-dependent定位技术具有其独特的优势，包括5G NR比4G LTE支持更大的载波信号带宽（其中，低于6GHz频段可支持100MHz信号带宽，高于6GHz的毫米波频段支持400MHz信号带宽），支持更大规模的天线技术。这些技术优势有利于提高5G通信系统的定位精度。

3GPP 5G NR定位技术标准化的技术框图如图1-3所示。3GPP Release 15支持基于4G的全部RAT-dependent定位技术,以及4G所支持的各种RAT-independent定位技术(例如,A-GNSS定位、蓝牙定位、无线局域网定位、传感器定位等)。3GPP Release 16完成了基于5G NR信号的第一个正式版本的标准化工作,定义了5G定位参考信号、定位测量量和定位上报等相关流程及接口信令,支持6种基于5G NR的RAT-dependent定位技术。为了获取比3GPP Release 16更高的定位精度和更低的定位时延,3GPP Release 17研究了影响高精度定位的因素,并且完成了消除UE和基站收/发定时误差、非视距/多径影响、提升UL-AoA和DL-AoD的定位精度的标准化工作。5G增强(5G-Advance)通信系统针对垂直行业等新应用场景提出了厘米级的高精度定位需求、基于直通链路的相对定位和测距需求、低功耗高精度定位需求和基于蜂窝网络的定位完好性功能需求等。为了满足上述需求及支持更多应用场景中的定位,在Release 18定位研究项目中,3GPP正在开展7个方面的研究工作,包括直通链路定位、NR载波相位定位、载波聚合定位、低功耗高精度定位、人工智能(AI)定位、低能力等级终端定位和蜂窝网络定位完好性等。

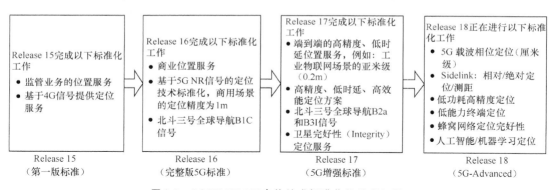

图1-3　3GPP 5G NR定位技术标准化的技术框图

(((•))) 1.4　小结

本章首先介绍了无线定位的定义,然后介绍了蜂窝网络定位系统、卫星定位系统、无线局域网定位系统、蓝牙定位系统和超宽带定位系统,最后介绍了从2G到5G蜂窝网络定位技术演进过程。

(((•))) 参考文献

[1] Zafari F, Gkelias A, Leung K K. A Survey of Indoor Localization Systems and Technologies[J]. IEEE Communications Surveys & Tutorials, 2019:2568-2599.

[2] 国际，王凯，张湘熠，等. A-GNSS 国内应用情况分析[C]. 第十二届中国卫星导航年会论文集——S02 导航与位置服务，2021: 42-44.

[3] Deng Zhongliang, Yu Yanpei, Wan Neny, et al. Situation and Development Tendency of Indoor Positioning[J]. Communications China, 2013.

[4] 张光华，任晶秋，孟维晓. 3 颗星的 AGNSS 增强定位方法[J]. 四川大学学报:工程科学版，2013(S2): 6.

[5] Xue W, Qiu W, Hua X, et al. Improved Wi-Fi RSSI Measurement for Indoor Localization[J]. IEEE Sensors Journal, 2017, P(7):1.

[6] Tian H, Zhu L. MIMO CSI-based Super-resolution AoA Estimation for Wi-Fi Indoor Localization[J]. ACM International Conference Proceeding Series, 2020: 457-461.

[7] Yu Y, Chen R, Chen L, et al. A Robust Dead Reckoning Algorithm based on Wi-Fi FTM and Multiple Sensors[J]. Remote Sensing, 2019, 11(5):504.

[8] Guo G, Chen R, Ye F, et al. Indoor Smartphone Localization: A Hybrid Wi-Fi RTT-RSS Ranging Approach[J]. IEEE Access, 2019, 7:1.

[9] Lanzisera S, Zats D, Pister K. Radio Frequency Time-of-Flight Distance Measurement for Low-Cost Wireless Sensor Localization[J]. IEEE Sensors Journal, 2011, 11(3):837-845.

[10] Sheng Z, Pollard J K. Position Measurement Using Bluetooth[J]. IEEE Transactions on Consumer Electronics, 2006, 52(2):555-558.

[11] Mendoza-Silva G, Matey-Sanz M, Torres-Sospedra J, et al. BLE RSS Measurements Dataset for Research on Accurate Indoor Positioning[C]// Data. 2019.

[12] Pau G, Arena F, Gebremariam Y E, et al. Bluetooth 5.1: An Analysis of Direction Finding Capability for High-Precision Location Services[J]. Sensors, 2021, 21(11):3589.

[13] Toasa F. A., Tello-Oquendo L., Peńafiel-Ojeda C. R., et al., Experimental Demonstration for Indoor Localization based on AoA of Bluetooth 5.1 Using Software Defined Radio [C]// 2021 IEEE 18th Annual Consumer Communications & Networking Conference (CCNC), 2021.

[14] 何志爽. 融合 Wi-Fi 和蓝牙的室内定位技术研究[D]. 南华大学.

[15] Karapistoli E, Pavlidou F N, Gragopoulos I, et al. An Overview of the IEEE 802.15.4a Standard[J]. IEEE Communications Magazine, 2010, 48(1):47-53.

[16] Mahfouz M R, Fathy A E, Kuhn M J, et al. Recent Trends and Advances in UWB Positioning[C]// IEEE Mtt-s International Microwave Workshop on Wireless Sensing. IEEE, 2009.

[17] Toh K. B., Tachikawa S. Performance Evaluation of Received Response Code Sequence DS-UWB System in Comparison with MBOK DS-UWB System[C], 2008 14th Asia-Pacific Conference on Communications, 2008:1-5.

[18] Reed, Jeffrey, H. An Overview of the Challenges and Progress in Meeting the E-911[J]. IEEE Communications Magazine, 1998.

[19] 邓中亮，王翰华，刘京融. 通信导航融合定位技术发展综述[J]. 导航定位与授时，2022(009-002).

[20] Trevisani E, Vitaletti A. Cell-ID Location Technique, Limits and Benefits: An Experimental Study[C]// Sixth IEEE Workshop on Mobile Computing Systems and Applications. IEEE, 2005.

[21] 徐西宝. 基于 GSM 网络的实用 Cell-ID+TA 定位技术研究[D]. 上海大学，2002.

[22] Zhao Y. Mobile Phone Location Determination and its Impact on Intelligent Transportation Systems[J]. IEEE Transactions on Intelligent Transportation Systems, 2000, 1(1):55-64.

[23] Charitanetra S, Noppanakeepong S. Mobile Positioning Location using E-OTD Method for GSM Network[C]// Conference on Research & Development. IEEE, 2003.

[24] Borkowski J, Niemela J, Lempiainen J. Enhanced Performance of Cell ID+RTT by Implementing Forced Soft Handover Algorithm[C]// IEEE Vehicular Technology Conference. IEEE, 2004.

[25] LI-Shi-he, Yang G L, Feng L I, et al. An Overview of Air Interface Technology of TD-SCDMA RTT[J]. Beijing Telecom Science & Technology, 2001.

[26] 王映民，孙韶辉. TD-LTE-Advanced 移动通信系统设计[M]. 北京：人民邮电出版社，2012.

[27] Vaghefi R M, Buehrer R M. Improving Positioning in LTE through Collaboration[C]// Positioning, Navigation & Communication. IEEE, 2014.

[28] 3GPP TS 22.261 V16.0.0. Service Requirements for the 5G System; Stage 1 (Release 16)[R]. 2020.

[29] 孙韶辉，高秋彬，杜滢，等. 5G 移动通信系统设计与标准化进展[J]. 北京邮电大学学报，2018(5):18.

[30] 王映民，孙韶辉. 5G 移动通信系统设计与标准详解[M]. 北京：人民邮电出版社，2020.

[31] Intel Corporation, CATT. RP-210903. Revised WID on NR Positioning Enhancements[R]. 2021.

[32] Ren B, Fang R Y, Ren X T, et al. Progress of 3GPP Rel-17 Standards on New Radio (NR) Positioning[C]// Eleventh International Conference on Indoor Positioning and Indoor Navigation (IPIN), [S.l.:s.n.], 2021.

[33] Intel Corporation, CATT, Ericsson. RP-213588. Revised SID on Study on Expanded and Improved NR Positioning[R]. 2021.

第2章

蜂窝网络定位技术基础

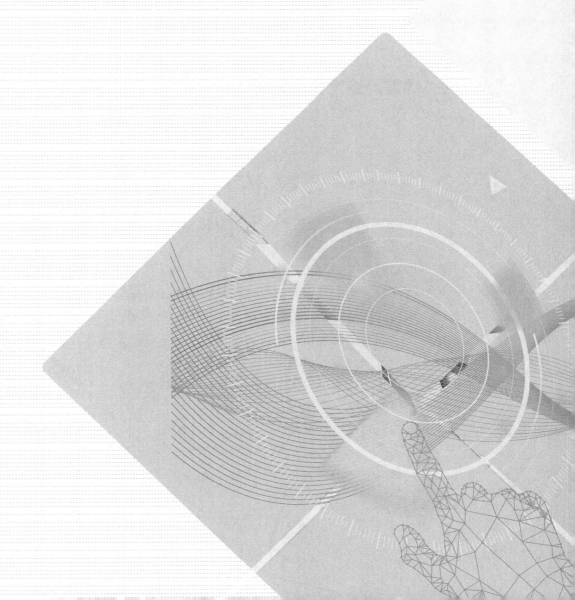

2.1 引言

无线蜂窝系统作为目前被广泛应用的广域通信系统，在城市、郊区等环境下均实现了广泛覆盖，相比于卫星定位系统，具有资源配置灵活、误差来源少和路径损耗低的特点。随着5G蜂窝网络的逐渐完善和5G通信系统定位技术的发展，相比于蓝牙、无线局域网和UWB等个域网或局域网定位技术，5G蜂窝网络的定位技术免去了专用定位网络的建设成本，是解决室内外泛在、高精度定位问题的有效手段。

本章主要介绍蜂窝网络定位的常用技术、定位测量量估计方法、终端位置解算算法和定位性能指标。

2.2 蜂窝网络定位技术

蜂窝网络支持的UE定位技术可以被分为以下三类。

（1）基于非蜂窝网络无线信号的定位技术，例如，A-GNSS基于卫星发送的无线信号进行定位。

（2）基于UE携带的定位传感器（加速度传感器、陀螺仪、磁力计、大气压传感器等）所提供的测量信息进行定位的技术。

（3）基于蜂窝网络（4G和5G蜂窝网络）本身发送的参考信号进行定位的技术。

前两种技术不依赖无线蜂窝网络信号，被称为RAT-independent定位技术，后一种技术依赖于无线蜂窝网络信号，被称为RAT-dependent定位技术。

根据定位参考信号的发射和接收方向的不同，5G蜂窝网络定位技术可以被划分为下行、上行和上下行联合的三大类定位技术：

第一类，下行定位技术包括DL-TDOA、DL-AoD和E-CID；

第二类，上行定位技术包括UL-TDOA和UL-AoA；

第三类，上下行联合定位技术，包括Multi-RTT。

此外，还有基于上述技术组合的NR蜂窝网络混合定位技术。

本节将介绍典型的5G蜂窝网络定位技术（非蜂窝网络定位技术见本书7.2节）。

2.2.1 增强小区标识（E-CID）定位技术

小区标识（CID）定位技术利用UE服务小区的信息（如服务小区天线的位置）来估计UE的位置。相比CID，增强小区标识（E-CID）定位技术还利用UE提供的无线资源管理（RRM）测量量来提高UE定位的精度。E-CID定位不要求UE专为定位目的而提供额外的测量量。

当Release 15 NR标准的基站同时具有4G和5G信号时，可利用4G信号测量的LTE E-CID信息进行定位，即利用LTE RRM测量估计UE位置。Release 16 NR标准增加了NR E-CID功能，即可利用UE提供的NR RRM测量来估计UE位置。在Release 16 NR标准中，可用于NR E-CID的RRM测量包括（参见TS 38.215）同步参考信号接收功率（SS-RSRP）、同步参考信号接收质量（SS-RSRQ）、信道状态信息参考信号接收功率（CSI-RSRP）、信道状态信息参考信号接收质量（CSI-RSRQ）。

NR E-CID采用基于网络的定位方式，即UE将获取的RRM测量量上报给位置管理功能（LMF），由LMF利用上报的RRM测量量及其他已知信息[例如各小区收发点（TRP）的地理坐标]来解算UE的位置。3GPP 标准并没有定义NR E-CID采用的具体算法，常用的方法是由UE所上报的RRM测量量（参考信号接收功率或参考信号接收质量）结合假设的信道路径损耗模型推导出UE与发送参考信号的TRP之间的距离，然后由TRP的地理坐标、UE与TRP的距离以及TRP参考信号发送方向解算出UE的位置。由于假设的信道路径损耗模型与真实的信道路径损耗有差异，以及RRM测量量有误差，推导的UE和TRP之间的距离与UE和TRP之间真实距离的误差一般较大，因此E-CID定位的精度一般较低。

值得一提的是，LTE E-CID测量量包括定时提前量T_{ADV}（参见TS 36.214），T_{ADV}有两个Type：Type1为eNB Rx-Tx时间差和UE Rx-Tx时间差之和；Type2为eNB Rx-Tx时间差。利用T_{ADV}可估算UE与服务小区TRP之间的距离，用于LTE E-CID定位解算。Release 16 NR E-CID的测量量中不包括定时提前量，而Release 17 NR E-CID的测量量包括定时提前量T_{ADV}（参见TS 38.215），但只有gNB Rx-Tx时间差。

2.2.2 下行链路到达时间差（DL-TDOA）定位技术

在DL-TDOA定位技术中，UE根据LMF提供的DL-TDOA辅助数据，得知UE周围TRP发送下行链路定位参考信号（DL PRS）的配置信息，通过接收各TRP发送的DL PRS，获取下行链路定位参考信号到达时间差（DL PRS RSTD）。然后，由UE获取的DL PRS RSTD和其他已知信息（例如，TRP的地理坐标）用基于网络的定位方式或基于UE的定位方式来解算UE的位置。若采用基于网络的定位方式，则由UE将获取的DL

PRS RSTD测量量上报给LMF，由LMF利用上报的测量量及其他已知信息（例如，TRP的地理坐标）来解算UE的位置。若采用基于UE的定位方式，则由UE利用获取的DL PRS RSTD及其他由网络提供的信息（例如，TRP的地理坐标）来解算UE的位置。

Release 16 NR标准没有定义NR DL-TDOA定位的具体算法。每个DL PRS RSTD测量量均为UE从两个TRP（其中一个为参考TRP）接收DL PRS的到达时间之差。每个DL PRS RSTD 测量量（当转换为距离时）可构成一条双曲线，双曲线的焦点为这两个TRP所在的位置，双曲线上的任意点到两个TRP的距离之差为RSTD测量量。UE即位于双曲线之上的某个点。若UE由N个TRP获得$N-1$个DL PRS RSTD测量量，则可构成一个有$N-1$个双曲线方程的方程组。UE的位置可由解算该双曲线方程组得到。图2-1展示了一个用NR DL-TDOA进行二维UE定位的例子，其中，UE由3个TRP得到2个DL PRS RSTD测量量$RSTD_{2,1}$和$RSTD_{3,1}$（TRP1为参考TRP），由$RSTD_{2,1}$和$RSTD_{3,1}$构成2个双曲线，UE位置可由解算这2个双曲线的交点得到。

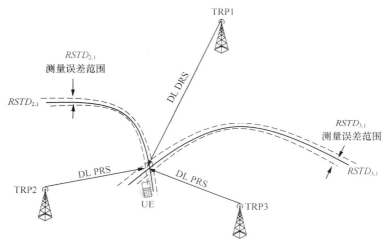

图2-1   NR DL-TDOA定位技术示意图

一般而言，每个DL PRS RSTD测量量都有一定的测量误差。因而，在利用NR DL-TDOA定位时，希望UE能从较多的TRP中获得更多和更准确的DL PRS RSTD测量量，以降低测量误差对UE位置解算的影响，得到更准确的UE位置。这需要合理、优化地设计DL PRS信号（如信号序列、映射模式和静默模式等），使UE从尽可能多的TRP处接收到DL PRS信号并获得准确的DL PRS RSTD测量量。

值得一提的是，NR DL-TDOA定位技术要求各TRP的时间准确同步，各TRP时间同步的准确性将直接影响NR DL-TDOA的定位性能。

2.2.3 上行链路到达时间差（UL-TDOA）定位技术

在NR UL-TDOA定位技术中，UE服务基站先要为UE配置发送上行链路定位参考信号（SRS-Pos）的时间和频率资源（为了简化描述，在本书中以SRS-Pos表示上行链路定位参考信号），并通知LMF SRS-Pos的配置信息。LMF将SRS-Pos的配置信息发给UE周围的TRP。各TRP根据SRS-Pos的配置信息去检测UE发送的SRS-Pos，并获取SRS-Pos的到达时间与TRP本身参考时间的上行相对到达时间差（UL RTOA）。UL-TDOA采用基于网络的定位方式，即各TRP将所测量的UL RTOA传送给LMF，由LMF利用各TRP提供的UL RTOA及其他已知信息（例如，TRP的地理坐标）来解算UE的位置。

UL-TDOA可采用与DL-TDOA类似的算法解算出UE的位置。设共有N个TRP通过测量某个UE发送的SRS-Pos获得N个UL RTOA测量量$RTOA_i(i=1,\cdots,N)$，测量量$RTOA_i$主要取决于UE与TRP_i之间的距离、UE时钟与TRP_i的时钟之间的时偏及测量误差。若从这N个TRP中选某个TRP（如TRP_j）作为参考TRP，并用其余TRP测量的UL RTOA减去参考TRP测量的UL RTOA，便得到$N-1$个TDOA，即$TDOA_{i,j}=RTOA_i-RTOA_j(i=1,\cdots,N;i\neq j)$。若$TRP_i$的时钟与$TRP_j$的时钟完全同步，则$TDOA_{i,j}$（当转换为距离时）代表了UE到$TRP_i$的距离与UE到参考$TRP_j$的距离之差（若$TRP_i$的时钟与$TRP_j$的时钟不完全同步，则$TDOA_{i,j}$还包括$TRP_i$的时钟与$TRP_j$的时钟之间的偏差）。UE与各TRP之间时偏的影响已在相减时被消除了。于是，与RSTD测量量类似，每个$TDOA_{i,j}$测量量可构成一条双曲线，该双曲线的焦点为TRP_i和TRP_j，双曲线的点到TRP_i和TRP_j的距离差为$TDOA_{i,j}$，UE位置为双曲线上的某个点。于是，与DL-TDOA类似，UE的位置可由解算$N-1$个TDOA测量量所构成的$N-1$个双曲线方程得到。图2-2展示了一个由3个TRP获得TDOA测量量来进行UE二维定位的例子。

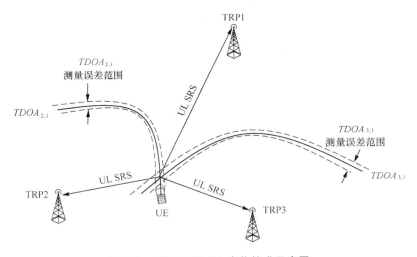

图 2-2 NR UL-TDOA 定位技术示意图

UL-TDOA定位的关键之一是让尽量多的相邻TRP测量到UE发送的SRS-Pos信号。UE发送上行信号的最大功率一般远小于TRP发送下行信号的最大功率，且在无线通信系统中，上行信号的发送功率还受到服务基站的功率控制。当UE靠近服务基站时，服务基站会要求UE降低信号发送功率以减少UE之间的相互干扰。这些因素会造成SRS-Pos信号难以被与UE之间的距离较远的相邻TRP测量到。为了让尽量多的相邻TRP测量到SRS-Pos信号，NR对SRS-Pos信号采用了开环功率控制。基站可将用于开环功率控制的路径损耗参考TRP配置为相邻TRP而不局限于服务TRP。这样一来，当距离UE较远的TRP配置为路径损耗参考时，UE可以增大SRS-Pos信号的传输功率，这有利于相邻TRP测量SRS-Pos信号。

与DL-TDOA类似，UL-TDOA定位技术要求各TRP间时间同步，TRP间时间同步的准确性将直接影响UL-TDOA的定位性能。相较于DL-TDOA，UL-TDOA的一个主要缺点是从系统资源的角度来看，发送SRS-Pos信号所需要的上行无线资源与需要定位的UE数量成正比，而DL-TDOA所需要的下行无线资源与需要定位的UE数量无关。

2.2.4 多小区往返行程时间（Multi-RTT）定位技术

多小区往返行程时间（Multi-RTT）定位技术采用的测量量为UE所测量的来自各TRP的DL PRS的到达时间与UE发送SRS-Pos信号的时间差（称为UE Rx-Tx时间差），以及各TRP所测量的来自UE的SRS-Pos信号的到达时间与TRP发送DL PRS的时间差（称为gNB Rx-Tx时间差）。如图2-3所示，UE与某TRP之间的RTT可通过UE由该TRP的DL PRS所测量的UE Rx-Tx时间差 $\left(t_{UE}^{Rx}-t_{UE}^{Tx}\right)$ 加上该TRP由该UE的SRS-Pos所测量的gNB Rx-Tx时间差 $\left(t_{TRP}^{Rx}-t_{TRP}^{Tx}\right)$ 得到，而UE与该TRP之间的距离可由1/2 RTT乘以光速得到。需要指出的是，在用此方法获取RTT时，不要求TRP之间的时间精确同步。

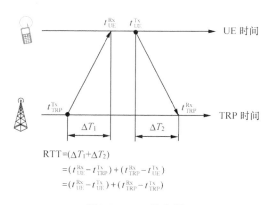

图2-3 RTT示意图

从UE和各TRP的信号发送和接收的角度来看,支持Multi-RTT定位技术基本相当于同时支持DL-TDOA定位技术和UL-TDOA定位技术。

在UE侧,UE根据服务基站所指配的SRS-Pos配置发送SRS-Pos信号,且UE通过LMF提供的辅助数据得知周围各TRP发送DL PRS的配置信息。根据各TRP的DL PRS配置信息,UE接收各TRP发送的DL PRS得到DL PRS的到达时间,然后UE根据测量得到的DL PRS到达时间与UE自己发送SRS-Pos信号的时间之差得到UE Rx-Tx时间差。

在各TRP侧,各TRP由LMF提供的辅助数据获取UE发送SRS-Pos信号的配置信息,并根据SRS-Pos配置信息接收UE发送的SRS-Pos,得到SRS-Pos的到达时间。然后各TRP由测量得到的SRS-Pos到达时间与本身发送DL PRS的时间差得到gNB Rx-Tx时间差。

Multi-RTT定位技术采用基于网络的定位方式。UE将获取的UE Rx-Tx时间差上报给LMF,各TRP也将获取的gNB Rx-Tx时间差提供给LMF,由LMF利用UE Rx-Tx时间差和gNB Rx-Tx时间差得到UE与各TRP之间的距离,然后加上其他已知信息(如TRP的地理坐标)解算出UE的位置。

图2-4以二维定位为例展示了NR Multi-RTT定位的基本原理。设UE由N个TRP获取了UE Rx-Tx时间差,且这N个TRP通过该UE获取了gNB Rx-Tx时间差。于是由这N对UE Rx-Tx和gNB Rx-Tx时间差可得到UE到这N个TRP的距离$\{r_1, r_2, \cdots, r_N\}$。UE的位置应位于以这$N$个TRP为中心,以$\{r_1, r_2, \cdots, r_N\}$为半径的圆周上,具体位置可由解算这些圆周的交点得到。

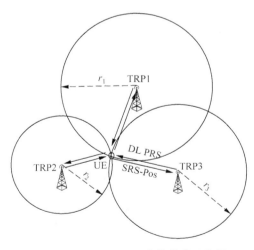

图2-4 NR Multi-RTT定位技术示意图

相比于DL-TDOA定位技术和UL-TDOA定位技术,Multi-RTT定位技术的主要优点是不要求各TRP间的时间准确同步,但Multi-RTT定位所需要的系统资源(主要是无线时频资源)和实现复杂度基本上相当于同时支持DL-TDOA定位技术和UL-TDOA定位技术。同时，Multi-RTT定位技术也面临一些与UL-TDOA定位技术相同的问题，例如，如何让尽量多的TRP准确地测量到UE发送的SRS-Pos信号。

2.2.5　下行链路离开角（DL-AoD）定位技术

和第2.2.2节的NR DL-TDOA定位技术一样，NR DL-AoD定位技术也支持基于网络和基于UE的两种定位技术。下面只介绍基于网络的NR DL-AoD定位技术。UE根据LMF提供的周围TRP发送DL PRS的配置信息测量来自各个TRP的DL PRS，获得DL PRS接收参考信号功率（DL PRS RSRP）测量量，并且把该测量量上报给LMF。LMF利用UE上报的DL PRS RSRP测量量和其他已知信息（例如，各TRP的DL PRS的发送波束方向）来确定UE相对各TRP的角度，即DL AoD，然后利用所得的DL AoD和各TRP的地理坐标来解算UE的位置。

Release 16 NR标准没有定义如何根据DL PRS RSRP来确定UE相对于各TRP的DL AoD，也没有定义如何由DL AoD来确定UE的位置。图2-5以二维定位为例，展示NR DL-AoD定位的一种简单实现方法。图中假设UE由TRP1的DL PRS1和DL PRS2测量得到$RSRP_1$和$RSRP_2$。由$RSRP_1$和$RSRP_2$，以及DL PRS_1和DL PRS_2的波束方向之间的夹角α可估算TRP1到UE的方向与DL PRS_1的波束方向之间的夹角α_1（例如，$\alpha_1=\alpha \cdot RSRP_2/(RSRP_1+RSRP_2)$）。然后，由已知的DL PRS_1的波束方向角β_1和估算的α_1可得出TRP1到UE的AoD角θ_1。类似地，可通过TRP2 DL PRS测量的DL PRS RSRP估算出TRP2到UE的AoD角θ_2，然后利用θ_1、θ_2、TRP1和TRP2的坐标和已有的角度定位算法（例如，参考文献[7~11]）来解算出UE的位置。

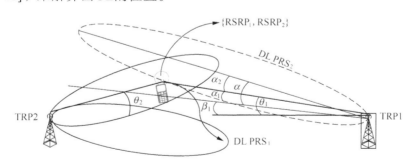

图2-5　NR DL-AoD定位技术示意图

2.2.6　上行链路到达角（UL-AoA）定位技术

在UL-AoA定位技术中，各TRP需要根据LMF提供的SRS-Pos配置信息去接收UE发送的SRS-Pos信号，获取UL AoA[包括上行到达方位角（A-AoA）和上行到达俯仰角

（Z-AoA）]，并将获取的UL AoA报给LMF。LMF利用各TRP提供的UL AoA及其他已知信息（如TRP的地理坐标）来解算UE的位置。

Release 16 NR标准既没有定义TRP如何由UE SRS-Pos获取UL AoA，也没有定义LMF如何由UL AoA来确定UE的位置，由各个厂家自行实现。UL AoA的估计算法有多种，简单的方法是直接用接收波束的方向作为UL AoA。这种简单方法的角度估计的分辨率较低。分辨率较高的方法是通过接收天线阵列接收UL SRS-Pos信号（如图2-6所示），利用信号和噪声子空间之间的正交性，通过有效的算法[例如，多重信号分类（MUSIC）]、基于旋转不变技术估计信号参数（ESPRIT）等）将观察空间分解成两个子空间，即信号子空间和噪声子空间，并由信号子空间估计SRS-Pos信号的到达方向UL AoA。一旦获得UL AoA，就可以利用已有的算法（例如，参考文献[7~11]）来解算出UE的位置。

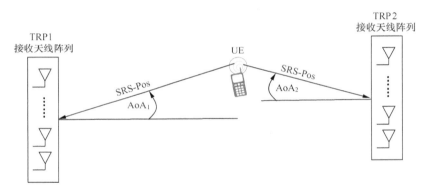

图2-6 NR UL-AoA定位技术示意图

2.2.7 5G蜂窝网络融合定位技术

以上介绍的各种5G NR定位技术也可根据定位的需要混合使用，即通过发送和检测上、下行定位参考信号，在UE端和/或TRP端同时得到多种与UE位置有关的测量量，如RSTD、UL RTOA、DL AoD、UL AoA、UE Rx-Tx时间差、gNB Rx-Tx时间差及参考信号接收功率等，进行融合定位。

在上行定位技术中，最典型的是结合UL-TDOA定位技术和UL-AoA定位技术。在NR UL-TDOA定位过程中，LMF可根据定位算法和性能的需求来要求各TRP在测量UL RTOA的同时也测量UL AoA，然后，利用UL RTOA和UL AoA测量量解算UE的位置。

在下行定位技术中，典型的是结合DL-TDOA定位技术和DL-AoD定位技术。LMF可根据定位算法和性能的需求来要求各UE在测量RSTD的同时也测量DL PRS RSRP。

利用DL PRS RSRP可得到DL AoD，然后用RSTD和DL AoD测量量一起解算UE的位置。

在NR Multi-RTT定位的过程中，LMF可根据定位算法和性能的需求来要求UE在测量UE Rx-Tx时间差的同时测量DL PRS RSRP，也可要求TRP在测量gNB Rx-Tx时间差的同时测量UL SRS RSRP。由DL PRS RSRP可得DL AoD，由UL SRS RSRP可得UL AoA。然后可用RTT、DL AoD和UL AoA测量量一起解算UE的位置。已有的各种融合定位的算法参见参考文献[7~11]。

(((•))) 2.3　定位测量量估计算法

蜂窝网络定位系统中的定位过程通常被分为两个阶段。第一阶段为定位测量量估计。定位测量量估计算法根据定位测量量的不同可被分为TOA估计、TDOA估计、AoA估计，以及TOA和AoA联合估计。TOA估计、TDOA估计及AoA估计可以通过MUSIC算法得到。MUSIC算法属于空间谱估计理论范畴，是一种经典的超分辨率算法。TOA和AoA联合估计算法一般采用基于空间平滑的联合估计算法。第二阶段为终端位置解算，将在2.4节进行介绍。

2.3.1　传输时延（TOA）估计

TOA是发射端和接收端之间直射信号分量的传输时延。现有的TOA估计方法主要有基于MUSIC算法的TOA估计算法和基于自相关的TOA估计算法，下面重点介绍基于MUSIC算法的TOA估计算法。

MUSIC算法是由Schmidt和Bienvenu等在1979年提出的。传统的基于MUSIC算法的TOA估计算法首先对信道频域响应（CFR）进行采样，然后对采样数据进行自相关运算得到自相关矩阵，通过对自相关矩阵进行特征值分解，将其分解为信号子空间和噪声子空间，利用信号子空间和噪声子空间相互独立且正交的性质构造伪谱函数，从而估计出到达时间。下面介绍基于MUSIC算法的TOA估计算法的原理。

在多径环境下，无线传播信道的等效信道冲激响应函数的表达式如式（2-1）。

$$h(t) = \sum_{l=0}^{L_p-1} \alpha_l \delta(t-\tau_l) \qquad (2\text{-}1)$$

在式（2-1）中，L_p 为多径的数量，α_l 为第 l 条传播路径的复衰落系数，τ_l 为第 l 条传播路径的时延，按照0到 L_p-1 升序排列，视距（LOS）径的时延为 τ_0，$\delta(\cdot)$ 为狄拉克函数。α_l 的表达式如式（2-2）。

$$\alpha_l = |\alpha_l| e^{j\theta_l} \tag{2-2}$$

在式（2-2）中，θ_l 为第 l 条传播路径的复衰落系数的相位，在 $[0, 2\pi]$ 上服从均匀分布，$|\alpha_l|$ 为第 l 条传播路径的复衰落系数的幅度。

发射机发射的无线信号经过多径信道后，接收机接收到的时域信号可以表示为：

$$x(t) = \sum_{l=0}^{L_p-1} \alpha_l s(t-\tau_l) + w(t) \tag{2-3}$$

在式（2-3）中，$w(t)$ 是 AWGN 噪声，α_l 和 τ_l 为时变函数，但是它们的变化率与测量的时间间隔相比很小，假设在一次测量过程中是时不变的，针对式（2-3）中的时域接收信号进行去 CP 和傅里叶变换，可得频域接收信号，然后进行最小二乘（LS）信道估计，可得 LS 准则下的信道频域响应（CFR）估计值 $X(k)$，其表达式如下。

$$X(k) = H(f_k) + W(k) = \sum_{l=0}^{L_p-1} \alpha_l e^{-j2\pi(f_c+k\Delta f)\tau_l} + W(k) \tag{2-4}$$

其中，k 取值为 $0 \sim K-1$，K 为频域采样点个数，f_c 为 OFDM 信号的中心载波频率，Δf 为频域采样的间隔，$W(k)$ 是 AWGN 噪声。

离散的 CFR 可以表示为向量的形式，如下。

$$\boldsymbol{x} = \boldsymbol{h} + \boldsymbol{w} = \boldsymbol{Va} + \boldsymbol{w} \tag{2-5}$$

在式（2-5）中，

$$\boldsymbol{x} = \left[X(0), X(1), \cdots, X(K-1) \right]^{\mathrm{T}}$$

$$\boldsymbol{h} = \left[H(f_0), H(f_1), \cdots, H(f_{K-1}) \right]^{\mathrm{T}}$$

$$\boldsymbol{w} = \left[W(0), W(1), \cdots, W(K-1) \right]^{\mathrm{T}}$$

$$\boldsymbol{V} = \left[\boldsymbol{v}(\tau_0), \boldsymbol{v}(\tau_1), \ldots, \boldsymbol{v}(\tau_{L_p-1}) \right]^{\mathrm{T}}$$

$$\boldsymbol{v}(\tau_l) = \left[1, e^{-j2\pi\Delta f\tau_l}, \cdots, e^{-j2\pi(K-1)\Delta f\tau_l} \right]^{\mathrm{T}}$$

$$\boldsymbol{a} = \left[\alpha_0', \alpha_1', \cdots, \alpha_{L_p-1}' \right]^{\mathrm{T}}$$

其中，$\alpha_l' = \alpha_l e^{-j2\pi f_c\tau_l}$，$(\cdot)^{\mathrm{T}}$ 表示转置。

基于 MUSIC 算法的传输时延估计算法是基于 $\boldsymbol{x}$ 的自相关矩阵的估计算法，$\boldsymbol{x}$ 的自相关矩阵 $\boldsymbol{R}_{xx}$ 的表达式如式（2-6）。

$$\boldsymbol{R}_{xx} = \mathrm{E}\left\{ \boldsymbol{xx}^{\mathrm{H}} \right\} = \boldsymbol{VAV}^{\mathrm{H}} + \sigma_w^2 \boldsymbol{I} \tag{2-6}$$

其中，$E(\cdot)$ 表示数学期望，$(\cdot)^H$ 表示共轭转置，σ_w^2 为加性高斯白噪声的方差，I 为单位矩阵。在实际应用中，无法获得理想的自相关矩阵 R_{xx}，通常采用若干个快拍的 CFR 联合估计并进行频域平滑处理。具体处理过程参见参考文献[13]。

矩阵 A 的表达式如式（2-7）。

$$A = E\left\{ aa^H \right\}$$（2-7）

由于每条传输路径的传输时延 τ_l 都不一样，因此，矩阵 V 是满秩的，即矩阵 V 的列向量是线性无关的。如果假设每条路径的复衰落系数的幅度 $|\alpha_l|$ 是固定的，相位 θ_l 在 $[0,2\pi]$ 上均匀分布，那么 $L_p \times L_p$ 维度的矩阵 A 是非奇异的。依据线性代数的原理，假设 $K > L_p$，则矩阵 VAV^H 的秩为 L_p。在对 VAV^H 进行特征值分解时，有 L_p 个非零的特征值和 $K - L_p$ 个等于零的特征值，那么自相关矩阵 R_{xx} 有 $L - L_p$ 个等于 σ_w^2 的特征值。我们把 $K - L_p$ 个特征值 σ_w^2 对应的特征向量所构成的空间叫作噪声子空间，将另外的 L_p 个特征值对应的特征向量所构成的空间叫作信号子空间。因此，离散 CFR 可以被分解在两个子空间中。噪声子空间的投影矩阵可以由式（2-8）确定。

$$P_w = Q_w \left(Q_w^H Q_w \right)^{-1} Q_w^H = Q_w Q_w^H$$（2-8）

其中，$Q_w = \left[q_{L_p}, q_{L_p+1}, \cdots, q_{L-1} \right]$，$q_l$ 为噪声特征向量，$L_P \leqslant l \leqslant K-1$。

由于 $v(\tau_l)$ 一定位于信号子空间中，$0 \leqslant l \leqslant L_p - 1$，且噪声子空间和信号子空间具有相互独立和正交的性质，因此利用该性质可以得到式（2-9）。

$$P_w v\left(\tau_l \right) = 0$$（2-9）

将其取倒数可构造伪谱函数，如式（2-10）。

$$S_{\mathrm{MUSIC}}\left(\tau \right) = \frac{1}{\left\| P_w v\left(\tau \right) \right\|^2} = \frac{1}{v^H\left(\tau \right) P_w v\left(\tau \right)} = \frac{1}{\left\| Q_w^H v\left(\tau \right) \right\|^2}$$（2-10）

伪谱函数的第一个峰值的对应值即为 MUSIC 算法所估计的传输时延。

2.3.2 到达角（AoA）估计

AoA 估计是信号处理领域的一个重要组成部分，它在无线通信、定位服务、雷达探测等领域具有广泛的应用前景。下面介绍基于 MUSIC 算法的 AoA 估计算法。

基于 MUSIC 算法的 AoA 估计算法是经典的 AoA 估计算法。假设有 k 个信号源发射的平面波传播到各向均匀同性的天线阵列上，信源的方向分别为 $\theta_1, \theta_2, \cdots, \theta_k$，可以得到频域响应在第 n 个子载波上的采样数据向量表达式如式（2-11）。

$$x\left(n \right) = As\left(n \right) + n\left(n \right)$$（2-11）

其中，$x\left(n \right) = \left[x_1\left(n \right) x_2\left(n \right) \cdots x_M\left(n \right) \right]^T$ 为天线阵列接收到的数据，$(\cdot)^T$ 表示转置，M 为

天线阵列包含的天线数量，$A = \begin{bmatrix} \boldsymbol{a}(\theta_1) \boldsymbol{a}(\theta_2) \cdots \boldsymbol{a}(\theta_k) \end{bmatrix}$ 为包含信号方向信息的流型矩阵，$\boldsymbol{a}(\theta_i) = \begin{bmatrix} 1 e^{-jw_i} \cdots e^{-j(M-1))w_i} \end{bmatrix}^{\mathrm{T}}$，$w_i = 2\pi \dfrac{d}{\lambda} \sin \theta_i$ 为第 i 个天线和第 1 个天线接收信号之间的相位差（$i = 1, 2, \cdots, M$），λ 为载波波长，d 为天线间距，$\boldsymbol{s}(n) = \begin{bmatrix} s_1(n) s_2(n) \cdots s_k(n) \end{bmatrix}^{\mathrm{T}}$ 为发射机发射的信号向量，$s_i(n)$ 为第 i 个发射机发射的信号，$\boldsymbol{n}(n) = \begin{bmatrix} n_1(n) n_2(n) \cdots n_M(n) \end{bmatrix}^{\mathrm{T}}$ 为加性高斯白噪声向量，$n_i(n)$ 是均值为 0、方差为 σ^2 的加性高斯白噪声。

在对接收信号进行采样时，由于采样时间很短，可以认为信号的来波方向不会发生变化。由于加性高斯白噪声与信号相互独立，因此采样之后的数据向量的自相关矩阵的表达式如式（2-12）。

$$R_{xx} = \mathrm{E}\begin{bmatrix} \boldsymbol{x}\boldsymbol{x}^{\mathrm{H}} \end{bmatrix} = \boldsymbol{A}\boldsymbol{R}_{\mathrm{s}}\boldsymbol{A}^{\mathrm{H}} + \sigma^2 \boldsymbol{I} \tag{2-12}$$

在式（2-12）中，上标符号 H 表示矩阵的共轭转置运算，$\boldsymbol{R}_{\mathrm{s}}$ 为发射信号的自相关矩阵，σ^2 为加性高斯白噪声的方差，$\boldsymbol{I}$ 为单位矩阵。式（2-12）表明，数据向量自相关矩阵可以被分为信号和噪声两部分。

MUSIC 的核心运算就是对自相关矩阵进行特征值分解。通过进行特征值分解，自相关矩阵可以被分解为信号子空间和噪声子空间，如式（2-13）所示。自相关矩阵的一个重要特性就是信号子空间和噪声子空间在理论上相互正交。

$$R_{xx} = \boldsymbol{U}_{\mathrm{S}}\boldsymbol{\Lambda}_{\mathrm{S}}\boldsymbol{U}_{\mathrm{S}}^{\mathrm{H}} + \boldsymbol{U}_{\mathrm{N}}\boldsymbol{\Lambda}_{\mathrm{N}}\boldsymbol{U}_{\mathrm{N}}^{\mathrm{H}} \tag{2-13}$$

其中，$\boldsymbol{U}_{\mathrm{S}}$ 表示信号子空间，由将 $\boldsymbol{R}_{xx}$ 分解所得较大特征值对应的特征向量组成；$\boldsymbol{U}_{\mathrm{N}}$ 表示噪声子空间，由将 $\boldsymbol{R}_{xx}$ 分解所得除信号子空间之外的特征值对应的特征向量组成；$\boldsymbol{\Lambda}_{\mathrm{S}}$ 和 $\boldsymbol{\Lambda}_{\mathrm{N}}$ 分别为信号子空间特征值的对角矩阵和噪声子空间特征值的对角矩阵。因此，式（2-13）表示自相关矩阵可以被分解为相互正交的信号子空间和噪声子空间。对自相关矩阵 $\boldsymbol{R}_{xx}$ 进行特征值分解后可得到若干特征值及对应的特征向量，较大特征值所对应的特征向量可组成信号子空间。特征值的大小本质上反映的是天线阵列的接收信噪比（SNR）。当信号子空间的特征值远大于噪声子空间的特征值时，天线阵列的接收信噪比较大；当信号子空间的特征值和噪声子空间的特征值之间的差异不大时，天线阵列的接收信噪比较小，在这种情况下，在划分子空间时会出现错误，从而导致该算法的分辨率降低。因此，在应用 MUSIC 算法时，如果信噪比较低，则会对参数的精确估计造成较大的影响。

在理想情况下，信号子空间和噪声子空间相互独立，处于信号子空间的信号向量在噪声子空间的投影为 0，如式（2-14）。

$$\boldsymbol{a}^{\mathrm{H}}(\theta)\boldsymbol{U}_{\mathrm{N}} = 0 \tag{2-14}$$

在实际应用中，由于自相关矩阵是由有限的数据向量估计出来的，因此信号子空间和噪声子空间并不是严格正交的，式（2-14）的结果并不严格等于0。通过对式（2-14）进行模方运算并取倒数得到伪谱函数，如式（2-15）。

$$P_{\text{MUSIC}} = \frac{1}{a^{\text{H}}(\theta)U_{\text{N}}U_{\text{N}}^{\text{H}}a(\theta)} \qquad （2\text{-}15）$$

通过在角度域进行全局检索，得到伪谱函数的最大值对应的角度即信号的来波角度的估计。

2.3.3 传输时延（TOA）和到达角（AoA）联合估计

在蜂窝网络定位系统中，对TOA和AoA联合估计并用于终端位置解算可以减少定位系统中需要的基站数量或者提高定位的精度。下面介绍一种基于空间平滑的TOA和AoA联合估计算法。

以图2-7所示的3天线、半径为R的均匀圆形阵列场景为例，假设圆形天线阵列较小，满足远场效应，3个天线由N个连续的OFDM符号所得到的信道频域响应（CFR）矩阵为$C = [c(1), c(2), \cdots, c(N)]$，其中，$c(n) = [H_1^1(n), H_2^1(n), \cdots, H_1^2(n), \cdots, H_K^3(n)]$，$H_k^i(n)$代表第$i$个天线所得到的第$n$个OFDM符号索引上第$k$个子载波的CFR，$K$为子载波数，则在远场效应下到达所有接收天线的第$l$条路径传输时延都是$\tau_l$。于是，以圆中心为参考点，$c(n)$可以表示为：

$$c(n) = H \cdot s(n) + n(n), n = 1, 2, \cdots, N \qquad （2\text{-}16）$$

其中，

$$s(n) = [\alpha_1 e^{-\text{j}2\pi f_c \tau_1}, \alpha_2 e^{-\text{j}2\pi f_c \tau_2}, \cdots, \alpha_L e^{-\text{j}2\pi f_c \tau_L}]^{\text{T}}$$

$$H = [h(\theta_1, \varphi_1, \tau_1), h(\theta_2, \varphi_2, \tau_2), \cdots, h(\theta_L, \varphi_L, \tau_L)] \qquad （2\text{-}17）$$

$$h(\theta_l, \varphi_l, \tau_l) = [a_1(\theta_l, \varphi_l), a_1(\theta_l, \varphi_l) \cdot \psi_l, \cdots, a_1(\theta_l, \varphi_l) \cdot \psi_l^{K-1}$$
$$a_2(\theta_l, \varphi_l), \cdots, a_3(\theta_l, \varphi_l) \cdot \psi_l^{K-1}] \qquad （2\text{-}18）$$

$$\begin{bmatrix} a_1(\theta_l, \varphi_l) \\ a_2(\theta_l, \varphi_l) \\ a_3(\theta_l, \varphi_l) \end{bmatrix} = \begin{bmatrix} \exp \quad (\text{j}2\pi R \sin\varphi_l \cos\theta_l) \cdot f_c/c \\ \exp \quad \left(\text{j}2\pi R \sin\varphi_l \cos\theta_l \left(\theta_l - \dfrac{2\pi}{3}\right)\right) \cdot f_c/c \\ \exp \quad \left(\text{j}2\pi R \sin\varphi_l \cos\theta_l \left(\theta_l - \dfrac{4\pi}{3}\right)\right) \cdot f_c/c \end{bmatrix} \qquad （2\text{-}19）$$

其中，α_l 为第 l 条传播路径的复衰落系数的绝对值，c 为光速，f_c 为载波频率，(θ_l, φ_l) 和 τ_l 分别为第 l 个来波对应的水平角、俯仰角和时延，$\psi_l = \mathrm{e}^{-j2\pi\Delta f \tau_l}$，$\Delta f$ 表示子载波间隔。

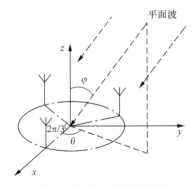

图2-7 天线均匀圆形阵列

对于 CFR 矩阵 $\boldsymbol{C}$，按空间平滑因子 m 将其分成 $K-m+1$ 个交叠的一维子阵 $\boldsymbol{C}_{\mathrm{sub}}$。对每个子阵 $\boldsymbol{C}_{\mathrm{sub}}$ 计算相应的协方差矩阵 $\boldsymbol{R}_{\mathrm{sub}}\{i\}$，并取各子阵的均值可得到矩阵 $\boldsymbol{R}$。矩阵 $\boldsymbol{R}$ 的维度为 $3m \times 3m$，且矩阵满秩。对矩阵 $\boldsymbol{R}$ 进行特征值分解，可得到 $3m$ 个特征值和对应的特征向量。通过对特征值进行阈值判定，可选择较大的 x 个特征值对应的特征向量构成信号空间，x 为信号子空间的秩，剩余的 $3m-x$ 个构成噪声空间。具体处理过程参见参考文献[14]。

将式（2-18）进行重构，如式（2-20）所示。

$$\hat{\boldsymbol{h}}(\theta_l, \varphi_l, \tau_l) = \left[a_1(\theta_l, \varphi_l), a_1(\theta_l, \varphi_l) \cdot \psi_l, \cdots, a_1(\theta_l, \varphi_l) \cdot \psi_l^{m-1}, \right.$$
$$\left. a_2(\theta_l, \varphi_l), \cdots, a_3(\theta_l, \varphi_l) \cdot \psi_l^{m-1} \right] \tag{2-20}$$

利用空间正交性，构建伪谱函数，其表达式如式（2-21）。

$$P = \frac{1}{\hat{\boldsymbol{h}}(\theta_l, \varphi_l, \tau_l)^* \cdot \boldsymbol{U} \cdot \boldsymbol{U}^* \cdot \hat{\boldsymbol{h}}(\theta_l, \varphi_l, \tau_l)} \tag{2-21}$$

其中，$\boldsymbol{U}$ 为噪声空间。对式（2-21）进行三维谱搜索，便可得到 AoA 和 TOA 的联合估计值。

(•) 2.4 终端位置解算算法

在蜂窝网络定位系统中，定位过程的第二阶段为终端位置解算，典型算法包括最小二乘（LS）法、Chan定位算法、泰勒级数算法、指纹定位算法等。最小二乘法是无线定位中常用的位置解算算法。在进行无线定位时，先利用定位测量量建立方程组，当方程组为超定方程组时，就可以采用最小二乘法对位置进行最优估计。Chan定位算法应用了两次加权最小二乘法。泰勒级数算法被用于解决方程组中方程的非线性问题。指纹定位一般被分为两个阶段，分别是离线阶段和在线阶段。离线阶段所完成的指纹数据库收集及分析工作是实现指纹定位的前提。在在线阶段，基于指纹数据库，利用相应的匹配算法可实现对用户的定位。

2.4.1　最小二乘法及Chan定位算法

Chan定位算法是面向TDOA的定位解算算法。在介绍Chan定位算法之前，先简单介绍最小二乘法和加权最小二乘法（WLS）。在诸多的无线定位系统中，最小二乘法是极常用的一种位置解算算法。

在进行无线定位时，一般先利用某些已知值和定位测量量建立方程组，然后对方程组进行求解来获得目标节点的位置坐标。现在假设建立的方程组如式（2-22）。

$$y = Ax \qquad (2-22)$$

其中，y是$n×1$维的已知向量，x是$m×1$维的待求解的未知向量，A是$n×m$维的系数矩阵。如果$n>m$，建立的方程组为超定方程组，即方程的个数大于未知数的个数，那么可以应用最小二乘法实现对未知向量x的最优估计。下面定义残差向量，如式（2-23）。

$$\varepsilon = Ax - y \qquad (2-23)$$

要想得到未知向量x的最优解，需要对残差的平方和取最小值。残差的平方和的表达式如式（2-24）。

$$F(x) = \|Ax - y\|^2 = (Ax - y)^{\mathrm{T}} (Ax - y) \qquad (2-24)$$

其中，$(\cdot)^{\mathrm{T}}$表示转置。利用求导的方法并令相应的导数为零，计算式（2-24）的最小值，结果如式（2-25）。

$$\frac{\mathrm{d}F(x)}{\mathrm{d}x} = 2A^{\mathrm{T}}Ax - 2A^{\mathrm{T}}y = 0 \qquad (2-25)$$

如果$A^{\mathrm{T}}A$是非奇异矩阵，那么可以解得：

$$x = (A^{\mathrm{T}}A)^{-1} A^{\mathrm{T}}y \qquad (2-26)$$

然而，在实际的无线定位系统中，为了提高定位精度，常常对最小二乘法进行加权处理，即加权最小二乘法。加权最小二乘法的残差加权平方和表达式如式（2-27）。

$$F(x) = \|W(Ax - y)\|^2 = (Ax - y)^{\mathrm{T}} W^{\mathrm{T}}W (Ax - y) \qquad (2-27)$$

在式（2-27）中，W为加权矩阵，通过选择合理的加权矩阵可以有效地提高定位精度。理论证明，当加权矩阵为测量量误差的方差矩阵的逆矩阵时，所估计的目标节点的位置坐标具有最高的准确性。此时解得x如式（2-28）。

$$x = (A^{\mathrm{T}}CA)^{-1} A^{\mathrm{T}}Cy \qquad (2-28)$$

在式（2-28）中，$C = W^{\mathrm{T}}W$。

下面介绍Chan定位算法的基本原理。Chan定位算法是基于到达时间差的算法。该算法应用了两次加权最小二乘法，算法的思路是先粗略估计接收机的位置坐标，然后用中间变量把非线性方程改写为线性方程，再利用加权最小二乘法进行估计；最后利用目标UE位置坐标变量和中间变量之间的相关性，第二次利用加权最小二乘法对目标节点的位置坐标进行估计。

将该算法分为3个参考节点（$M=3$）和3个以上参考节点定位（$M>3$）两种情况，下面分别讨论这两种情况。

情况1：3个参考节点（$M=3$）

对于参与定位的参考节点个数等于3（$M=3$）的情况，定义第i个参考节点到目标UE之间的估计距离的表达式如式（2-29）。

$$d_i = \sqrt{(x_i - x)^2 + (y_i - y)^2} \tag{2-29}$$

在式（2-29）中，（x_i, y_i）为已知的第i个参考节点的位置坐标（$i=1,2,\cdots,M$），（x,y）为待估计的目标UE的位置坐标。基于式（2-29）可得式（2-30）。

$$d_i^2 = k_i - 2x_i x - 2y_i y + x^2 + y^2 \tag{2-30}$$

在式（2-30）中，$k_i = x_i^2 + y_i^2$。令 $d_{i1} = d_i - d_1$，可得式（2-31）。

$$d_i^2 = (d_{i1} + d_1)^2 \tag{2-31}$$

将式（2-30）代入式（2-31）可得式（2-32）。

$$d_{i1}^2 + 2d_{i1}d_1 + d_1^2 = k_i - 2X_i x x - 2y_i y + x^2 + y^2 \tag{2-32}$$

在式（2-32）中，当$i=1$时：

$$d_1^2 = k_1 - 2x_1 x - 2y_1 y + x^2 + y^2 \tag{2-33}$$

用式（2-32）减去式（2-33）可得式（2-34）。

$$d_{i1}^2 + 2d_{i1}d_1 = k_i - 2(x_i - x_1)x - 2(y - y_1)y - k_1 \tag{2-34}$$

通过式（2-34）的线性方程建立方程组，可解得目标UE的位置坐标。

情况2：3个以上参考节点（$M>3$）

对于参与定位的参考节点个数大于3（$M>3$）的情况，由于测量方程数大于未知量的数量，Chan定位算法可以充分地利用所有的测量量进行定位解算，从而得到更加精确的定位结果。假设 $z = [z_p, d_1]^T = [x, y, d_1]^T$，采用距离目标UE最近的第一个定位参考节点为参考定位节点，到达时间差的测量误差为 n_{i1}（$i=2,\cdots,M$）时，可以定义噪声的误差矢量，如式（2-35）。

$$\psi = h - Gz^0 \tag{2-35}$$

其中，z^0 为 z 在无噪声条件下的真实值，$\boldsymbol{h}=\dfrac{1}{2}\begin{pmatrix} d_{21}^2 - k_2 + k_1 \\ d_{31}^2 - k_3 + k_1 \\ \vdots \\ d_{M1}^2 - k_M + k_1 \end{pmatrix}$，$\boldsymbol{G}=-\begin{pmatrix} x_{21} & y_{21} & d_{21} \\ x_{31} & y_{31} & d_{31} \\ & \vdots & \\ x_{M1} & y_{M1} & d_{M1} \end{pmatrix}$，

$d_{i1} = r_{i1} + cn_{i1}$，$r_i = r_{i1} + r_1$，$r_{i1}$ 表示第 i 个参考点和第 1 个参考点对终端的双差真实值，r_i 表示第 i 个参考点与终端的距离真实值，r_1 第 1 个参考点与终端的距离真实值，c 表示光速。

噪声的误差矢量如式（2-36）。

$$\boldsymbol{\psi} = c\boldsymbol{Bn} + 0.5c^2\boldsymbol{n} \odot \boldsymbol{n} \tag{2-36}$$

其中，$\boldsymbol{B}=\mathrm{diag}\{r_2, \cdots, r_M\}$，$\boldsymbol{n}=[n_{21}, \cdots, n_{M1}]$，$\odot$ 表示直积。

在高信噪比条件下，测量量服从正态分布，因此，噪声矢量也服从正态分布。由于 $r_i > cn_i$，所以式（2-36）中第二项可以忽略不计，则噪声的误差矢量的方差矩阵如式（2-37）。

$$\boldsymbol{\phi} = \mathrm{E}\left[\boldsymbol{\psi}\boldsymbol{\psi}^{\mathrm{T}}\right] = c^2\boldsymbol{BQB} \tag{2-37}$$

其中，$\boldsymbol{Q} = \mathrm{E}\left[\boldsymbol{nn}^{\mathrm{T}}\right]$ 是 TOA 的协方差矩阵。假设 $\boldsymbol{z}=[x, y, d_1]^{\mathrm{T}}$ 中的 d_1、x、y 相互独立，则第一次 WLS 的结果如式（2-38）。

$$\boldsymbol{z} = \left(\boldsymbol{G}^{\mathrm{T}}\boldsymbol{\phi}^{-1}\boldsymbol{G}\right)^{-1}\boldsymbol{G}^{\mathrm{T}}\boldsymbol{\phi}^{-1}\boldsymbol{h} \tag{2-38}$$

下面进行第二次 WLS 运算。先计算 $\boldsymbol{z}$ 的期望和 $\boldsymbol{zz}^{\mathrm{T}}$，得到估计位置的方差矩阵。采用扰动方法来计算该协方差矩阵。由于 $d_{i1} = r_{i1} + cn_{i1}$，$\boldsymbol{G} = \boldsymbol{G}^0 + \Delta\boldsymbol{G}$，$\boldsymbol{h} = \boldsymbol{h}^0 + \Delta\boldsymbol{h}$，$\boldsymbol{G}^0$ 为无噪声条件下 $\boldsymbol{G}$ 的真实值，$\Delta\boldsymbol{G}$ 为 $\boldsymbol{G}$ 的扰动部分，$\boldsymbol{h}^0$ 为无噪声条件下 $\boldsymbol{h}$ 的真实值，$\Delta\boldsymbol{h}$ 为 $\boldsymbol{h}$ 的扰动部分，由式（2-35）可得式（2-39）。

$$\boldsymbol{\psi} = \Delta\boldsymbol{h} - \Delta\boldsymbol{G}\boldsymbol{z}^0 \tag{2-39}$$

令 $\boldsymbol{z} = \boldsymbol{z}^0 + \Delta\boldsymbol{z}$，则 $\Delta\boldsymbol{z}$ 及其方差矩阵如式（2-40）和式（2-41）。

$$\Delta\boldsymbol{z} = c\left(\boldsymbol{G}^{0^{\mathrm{T}}}\boldsymbol{\phi}^{-1}\boldsymbol{G}^0\right)^{-1}\boldsymbol{G}^{0^{\mathrm{T}}}\boldsymbol{\phi}^{-1}\boldsymbol{Bn} \tag{2-40}$$

$$\mathrm{cov}(\boldsymbol{z}) = \mathrm{E}\left[\Delta\boldsymbol{z}\Delta\boldsymbol{z}^{\mathrm{T}}\right] = \left(\boldsymbol{G}^{0^{\mathrm{T}}}\boldsymbol{\phi}^{-1}\boldsymbol{G}^0\right)^{-1} \tag{2-41}$$

可以将 $\boldsymbol{z}$ 中的元素表示为式（2-42）。

$$\boldsymbol{z} = [x_0 + e_1, y_0 + e_2, d_{10} + e_3] \tag{2-42}$$

其中，e_1、e_2 和 e_3 为估计误差。现建立方程组，如式（2-43）。

$$\boldsymbol{\psi}' = \boldsymbol{h}' - \boldsymbol{G}'\boldsymbol{z}' \tag{2-43}$$

其中，$\boldsymbol{h}' = \begin{pmatrix} (x_0 + e_1 - x_1)^2 \\ (y_0 + e_2 - y)^2 \\ (d_{10} + e_3)^2 \end{pmatrix}$，$\boldsymbol{G}' = \begin{pmatrix} 1 & 0 \\ 0 & 1 \\ 1 & 1 \end{pmatrix}$，$\boldsymbol{z}' = \begin{pmatrix} (x - x_1)^2 \\ (y - y_1)^2 \end{pmatrix}$。

$\boldsymbol{\psi}'$ 的协方差矩阵如式（2-44）。

$$\boldsymbol{\phi}' = \mathrm{E}\left[\boldsymbol{\psi}'\boldsymbol{\psi}'^{\mathrm{T}}\right] = 4\boldsymbol{B}'\mathrm{cov}(\boldsymbol{z})\boldsymbol{B}' \qquad （2\text{-}44）$$

其中，$\boldsymbol{B}' = \mathrm{diag}\{x_0 - x_1, y_0 - y_1, d_{10}\}$。

第二次利用WLS方法求解，结果如式（2-45）。

$$\boldsymbol{z}' = \left(\boldsymbol{G}'^{\mathrm{T}}\boldsymbol{\phi}'^{-1}\boldsymbol{G}'\right)^{-1}\boldsymbol{G}'^{\mathrm{T}}\boldsymbol{\phi}'^{-1}\boldsymbol{h}' \qquad （2\text{-}45）$$

则目标UE位置坐标表示如式（2-46）。

$$\boldsymbol{z}_p = \pm\sqrt{\boldsymbol{z}'} + \begin{bmatrix} x_1 \\ y_1 \end{bmatrix} \qquad （2\text{-}46）$$

最后，基于式（2-46），选取位于定位区域中的目标UE的位置坐标作为最终定位的结果。

注意，Chan定位算法假设测量误差较小并且该误差服从均值为0的高斯分布。因此，在视距信道条件下，Chan定位算法可以保证足够高的定位精度；在非视距信道条件下，该算法不能保证足够高的定位精度。

2.4.2 泰勒级数算法

假设存在某个初始点 (x_0, y_0)，那么 $f_i(x, y)$ 的一阶泰勒级数展开表达式如式（2-47）。

$$f_i(x, y) \approx f_i(x_0, y_0) + \alpha_i(x - x_0) + \beta_i(y - y_0) \qquad （2\text{-}47）$$

其中，$\alpha_i = \dfrac{\partial f_i(x, y)}{\partial x}\big|_{x=x_0}$；$\beta_i = \dfrac{\partial f_i(x, y)}{\partial y}\big|_{y=y_0}$。对于某一确定坐标点 (x_0, y_0)，α_i、β_i 和 $f_i(x_0, y_0)$ 的取值都可以通过计算获得。尽管泰勒级数展开无须考虑确定坐标点 (x_0, y_0) 的选择，但由于式（2-47）忽略了高次项，因此只有当 (x, y) 与 (x_0, y_0) 较为接近时，才能取得较好的近似效果。在终端位置解算算法中，(x, y) 为目标UE的位置坐标，在选择确定坐标点时，应让其尽可能地接近目标UE的实际位置。通过组合不同的 $f_i(x, y)$ 泰勒展开式，利用最小二乘法实现终端位置的解算。

2.4.3 指纹定位算法

指纹定位法分为两个阶段，离线阶段和在线阶段。在离线阶段，为了采集各个位置上的指纹来构造指纹库，需要在指定区域内进行烦琐的勘测，RSSI常被用来构造位置指纹。在在线阶段，将未知节点与指纹库中的指纹进行匹配，匹配算法将会影响定位的精度。进行实测数据向量与指纹数据向量之间相似度的比较可以被看作对目标节点位置的粗匹配，其定位精度往往无法满足精细化位置服务的需求。因此可在位置指纹的定位算法粗定位的基础上进一步进行精细定位，以提升定位精度。常用的匹配算法有相似度比较算法、确定性算法、机器学习算法等。下面分别对它们进行介绍。

1. 相似度比较算法

常用的相似度比较算法有欧几里得距离相似度算法和夹角余弦相似度算法等。欧几里得距离相似度是指在向量空间中，两个向量之间的真实距离越小，说明两个向量越相似，向量间的欧几里得距离的表达式如式（2-48）。

$$d = \sqrt{\sum_{i=1}^{n}(x_{1i} - x_{2i})^2} \qquad (2\text{-}48)$$

其中，x_{1i}和x_{2i}分别是两个向量相应位置上的元素。

夹角余弦相似度是指向量空间中两个向量之间的夹角余弦值越接近1，说明两个向量之间的夹角越接近0，两个向量越相似。向量间的夹角余弦相似度表达式如式（2-49）。

$$\cos\theta = \frac{\sum_{i=1}^{n} x_{1i} \cdot x_{2i}}{\sqrt{\sum_{i=1}^{n} x_{1i}^2} \cdot \sqrt{\sum_{i=1}^{n} x_{2i}^2}} \qquad (2\text{-}49)$$

2. 确定性算法

当前常用的确定性算法主要有3种，分别是最近邻（NN）法、K近邻（KNN）法和加权K近邻（WKNN）法。

最近邻法对获取的RSSI向量和指纹库中的指纹点对应的RSSI向量利用欧几里得距离法逐一进行相似度比对，然后，对向量间的相似度值进行排序，选取欧几里得距离最小的指纹点作为匹配结果，该指纹点对应的物理坐标即为对用户位置物理坐标的估计。最近邻法的匹配过程虽然简单且易于实现，但是存在明显的缺点。在室内环境中，由于存在大量的障碍物，无线信号的RSSI值往往无规律性，RSSI值相似不代表待定位节点位置和估计的指纹点相近，只使用单一的指纹点作为用户节点位置的估计往往存在较大误差，定位精度并不高。

K近邻法针对最近邻法只采用单一指纹点导致定位精度不高的问题进行了改进。该算法仍使用进行相似度比对的方法对指纹库中的指纹进行筛选，但所采用的匹配指纹点不是单一点，而是与目标用户节点相似的K个指纹点。K近邻法将向量之间的相似度排序，选取前K个相似度最高的指纹点，对这K个指纹点对应的坐标进行算术平均运算，将计算结果作为用户位置的估计，如式（2-50）。

$$(x,y) = \frac{1}{K} \sum_{i=1}^{K} (x_i, y_i) \qquad (2\text{-}50)$$

K近邻法采用对K个指纹点进行算术平均的方法，将结果作为定位结果，虽然降低了定位的偶然性，准确度得到了提升，但是同样存在缺点。由于K个指纹点对最终的定位结果的贡献拥有相同权重，但是用户获取的RSSI向量与这K个指纹点的欧几里得距离往往不是相等的，因此，使用等增益的模式一定会夸大某些指纹点的贡献，弱化某些指纹点的贡献，从而降低定位的精度。

加权K近邻法针对K近邻法的问题进一步进行改进。对相似度最高的前K个指纹点的权重进行分配，相似度高的指纹点拥有更大的权重，相似度低的指纹点拥有更小的权重。每个指纹点的权重一般为目标用户节点与相应指纹点欧几里得距离值的倒数。然后，将选取的K个指纹点对应的物理坐标和权重相乘，再将相加求平均后的结果作为用户节点位置的估计值，如式（2-51）。

$$(x,y) = \sum_{i=1}^{k} \frac{\frac{1}{D_i + \delta}}{\sum\limits_{i=1}^{k} \frac{1}{D_i + \delta}} (x_i, y_i) \qquad (2\text{-}51)$$

其中，D_i为用户节点和第i个指纹点的欧几里得距离，δ应为一个较小的数，目的是防止出现分母为零的情况。

3. 机器学习算法

机器学习算法已经被应用到指纹匹配中，如K近邻算法就是一种简单的机器学习算法。目前，学者们正在研究将更多的机器学习算法应用于指纹定位中，进一步提升定位的精度和效率。

文献[18]引入网格定位的概念，将定位匹配设计成多分类问题，在离线阶段，将收集到的每个网格内的接收信号强度作为训练数据，利用支持向量机（SVM）多分类算法进行模型训练，并针对用户的移动性，在在线阶段将移动中的用户前后位置的关联性融入位置指纹的匹配过程中。文献[19]提出了一种基于半监督学习的定位算法，使用高斯混合模型来拟合待定位区域中的场强分布，通过最大期望算法，求解高斯混合模型中的参数，然后通过朴素贝叶斯算法计算后验概率。该定位算法提高了数据的利用率，有助于减少建立指纹库的工作量。

基于神经网络的定位算法是当下研究的一大热点，可以将接收信号强度与位置的匹配看作一种非线性映射，多层神经网络可以用来拟合这种关系。以RSSI为输入，以位置坐标为输出，通过训练网络不断更新模型参数，建立映射关系，图2-8展示了一个简单的三层反向传播（BP）网络定位模型。将神经网络应用于定位系统的优点在于模型效果好、抗噪能力强，对于环境变化和多径效应造成的信号波动拥有较强的适应能力。

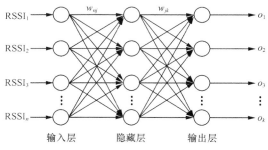

图2-8 神经网络定位模型

(((•))) 2.5 定位性能指标

为了评估测量量估计算法、定位算法和定位系统设计的效果，需要定义相应的性能指标。定位算法的常用性能指标有克拉美罗下界（CRLB）、均方误差（MSE）、均方根误差（RMSE）、累积分布函数（CDF）等。针对定位系统设计的常用性能指标包括定位误差的CDF和定位时延。下面分别对它们进行介绍。

2.5.1 克拉美罗下界（CRLB）

CRLB给出了无偏参数估计时估计参数的方差的理论下界。在定位系统中，CRLB可以用于估计测量量的理论精度下界和用户位置的理论精度下界。CRLB与具体的估计算法无关，通常是对算法获取的参数的MSE和CRLB进行比较，判断该算法的估计精度能否达到理论下界。

假设TOA估计只受到加性噪声的影响，对于TOA估计如式（2-52）。

$$x = \tau + w \quad (2\text{-}52)$$

其中，w 为均值为0的加性白高斯噪声。由 $\mathrm{E}(x) = \tau$ 可知，TOA估计符合无偏估计的特性。

假设进行了多次TOA估计得到的测量量向量为 $\boldsymbol{x} = [x_1, x_2, \cdots, x_N]$，将TOA估计的似然函数表示为 $p(\boldsymbol{x}; \tau)$，则：

$$\mathrm{var}(\tau) = \int p(\boldsymbol{x}; \tau)(x_i - \tau)^2 \, \mathrm{d}\boldsymbol{x} \geqslant \frac{1}{\mathrm{E}\left[\left(\dfrac{\partial \ln p(\boldsymbol{x}; \tau)}{\partial \tau}\right)^2\right]} \quad (2\text{-}53)$$

此外，可以推导得到 $\mathrm{E}\left[\left(\dfrac{\partial \ln p(\boldsymbol{x}; \tau)}{\partial \tau}\right)^2\right] = -\mathrm{E}\left[\dfrac{\partial^2 \ln p(\boldsymbol{x}; \tau)}{\partial \tau^2}\right]$。因此，TOA估计的CRLB是对数似然函数的二阶导数，如式（2-54）。

$$\mathrm{CRLB}(\tau) = \frac{1}{\mathrm{E}\left[\left(\dfrac{\partial \ln p(\boldsymbol{x}; \tau)}{\partial \tau}\right)^2\right]} = \frac{1}{-\mathrm{E}\left[\dfrac{\partial^2 \ln p(\boldsymbol{x}; \tau)}{\partial \tau^2}\right]} \quad (2\text{-}54)$$

对于定位算法的CRLB，根据等式（2-51）得到式（2-55）。

$$d = cx = f(\boldsymbol{\theta}) + w' = \sqrt{(x - x_n)^2 + (y - y_n)^2 + (z - z_n)^2} + w' \quad (2\text{-}55)$$

其中，$\boldsymbol{\theta} = (x, y, z)$ 是待估计的用户位置，(x_n, y_n, z_n) 是第 n 个基站的坐标，c 为光速，w' 为均值为0的加性高斯白噪声。假设其似然函数为 $p(d; \boldsymbol{\theta})$，对于待估计的用户位置，矢量估计的CRLB如式（2-56）。

$$\boldsymbol{C}(\boldsymbol{\theta}) \geqslant \boldsymbol{J}^{-1}(\boldsymbol{\theta}) \quad (2\text{-}56)$$

其中，$\boldsymbol{J}(\boldsymbol{\theta})$ 是Fisher信息矩阵，如下。

$$\left[\boldsymbol{J}(\boldsymbol{\theta})\right]_{ij} = -\mathrm{E}\left[\frac{\partial^2 \ln p(d; \boldsymbol{\theta})}{\partial \theta_i \partial \theta_j}\right](i, j = 1, 2, 3) \quad (2\text{-}57)$$

因此，用户位置估计的CRLB主要取决于Fisher信息矩阵的对角线元素。

2.5.2　均方误差（MSE）与均方根误差（RMSE）

MSE与RMSE是常用的定位精度性能评价指标。

对于测量算法，MSE与RMSE的表达式如式（2-58）和式（2-59）。

$$\mathrm{MSE} = \mathrm{E}\left(\left|\hat{\epsilon} - \epsilon\right|^2\right) \quad (2\text{-}58)$$

$$RMSE = \sqrt{MSE} = \sqrt{E\left(\left|\hat{\epsilon} - \epsilon\right|^2\right)} \qquad (2\text{-}59)$$

其中，$\hat{\epsilon}$为测量量，ϵ为真实值。

对于三维环境下的用户位置定位算法，MSE与RMSE的计算公式如式（2-60）和式（2-61）。

$$MSE = E\left(\left|\hat{x} - x\right|^2 + \left|\hat{y} - y\right|^2 + \left|\hat{z} - z\right|^2\right) \qquad (2\text{-}60)$$

$$RMSE = \sqrt{E\left(\left|\hat{x} - x\right|^2 + \left|\hat{y} - y\right|^2 + \left|\hat{z} - z\right|^2\right)} \qquad (2\text{-}61)$$

其中，$(\hat{x}, \hat{y}, \hat{z})$为待估计的用户位置，$(x, y, z)$为理想的用户位置。

2.5.3　累积分布函数（CDF）

将CDF定义为小于或等于给定值的定位误差占所有误差值的比例，如式（2-62）。

$$P(\varepsilon) = P\left(\left\|\hat{\boldsymbol{\theta}} - \boldsymbol{\theta}\right\| \leqslant \varepsilon\right) \qquad (2\text{-}62)$$

CDF可以用于测量算法和定位算法的性能分析。对于测量算法，估计参数$\hat{\boldsymbol{\theta}}$为标量，$\left\|\hat{\boldsymbol{\theta}} - \boldsymbol{\theta}\right\|$表示两者之间的欧几里得距离。对于定位算法，CDF表示以零点为圆点，以ε为半径，估计误差落在圆内（二维定位）或者球（三维定位）内的百分比，其中，$\left\|\hat{\boldsymbol{\theta}} - \boldsymbol{\theta}\right\|$表示两个矢量的二范数。

下面给出5G NR定位系统设计的性能指标。

（1）3GPP针对Release 16 NR定位的性能目标如下。

- 针对政策监管的常规需求：以覆盖80%服务用户为基准（CDF=80%），水平方向的定位误差小于50m，垂直方向的定位误差小于5m，定位时延低于30s。

- 针对商业应用需求，以覆盖80%服务用户为基准（CDF=80%），室内水平方向的定位误差小于3m，室外小于10m，垂直方向的定位误差小于3m，定位时延低于1s。

（2）3GPP针对Release 17 NR定位的性能目标如下。

- 针对普通的商业应用需求：以覆盖90%服务用户为基准（CDF=90%），水平方向和垂直方向的定位误差分别小于1m和3m，端到端的定位时延低于100ms，物理层定位时延低于10ms。

- 针对工业物联网（IIoT）需求：以覆盖90%服务用户为基准（CDF=90%），水平方向和垂直方向的定位误差分别小于0.2m和1m，端到端的定位时延低于100ms（期望最优达到10ms），物理层定位时延低于10ms。其中，对于某些IIoT场景，水平方向定位精度的要求可以放宽到0.5m。

((•)) 2.6　小结

本章首先介绍了NR E-CID、DL-TDOA、UL-TDOA、Multi-RTT、DL-AoD、UL-AoA和基于上述技术组合的5G蜂窝网络融合定位技术，然后介绍了经典的TOA估计、AoA估计、TOA和AoA联合估计等算法，进一步介绍了最小二乘法、Chan定位算法、泰勒级数算法和指纹定位法等位置解算算法，最后介绍了评估测量量估计算法、定位算法的CRLB、MSE、RMSE和CDF等性能指标，以及5G NR定位系统设计的定位误差的CDF和定位时延等性能指标。

((•)) 参考文献

[1] 刘晓峰，沈祖康，等.5G 无线增强设计与国际标准[M]. 北京：人民邮电出版社，2020.

[2] 王映民，孙韶辉.5G 移动通信系统设计与标准详解[M]. 北京：人民邮电出版社，2020.

[3] 3GPP TS 38.215 V17.1.0. NR; Physical Layer Measurements (Release 17)[R]. 2022.

[4] 3GPP TS 36.214 V17.0.0. E-UTRA; Physical Layer; Measurements. (Release17)[R]. 2022.

[5] Tahat A, Kaddoum G, Yousefi S, et al. A Look at the Recent Wireless Positioning Techniques with a Focus on Algorithms for Moving Receivers[J]. IEEE Access, 2017, 4:6652-6680.

[6] Peral-Rosado J D, Raulefs R, Lopez-Salcedo J A, et al. Survey of Cellular Mobile Radio Localization Methods: from 1G to 5G[J]. IEEE Communications Surveys & Tutorials, 2018: 1124-1148.

[7] Yue W, Ho D. Unified Near-Field and Far-Field Localization for AoA and Hybrid AoA-TDOA Positionings[J]. IEEE Transactions on Wireless Communications, 2018, 17(99):1242-1254.

[8] Wang Y, Ho V. An Asymptotically Efficient Estimator in Closed-Form for 3-D AoA Localization Using a Sensor Network[J]. IEEE Transactions on Wireless Communications, 2015, 14(12): 6524-6535.

[9] Hou Y, Yang X, Abbasi Q H. Efficient AoA-based Wireless Indoor Localization for Hospital Outpatients Using Mobile Devices[J]. Sensors, 2018, 18(11).

[10] Lu L, Wu H. C. Novel Robust Direction-of-arrival-based Source Localization Algorithm for Wideband Signals[J], IEEE Transactions on Wireless Communications, 2012, 11(11): 3850-

3859.

[11] Tahat A, Kaddoum G, Yousefi S, et al. A Look at the Recent Wireless Positioning Techniques with a Focus on Algorithms for Moving Receivers[J]. IEEE Access, 2017, 4:6652-6680.

[12] 王永良. 空间谱估计理论与算法[M]. 北京：清华大学出版社，2004.

[13] Li X, Pahlavan K. Super-resolution TOA Estimation with Diversity for Indoor Geolocation[J]. IEEE Transactions on Wireless Communications, 2004, 3(1):224-234.

[14] Chen L, Qi W, Yuan E, et al. Joint 2-D DOA and TOA Estimation for Multipath OFDM Signals based on Three Antennas[J]. IEEE Communications Letters, 2018.

[15] Chan Y T, Ho K C. A Simple and Efficient Estimator for Hyperbolic Location[J]. IEEE Transactions on Signal Processing, 1994, 42(8):1905-1915.

[16] Tran Q, Tantra J W, Foh C H, et al. Wireless Indoor Positioning System with Enhanced Nearest Neighbors in Signal Space Algorithm[C]// IEEE Vehicular Technology Conference. IEEE, 2006.

[17] Fang C, Liang X. Complements to the Online Phase in the Horus System[C]//Isecs International Colloquium on Computing, Communication, Control, & Management. IEEE Computer Society, 2008.

[18] 汤丽，徐玉滨，周牧，等. 基于 K 近邻算法的 WLAN 室内定位技术研究[J]. 计算机科学，2009:3.

[19] 蔡朝晖，夏溪，胡波，等. 室内信号强度指纹定位算法改进[J]. 计算机科学，2014, 41(11): 178-181.

[20] 朱宇佳，邓中亮，刘文龙，等. 基于支持向量机多分类的室内定位系统[J]. 计算机科学，2012(04):38-41.

[21] Chakraborty A, Ortiz L E, Das S R. Network-side Positioning of Cellular-band Devices with Minimal Effort[C]// Computer Communications. IEEE, 2015.

[22] Steven M.Kay. 统计信号处理基础：估计与检测理论[M]. 北京：电子工业出版社, 2011.

[23] 3GPP TR 38.855 V16.0.0. Study on NR Positioning Support (Release16)[R]. 2019.

[24] 3GPP TR 38.857 V17.0.0. Study on NR Positioning Enhancements (Release17)[R]. 2021.

[25] Ren B, Fang R Y, Ren X T, et al. Progress of 3GPP Rel-17 Standards on New Radio (NR) Positioning[C]// Eleventh International Conference on Indoor Positioning and Indoor Navigation (IPIN), [S.l.:s.n.], 2021.

第3章

5G位置服务架构和信令过程

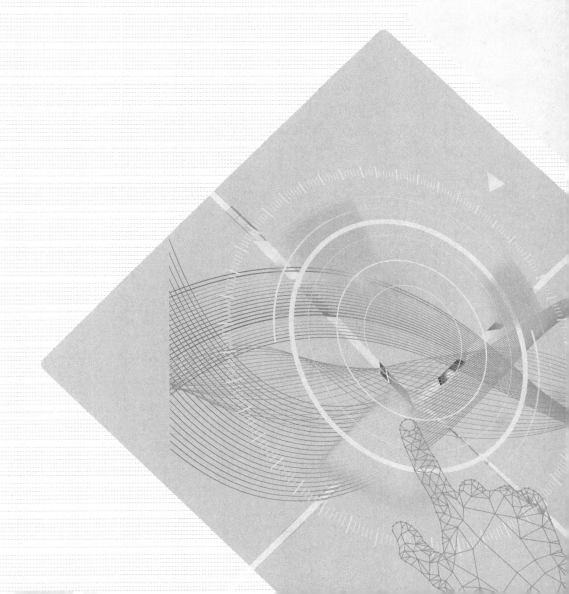

3.1　引言

　　5G网络在各行业中的应用蓬勃发展，包括智能工厂、智能港口等。在这些应用中，众多和位置相关的服务在行业中起着重要作用。5G位置服务（LCS）能够为应急救援、企业管理、安防监控、行程监测等提供精准的定位能力，更好地服务于千行百业。5G位置服务也成为5G的关键技术之一。

　　5G位置服务是为在蜂窝网络内部署定位功能而提供的服务，其规定了所需要的网元、网元功能、接口及通信消息。为支持5G位置服务，5G网络通过增强UE、接入网和核心网的功能，引入了端到端的5G位置服务架构，向位置服务客户端（LCS Client）或应用功能提供位置服务。

　　为支持不同的业务需求，5G位置服务可支持多种位置请求过程，例如位置服务客户端或应用功能请求目标UE的位置、周期性或事件触发的位置事件、UE请求自身位置、网络发起的位置请求过程等。在上述位置请求过程中，核心网内的定位服务器需要基于空口测量信息解算UE位置，为了使空口测量信息的请求及传递过程不依赖于低层的传输技术，5G位置服务支持定位服务器和UE/基站之间的直接请求和传递测量信息。

　　本章将介绍5G位置服务的架构，包括端到端架构、RAN侧定位架构、网元功能和接口功能、位置服务的基本概念和信令过程。

3.2　位置服务架构

3.2.1　位置服务端到端架构

　　位置服务端到端架构包括4个组成部分：核心网、接入网、UE和位置请求者。

　　UE或位置请求者向核心网请求UE的位置。核心网在接收到请求后，触发UE和/或接入网执行定位测量，或者触发UE执行定位测量和位置解算，然后根据UE和/或接入网返回的测量信息或者UE返回的位置估计，解算UE位置并将UE位置返回给UE

或者位置请求者。为了支持上述功能，核心网内引入了新的网元，即网关移动位置中心（GMLC）、位置管理功能（LMF）和位置检索功能（LRF）。除此之外，核心网还增强了接入和移动性管理功能（AMF）、统一数据管理（UDM）、统一数据存储（UDR）和网络开放功能（NEF）等网元的功能。

接入网根据核心网的请求，获取定位测量信息，并将测量信息返回给核心网。接入网还支持从核心网接收辅助数据，并在空口广播辅助数据。为了支持上述功能，接入网可控制多个发射接收点（TRP）或者发射点（TP）。

UE可向核心网请求自身的位置，向核心网提供隐私设置信息，根据核心网的请求完成定位测量和/或位置解算，然后将测量信息和/或UE位置返回给核心网。

位置请求者可向核心网请求UE的位置，其可以是位置服务客户端或者应用功能（AF）。另外，5G网络内的控制面网元也可以请求UE的位置。

图3-1为非漫游场景下位置服务利用参考点模型描述的端到端架构，在逻辑上被划分为UE、接入网、核心网和位置请求者4个部分。

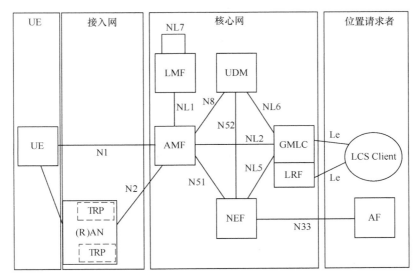

图3-1　位置服务端到端架构（非漫游场景，参考点接口）

服务化接口是5G网络的特性之一，用服务化接口表示的位置服务端到端架构如图3-2所示。

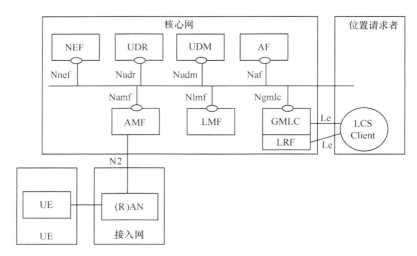

图3-2　位置服务端到端架构（非漫游场景，服务化接口）

在漫游场景下，位置服务端到端架构（参考点模型）如图3-3所示。

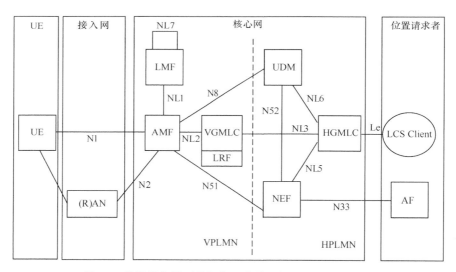

图3-3　位置服务端到端架构（漫游场景，参考点接口）

用服务化接口表示的位置服务端到端架构如图3-4所示。

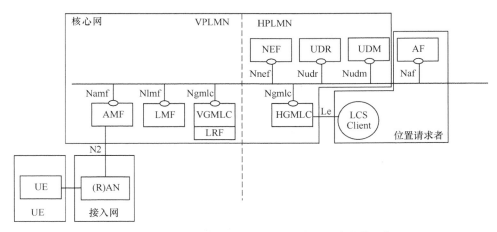

图3-4 位置服务端到端架构（漫游场景，服务化接口）

3.2.2 RAN侧定位架构

图3-5所示为适用于NG-RAN的UE定位整体架构，适用于具有NR或E-UTRA接入能力的UE。架构中的网元及对应的定位相关的关键功能如下。

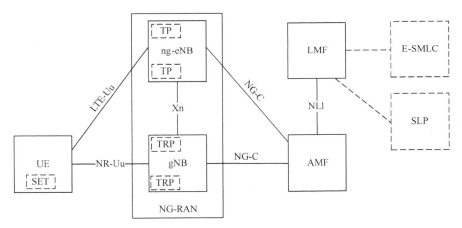

图3-5 适用于NG-RAN的UE定位整体架构

1. UE

UE可以测量来自NG-RAN和其他信号源的下行信号，其他信号源主要包括E-UTRAN、不同的全球导航卫星系统（GNSS）和地面定位系统（TBS）、无线局域网接入点、蓝牙信标、UE气压和运动传感器。UE需要进行的测量由LMF选择的定位方法决定。

UE自身可以包含LCS应用,也可以通过访问网络或通过存在于UE中的其他应用访问LCS应用。LCS应用可以包括必要的测量和解算功能,并基于或者不基于网络的帮助确定UE的位置。

UE还可以包含独立的定位功能[例如全球定位系统(GPS)],能够独立于NG-RAN上报其位置,具有独立定位功能的UE也可以使用网络提供的辅助信息。

2. 5G基站（gNB）

gNB是NG-RAN的网络单元,可以为正在进行定位业务的目标UE提供测量信息,并将该信息发送给LMF。

为了支持NR中依赖RAT的定位方法,gNB可以对目标UE发出的无线信号进行测量,并提供相应的测量结果以用于位置估计。一个gNB可以服务多个TRP,其中,TRP包括射频拉远节点、仅接收上行探测参考信号(UL SRS)的接收节点和仅发送下行定位参考信号(DL PRS)的发送节点等。gNB可以在定位的系统信息中广播从LMF接收到的辅助数据信息。

在集中单元(CU)/分布单元(DU)分离的gNB架构中,gNB-DU可以包含TRP功能。

3. 可接入5G核心网的4G基站（ng-eNB）

ng-eNB也是NG-RAN的网络单元,可以为正在进行的定位业务提供测量信息,并将该信息发送给LMF。

ng-eNB根据LMF的请求(按需或定期)进行测量。一个ng-eNB可以服务多个TP。ng-eNB可以在定位系统信息中广播从LMF接收到的辅助数据信息。

4. LMF

LMF为目标UE提供不同的定位服务,包括对UE进行定位并向UE提供定位辅助数据。LMF与服务gNB或服务ng-eNB进行交互,以获取目标UE的定位测量量,获取的测量量包括从NG-RAN获取的上行测量结果和从NG-RAN获取的UE下行测量结果,这些测量结果是UE通过其他过程而非定位过程提供给NG-RAN的,例如切换过程。

LMF可以与目标UE进行交互,一方面在请求特定位置服务时为UE提供辅助数据信息,另一方面可以向UE发起请求以获得UE的位置估计。LMF可以与多个NG-RAN节点进行交互,向NG-RAN提供广播的辅助数据信息。用于广播的辅助数据信息可以选择性地由LMF分段和/或加密。LMF还可以与AMF进行交互,向AMF提供加密的关键数据信息。

LMF依据LCS的客户端类型、所需要的QoS、UE定位能力、gNB定位能力及ng-eNB定位能力选择定位方法，并向UE、服务gNB和/或ng-eNB调用该定位方法。该定位方法对于基于UE的定位方法可以输出一个位置估计，对于UE辅助的和基于网络的定位方法可以输出定位测量量。LMF可能结合收到的所有结果为目标UE确定一个位置估计，也可以确定一些额外的信息，例如，位置估计的精度和速度。

当AMF接收到来自另一个实体（例如，GMLC或UE）、关联到特定目标UE的定位服务请求，或者AMF本身代表特定的目标UE发起一些定位服务[例如，UE发起的IP多媒体子系统（IMS）紧急呼叫]时，AMF向LMF发送定位服务请求。LMF接收到该定位请求后进行相应的处理，其中可能包括向目标UE传输辅助数据信息的过程，以进行基于UE和/或UE辅助的定位，也可能包含目标UE的定位。之后LMF将定位服务结果（例如，UE的位置估计）返回给AMF。对于定位服务请求由AMF外的其他实体（例如，GMLC或UE）发起的情况，AMF向相应的实体返回定位服务结果。

LMF可能与演进的服务移动位置中心（E-SMLC）有专用信令连接，使LMF可以从E-UTRAN获取信息（例如，为支持E-UTRA定位方法OTDOA，获取目标UE对E-UTRAN中的eNB和/或PRS-onlyTP处发送的下行信号的测量量）。不在本书中介绍LMF和E-SMLC间的信令交互。

LMF可能与安全用户面位置平台（SLP）有专用信令连接，其中SLP是承载在用户面上、定位的安全用户面位置（SUPL）协议的实体。LMF与SLP间的信令交互为私有接口，不在本书中介绍。

(·)) 3.3 网元功能和接口功能

3.3.1 网元功能

前面的章节介绍了位置服务端到端架构，本小节将介绍该架构所包含网元的具体功能。

1. 位置请求者

位置请求者可以是LCS Client、控制面网元或AF。其中控制面网元和AF可直接通过位于同一安全域内的GMLC（例如同一PLMN）访问位置服务，外部AF需要通过NEF访问位置服务。LCS Client使用Le接口通过位于同一PLMN内的GMLC访问位置服务。

2. GMLC（网关移动位置中心）

GMLC是公共陆地移动网络（PLMN）内的位置服务架构对外开放的第一个网元，可在一个PLMN内部署多个GMLC。LCS Client、AF和控制面网元可以直接或通过NEF运营商访问GMLC。GMLC从UDM请求路由信息和目标UE隐私信息。GMLC对LCS Client或AF进行授权，并在验证目标UE的隐私之后，向AMF或向另外一个PLMN内的GMLC（适用于目标UE为漫游UE的场景）发送位置请求。在漫游场景中，总是由位于UE的归属PLMN内的归属GMLC（H-GMLC）检查目标UE的隐私。GMLC还包含下述功能。

（1）当目标UE有多个服务AMF时，H-GMLC为目标UE选择服务AMF，向其发送位置请求。

（2）当第一个AMF返回的位置信息不能满足QoS需求且目标UE有多个服务AMF时，H-GMLC决定是否从不同的服务AMF尝试进行第二次位置请求。

（3）H-GMLC支持从LCS Client或NEF接收终端被叫位置请求（MT-LR）和延迟的位置请求。

（4）H-GMLC基于部署配置，将漫游UE的位置请求转发至VPLMN内的拜访GMLC（V-GMLC）或服务的AMF。

（5）支持延迟的位置请求的事件报告，H-GMLC从V-GMLC或LMF接收事件报告，并发送到LCS Client或NEF。

（6）H-GMLC支持取消延迟的位置请求过程。

（7）在终端主叫位置请求（MO-LR）过程中，H-GMLC从V-GMLC接收位置信息。如果UE请求，H-GMLC将UE位置发送至LCS Client或经过NEF发送至AF。

（8）V-GMLC从H-GMLC接收位置请求，并将其发送至服务AMF。

（9）支持延迟的位置请求的事件报告，V-GMLC为漫游UE从LMF接收事件报告，将其转发至H-GMLC。

（10）在支持MO-LR的过程中，V-GMLC从AMF接收位置信息，并将其转发至H-GMLC。

（11）H-GMLC可拒绝LCS Client发送的位置请求。

（12）H-GMLC为LCS Client发送的每个延迟的位置请求分配索引号。

（13）在进行批量操作的过程中，H-GMLC将组标识符解析为每个UE的标识符，聚合UE位置，并发送给LCS Client或NEF。

3. LRF（位置检索功能）

LRF可与GMLC合设或分设。对于发起IMS紧急会话的UE，LRF负责为发起IMS紧急会话的UE检索或验证UE的位置信息。

4. NEF（网络开放功能）

NEF负责将3GPP网络提供的业务和功能安全地开放给网络外部的AF。

为了支持位置服务，NEF可向AF开放位置服务。当AF向NEF请求UE位置时，NEF根据AF请求的LCS QoS、AMF负载、GMLC负载、位置请求类型等，决定将位置请求转发至GMLC或者向服务AMF请求位置信息事件报告，例如当LCS QoS精度高于小区标识时，NEF使用GMLC位置服务。当向AMF请求事件报告时，NEF负责从UDM请求路由信息和目标UE的隐私信息。NEF还包含下述功能。

（1）支持来自AF的MT-LR和延迟的位置请求。

（2）根据位置请求，支持向AF开放位置信息。

（3）基于AF的LCS QoS需求、位置请求类型、网元负载等信息确定GMLC位置服务或AMF提供的位置信息事件报告。

（4）当目标UE的服务AMF数量多于一个时，选择一个服务AMF。

（5）当第一个AMF返回的位置信息不能满足LCS QoS且服务AMF的数量多于一个时，确定是否向不同的服务AMF发送第二次位置请求。

（6）支持AF提供UE位置服务隐私属性信息。

（7）支持挂起和取消延迟的位置请求。

（8）支持授权AF的位置请求。

（9）支持拒绝来自AF的位置请求。

（10）支持为AF的每个延迟的位置请求分配索引号。

5. UDM（统一数据管理）

UDM支持用户签约管理、鉴权证书生成、用户标识处理、基于签约数据对UE接入进行授权、UE的服务网元的注册和管理、服务/会话连续性等功能。

为了支持位置服务，UDM存储位置服务签约用户的隐私属性和路由信息。

6. UDR（统一数据存储）

UDR负责存储签约数据、策略数据和结构化数据。UDM可向UDR存储和检索签约数据，策略控制功能（PCF）可向UDR存储和检索策略数据，NEF向UDR存储和检索结构化数据，即NEF从其他网元接收到的事件信息。

为了支持位置服务，UDR负责存储目标UE的隐私信息，该信息用于限制允许哪些LCS Client和AF访问UE位置信息，不允许哪些LCS Client和AF访问UE位置信息。

当UE的服务AMF接收到UE提供的新的隐私信息时，AMF可通过UDM更新UDR中存储的隐私信息。GMLC通过UDM获得存储在UDR内的隐私信息，根据该信息执行隐私检查。

7. AMF（接入和移动性管理功能）

AMF是接入网控制面接口的终结点和UE非接入层（NAS）消息的终结点，负责管理UE的注册状态、连接状态、可达性和移动性，对UE的接入进行认证和授权，路由与移动性管理功能无关的其他非接入层消息（例如会话管理NAS消息），支持UE移动性事件通知等功能。

为了支持位置服务，AMF还包含下述功能。

（1）为执行IMS紧急呼叫的UE或者为使用NR卫星接入的UE验证其选择的PLMN，发起网络触发的位置请求（NI-LR），获得UE的位置或者UE所处的国家信息。

（2）接收和管理来自GMLC的位置请求，该请求可以是终端被叫位置请求（MT-LR），即LCS Client或AF请求UE的位置信息；或者延迟的位置请求（Location Deferred Request），即LCS Client或AF请求周期性的UE位置信息或者特定的事件报告。

（3）接收和管理来自UE的终端主叫位置请求（MO-LR），即UE请求自身位置、辅助数据或请求将自身位置发送至LCS Client/AF。

（4）接收和管理来自NEF的与位置信息相关的事件开放请求。

（5）选择LMF。

（6）接收来自UE的隐私信息，并通过UDM将其存储至UDR。

（7）支持取消目标UE的周期性或触发的位置报告。

（8）在目标UE的周期性或触发的位置报告过程中，支持服务LMF的改变。

（9）当5GS广播加密的辅助数据时，AMF从LMF接收加密密钥，通过移动性管理过程将密钥发送至合适的签约UE。

（10）存储从LMF接收的UE定位能力，当接收到目标UE的位置请求时，如果存储有目标UE的定位能力，则向LMF发送位置请求和UE定位能力。

8. LMF（位置管理功能）

LMF负责协调和调度获取UE位置所需要的资源，解算或验证最终位置和速度估计。LMF从服务AMF接收到目标UE的位置请求后，与UE和NG-RAN交互，以获取解算UE位置所需要的信息。如果LCS Client或AF请求UE速度，且该信息可用，位置结果还可能包括UE的移动速度。当LMF接收到位置请求时，会根据LCS Client类型和支持的地理区域描述（GAD）图形，决定使用的坐标系类型，即全球坐标系或局部坐标系。LMF还支持下述功能。

（1）支持从服务AMF接收针对目标UE的位置请求，该消息请求LMF立即对UE进行定位。

（2）支持从服务AMF接收针对目标UE的延迟的位置请求。

（3）选择定位方法和决定定位次数。LMF可根据UE定位能力、位置服务的服务质量等参数进行选择和决定。

（4）支持直接向GMLC发送延迟的位置请求的事件报告。

（5）支持取消目标UE的延迟位置请求过程。

（6）支持通过NG-RAN向UE广播加密或未加密的辅助数据信息，支持通过AMF向签约UE转发加密密钥。

（7）在延迟的位置请求的事件报告阶段，支持服务LMF的改变。

（8）支持从AMF接收UE定位能力，支持向AMF提供更新的UE定位能力。

（9）根据AMF的请求，将UE位置映射到国家或国际区域。

（10）支持获取特定时间的UE位置，其中特定时间为客户端或UE提供的预定位置时间参数。

9. 接入网

接入网参与多种定位过程，包括对目标UE进行定位、提供与特定目标UE无关的位置相关信息。接入网还负责在目标UE和AMF之间或者目标UE和LMF之间传输定位消息。

10. UE

UE可支持下述4种不同的定位模式。

（1）UE辅助模式：UE获得定位测量信息并将测量信息发送到另一实体（例如LMF），该测量信息用于解算位置。

（2）基于UE的模式：UE获得定位测量信息并利用服务PLMN提供的辅助数据解算位置。

（3）独立模式：UE获得定位测量信息并解算位置，UE解算位置时不使用服务PLMN提供的辅助数据。

（4）基于网络的模式：服务PLMN获得目标UE的定位测量信息，并解算UE位置。

为了支持位置服务，UE还支持下述功能。

（1）支持网络接收的不同的位置请求，包括MT-LR、NI-LR及延迟的位置请求。

（2）支持向网络发送位置请求，即MO-LR。

（3）支持隐私通知和验证。

（4）将更新的隐私信息发送到服务AMF。

（5）支持向LMF发送与延迟的位置请求相关的事件报告，该事件报告是周期性发送的或UE检测到特定事件后发送的，具体请参考3.4.1节中的介绍。

（6）支持在延迟的位置请求的事件报告阶段改变服务LMF，以及取消位置报告。

（7）支持多个同时的位置会话。

（8）支持接收NG-RAN广播的加密和/或未加密的辅助数据。

（9）支持从AMF接收辅助数据的加密密钥。

3.3.2 接口功能

位置服务端到端架构所包含的接口和具体功能如下。

1. 参考点接口

（1）Le接口

Le接口支持LCS Client向GMLC或LRF发送位置请求，以及GMLC或LRF向LCS Client返回UE位置。LCS Client内可预配有GMLC地址，或者通过DNS解析获得GMLC地址。

Le接口使用的是OMA定义的移动位置协议。

（2）NL3接口

NL3接口是在漫游场景中使用的接口，该接口位于H-GMLC和V-GMLC之间。H-GMLC通过该接口将位置请求发送至V-GMLC，V-GMLC通过该接口将UE位置发送至H-GMLC。H-GMLC内可配置有V-GMLC地址，或通过网络存储功能（NRF）获得的V-GMLC地址。

（3）NL5接口

NL5接口支持NEF或其他网元向GMLC发送位置请求。NEF或网元内可配置GMLC地址，或者通过NRF查找GMLC地址。

（4）NL6接口

NL6接口支持H-GMLC从UDM获取UE的隐私属性和路由位置请求消息所需的信息，例如UE的服务AMF信息，在漫游场景中，UDM还可能返回V-GMLC的信息。

当H-GMLC从LCS Client或AF接收到位置请求时，H-GMLC从UDM获取UE的隐私属性，执行隐私检查。如果允许LCS Client或AF获得UE的位置，则H-GMLC进一步从UDM获取路由位置请求消息所需的信息，即UE的服务AMF和/或V-GMLC的信息，然后向V-GMLC（漫游场景）或UE的服务AMF发送位置请求；否则，H-GMLC向LCS Client或AF返回拒绝消息。

（5）NL2接口

NL2接口支持GMLC向目标UE的服务AMF发送位置请求。

在非漫游场景中，GMLC从UDM获得目标UE的服务AMF的信息。如果UDM返回了多个服务AMF的信息，则GMLC从中选择一个服务AMF，然后向所选的服务AMF发送位置请求。

在漫游场景中，H-GMLC从UDM获得目标UE的服务AMF的信息和V-GMLC的信息（可选）。如果UDM未返回V-GMLC的信息，则H-GMLC通过NRF获得V-GMLC的信息。然后，H-GMLC向V-GMLC发送位置请求消息，在消息中携带目标UE的服务AMF的信息，V-GMLC向服务AMF发送位置请求。

（6）NL1接口

NL1接口支持目标UE的服务AMF向LMF发送位置请求，该位置请求可以是立即位置请求，或者延迟的位置请求。

NL1接口还支持LMF向AMF发送加密密钥。AMF负责将加密密钥发送至合适的签约UE，UE使用该密钥解密其接收到的加密的广播辅助数据。

（7）NL7接口

NL7接口是不同LMF之间的接口，支持在不同LMF之间传输UE的位置上下文。在延迟的位置请求的事件报告过程中，服务LMF保存UE的位置上下文。随着UE的移动，可能导致服务LMF发生改变，此时，源LMF需要将UE的位置上下文发送至目标LMF。目标LMF可由AMF选择并通知到源LMF，或者由源LMF通过NRF选择目标LMF。

（8）N1接口

N1接口是UE和AMF之间的接口，用于传输NAS消息，包括注册管理消息、连接管理消息和会话管理相关的消息。N1接口使用NAS协议，该协议由NAS-移动性管理（MM）协议和NAS-会话管理（SM）协议组成。其中，AMF负责处理MM消息，会话管理功能（SMF）负责处理SM消息，AMF在UE和SMF之间透传SM消息。

为了支持位置服务，N1接口还支持下述功能。

① 在服务AMF和目标UE之间传输补充服务消息，以支持隐私通知和验证，以及UE更新隐私设置信息。

② 在目标UE和LMF之间经过AMF传输定位协议消息和位置事件报告。

③ 支持AMF向合适的签约UE发送加密密钥。接收到该密钥的UE可接收加密的广播辅助数据信息。

当AMF在UE和LMF之间转发LCS消息时，消息传输过程如图3-6所示。

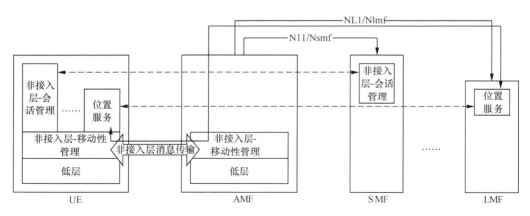

图3-6　LCS消息传输过程

从图3-6可以看出，在UE和LMF之间发送的LCS消息需要经过AMF透明转发。当LCS消息在UE和AMF之间传输时，该消息被封装在NAS传输消息内。当LCS消息在AMF和LMF之间传输时，该消息通过NL1/Nlmf接口传输。

（9）N2接口

N2接口是NG-RAN节点和AMF之间的接口。对于每个UE，该接口支持的过程包括NAS传输过程、UE上下文管理过程、PDU会话资源管理过程、切换管理过程。

为了支持位置服务，N2接口还支持定位消息的传输，包括RAN节点与LMF之间传输的定位消息及需要RAN节点广播的辅助数据。此时，AMF负责在二者之间转发定位协议消息和定位辅助数据。

（10）N51接口

N51接口支持NEF向服务AMF请求目标UE的位置。

当NEF从AF接收到位置请求时，NEF确定向AMF或者GMLC请求目标UE的位置。其中，向AMF请求UE的位置指调用AMF的位置事件开放功能，获得UE的服务小区信息。

（11）N52接口

N52接口支持NEF从UDM获得目标UE的隐私属性和路由位置请求的信息，例如UE的服务AMF的信息。

2. 服务化接口

基于服务化接口的位置服务端到端架构所包含的服务化接口支持的与位置服务相关的服务操作如下。

（1）Ngmlc

Ngmlc是GMLC对外提供的服务化接口，其他网元（消费者网元）可通过调用该接口支持的服务操作获得GMLC提供的服务。该接口支持的服务操作如表3-1所示。

表3-1　Ngmlc服务化接口支持的服务操作

服务操作	描述	消费者网元示例
Ngmlc_位置_提供位置	向消费者网元提供UE位置信息	GMLC，NEF
Ngmlc_位置_位置更新	消费者网元向GMLC更新UE位置信息	AMF，GMLC
Ngmlc_位置_事件通知	向消费者网元发送事件报告； 向消费者网元通知取消延迟的位置请求	GMLC，NEF
Ngmlc_位置_取消位置	消费者网元取消延迟的位置请求	GMLC，NEF
Ngmlc_位置_位置更新通知	向消费者网元通知UE位置更新信息	NEF

（2）Nnef

Nnef是NEF对外提供的服务化接口，其他网元（消费者网元）可通过调用该接口支持的服务操作获得NEF提供的服务。该接口支持的与位置服务相关的服务为Nnef_位置，其包括的服务操作如表3-2所示。

表3-2　Nnef服务化接口支持的服务操作（与位置服务相关）

服务操作	描述	消费者网元示例
Nnef_位置_位置更新通知	向消费者网元提供UE位置信息	AF

为了支持位置服务，还增加了Nnef_事件开放服务支持的事件类型，引入了位置报告事件类型。当AF请求UE位置时，AF调用Nnef_事件开放_订阅服务操作，AF将该服务操作的事件类型参数设置为位置报告。NEF向AF返回Nnef_事件开放_通知服务操作，该服务操作包括UE位置。

（3）Nudm

Nudm是UDM对外提供的服务化接口，其他网元（即消费者网元）可通过调用该接口支持的服务操作获得UDM提供的服务。位置服务使用的Nudm支持的服务操作如表3-3所示。

表3-3　Nudm服务化接口支持的服务操作（与位置服务相关）

服务操作	描述	消费者网元示例
Nudm_签约数据管理_获取	消费者网元从UDM获取UE的签约数据	GMLC
Nudm_UE上下文管理_获取	消费者网元从UDM获取UE的服务AMF的信息， 或者服务AMF和V-GMLC的信息（漫游场景）	GMLC

（4）Nudr

Nudr是UDR对外提供的服务化接口，其他网元（消费者网元）可通过调用该接口支持的服务操作获得UDR提供的服务。位置服务使用的Nudr支持的服务操作如表3-4所示。

表3-4　Nudr服务化接口支持的服务操作（与位置服务相关）

服务操作	描述	消费者网元示例
Nudr_数据管理_创建	消费者网元在UDR内插入新的数据记录	UDM
Nudr_数据管理_更新	消费者网元更新存储在UDR内的数据	UDM
Nudr_数据管理_查询	消费者网元从UDR请求数据	UDM
Nudr_数据管理_删除	消费者网元删除在UDR内存储的用户数据	UDM

（5）Namf

Namf是AMF对外提供的服务化接口，其他网元（消费者网元）可通过调用该接口支持的服务操作获得AMF提供的服务。该接口支持的与位置服务相关的服务为Namf_位置，其包括的服务操作如表3-5所示。

表3-5　Namf服务化接口支持的服务操作（与位置服务相关）

服务操作	描述	消费者网元示例
Namf_位置_提供定位信息	向消费者网元提供UE位置信息	GMLC
Namf_位置_事件通知	向消费者网元提供UE位置相关的事件报告	GMLC
Namf_位置_提供位置信息	向消费者网元提供目标UE的网络提供的位置信息（NPLI）	UDM
Namf_位置_取消位置	向消费者网元取消延迟的位置请求	GMLC

（6）Nlmf

Nlmf是LMF对外提供的服务化接口，其他网元（消费者网元）可通过调用该接口支持的服务操作获得LMF提供的服务。该接口支持的服务操作如表3-6所示。

表3-6　Nlmf服务化接口支持的服务操作

服务操作	描述	消费者网元示例
Nlmf_位置_决定位置	向消费者网元提供UE位置信息	AMF
Nlmf_位置_事件通知	向消费者网元发送事件报告。或者向消费者网元通知取消延迟的位置请求	GMLC
Nlmf_位置_取消位置	消费者网元取消延迟的位置请求	AMF
Nlmf_位置_位置上下文传输	消费者网元提供目标UE的位置上下文信息	LMF
Nlmf_广播_加密密钥数据	向消费者网元提供加密密钥数据	AMF

(··) 3.4 位置服务和信令过程

3.4.1 位置服务

1. 位置服务的服务质量

位置服务（LCS）服务质量（QoS）信息包括LCS QoS类型、精度和响应时间。LCS QoS是LCS Client或AF在位置请求内提供的参数（可选）或者是由运营商确定的参数，LMF根据LCS QoS选择定位方法。

LCS QoS类型包括下述3类。

（1）尽力而为类型：如果获得的位置估计不能满足QoS需求，核心网仍应将该位置返回给LCS Client或AF，同时向其指示该位置不满足其请求的QoS。如果未获得位置估计，则返回合适的错误原因。

（2）多QoS类型：如果获得的位置估计不满足最严格的（主要的）QoS需求，则LMF可再次触发定位过程，此时LMF使用第二严格的QoS需求。该过程可多次迭代，直至LMF尝试了最低严格的（精度要求最低的）QoS需求。如果获得的位置无法满足最低严格的QoS需求，则应丢弃位置信息，并发送合适的错误原因。

（3）确保类型：如果获得的位置估计不能满足QoS需求，则核心网丢弃该位置估计，并向LCS Client或AF发送合适的错误原因。

QoS包括定位精度和响应时间两项指标。定位精度包括水平定位精度和垂直定位精度。响应时间包括3种类型，即无延迟、低延迟和容忍延迟。无延迟指的是网络应立即返回目标UE的任何位置估计，如果网络无该信息，则应返回失败指示或者发起定位过程（可选）。低延迟指的是满足响应时间的优先级高于满足精度需求，网络应在延迟最小的前提下返回UE的位置。容忍延迟指的是满足精度需求的优先级高于满足响应时间的需求，即网络应获取满足精度需求的位置，为此可以延迟返回回复消息的时间。

2. 位置请求类型

位置服务支持的位置请求类型包括NI-LR、MT-LR、MO-LR、立即位置请求、延迟位置请求。

（1）NI-LR指的是UE的服务AMF为监管服务（例如，UE发起紧急呼叫）或者为NR卫星接入验证UE位置（UE所处的国家或国际区域）发起的UE定位过程。

（2）MT-LR指的是AF或LCS Client向PLMN（HPLMN或VPLMN）发送位置请求，请求目标UE的位置。

（3）MO-LR指的是UE向核心网发送位置请求，请求获得自身位置和可选地将自身位置发送至特定的AF或LCS Client。MO-LR还可用于请求定位辅助数据。

（4）立即位置请求指的是LCS Client或AF发送位置请求后，期望在短时间内（请参考LCS QoS的响应时间参数）接收到包含目标UE（或目标组内的UE）的位置信息的回复。立即位置请求可以是NI-LR、MT-LR或MO-LR。

（5）延迟位置请求指的是LCS Client或AF请求在特定事件发生时获得事件报告和UE的位置（如果LCS Client或AF请求）。LCS Client或AF向核心网发送的位置请求中包括事件类型和相关信息，核心网将事件类型和相关信息发送至UE，当UE检测到事件发生时，UE向核心网发送事件报告，核心网向LCS Client或AF发送事件报告。延迟位置请求支持的事件类型如下。

- UE可用性（UE Availability）：当UE和核心网建立连接时，UE可用的事件发生。该事件一般用于UE暂时丢失无线连接或去注册场景，该事件只要求向LCS Client /AF返回一个事件报告。

- 区域（Area）：UE进入、离开或停留在一个预定义的地理区域内的事件。LCS Client或AF可以向核心网提供地理区域，核心网将其转换为一个或多个小区或跟踪区。区域事件可以被报告一次或多次。区域事件报告应该包含事件发生的指示，还可能包括位置估计。LCS Client或者AF还提供最小和最大的报告时间，用于控制区域事件报告。最小报告时间为连续两个区域事件之间所允许的最小时间间隔。最大报告时间为连续两个区域事件报告之间所允许的最大时间间隔。

- 周期位置（Periodic Location）：当UE检测到周期性定时器超时时，UE发送事件报告。

- 移动（Motion）：当UE当前位置和上一次的位置之间的直线距离超过预定义的直线距离时，UE发送事件报告。移动事件可以被报告一次或多次。移动事件报告应该包含事件发生的指示，还可能包括位置估计。LCS Client或者AF还提供最小和最大报告时间，用于控制移动事件报告。

3．位置服务隐私

UE或AF可通过位置服务隐私机制控制允许部分特定的LCS Client和AF访问UE位置信息，屏蔽其他的LCS Client和AF访问UE位置信息。

UDM中有存储UE的隐私属性，UDM可进一步将该信息存储在UDR内。GMLC从UDM获取UE的隐私属性，根据隐私属性和LCS Client类型判断是否允许LCS Client或AF获取UE的位置。隐私属性包括UE签约的隐私信息，还包括由UE或AF提供的位置隐私指示。其中签约的隐私信息可以是LCS Client类型相关的隐私信息，例如对于增值LCS Client类型，隐私信息允许获取UE位置且不需要通知到UE和用户，或者允许获取UE位置且需要通知UE和用户等。LCS Client和AF对应的位置服务客户端类型分别由GMLC和NEF决定。位置隐私指示是针对所有的LCS Client和AF的设置，例如不允许对UE进行定位、允许对UE进行定位等。

4．网络功能选择

运营商网络内可能部署了多个LMF和多个GMLC。下面介绍LMF选择和GMLC选择。

LMF选择可由AMF执行，AMF可根据本地可用信息或通过请求NRF选择LMF。在AMF选择LMF时可参考请求的LCS QoS、LMF能力、负载、服务区域和位置等信息。在延迟位置请求的事件报告阶段，UE移动可能导致服务LMF发生改变，在该场景下，AMF或源LMF可根据本地可用信息或通过请求NRF选择目标LMF。

GMLC选择由NEF、LMF、AMF、LCS Client和GMLC执行，这些网元可根据本地可用信息或通过请求NRF选择GMLC。

5．预定位置时间

预定位置时间允许LCS Client、AF或UE规定获取未来某个时间点的UE位置。只有当LCS Client、AF或UE知道需要获取未来哪个时间点的UE位置时，才使用预定位置时间功能。

5GC-MT-LR、5GC-MO-LR或延迟位置请求过程可支持预定位置时间功能。预定位置时间将上述过程分为位置准备阶段和位置执行阶段。位置准备阶段开始于LCS Client、AF或UE发送位置请求，该请求包括预定位置时间T，在该阶段中，LMF通过与UE交互来决定合适的定位方法和预定UE的定位测量，该阶段在接近预定位置时间T的时刻结束，然后执行位置执行阶段。在位置执行阶段，核心网获取UE位置，并向LCS Client、AF或UE返回UE位置。

为了在5GC-MO-LR过程支持预定位置时间功能，UE推迟向AMF发送位置请求的时间，推迟后的位置请求时间与预定位置时间之间的时间差不会导致超文本传输协议（HTTP）超时。时间差的具体时长取决于实现。

为了在5GC-MT-LR过程中支持预定位置时间功能，避免出现HTTP请求超时问题导致的请求失败，LCS Client或AF可推迟发送位置请求的时间，直至推迟后的位置请求时间与预定位置时间之间的时间差不会导致出现HTTP请求超时，也可将延迟的位置请求消息内的事件报告数量参数的取值设置为1，实现LCS Client或AF获取UE在预定位置时间的位置。

3.4.2 端到端位置服务过程

1. 5GC-MT-LR

5GC-MT-LR指的是AF或LCS Client向PLMN发送位置请求，请求目标UE的位置。该过程可分为面向监管业务过程和面向商业场景过程。下面分别介绍这两个过程。

（1）面向监管业务的终端被叫位置请求

面向监管业务的5GC-MT-LR过程如图3-7所示。

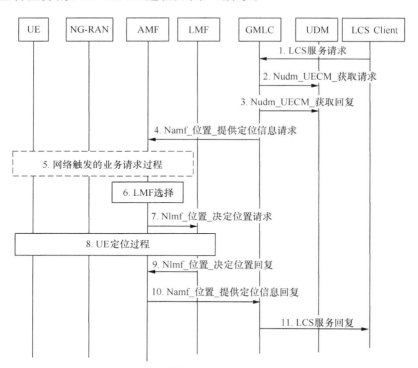

图3-7　面向监管业务的5GC-MT-LR过程

对图3-7中的步骤描述如下。

步骤1：LCS Client向GMLC发送位置请求，目标UE由通用公共签约标识符（GPSI）或签约静态标识符（SUPI）标识。该请求中可包括要求的LCS QoS等参数。

步骤2~3：GMLC根据目标UE的GPSI或SUPI从UDM获得UE的服务AMF的地址。

步骤4：GMLC向AMF调用Namf_位置_提供定位信息服务操作，请求UE的当前位置。该服务操作包括SUPI、客户端类型，还可能包括请求的LCS QoS等参数。

步骤5：如果UE处于空闲态，则AMF发起网络触发的业务请求过程，建立到UE的信令连接。

步骤6：AMF使用本地配置信息或通过与NRF交互选择LMF。

步骤7：AMF向LMF调用Nlmf_位置_决定位置请求，请求UE的当前位置。该服务操作包括LCS关联标识符、服务小区标识、客户端类型，还可能包括UE支持LTE定位协议（LPP）的指示、请求的LCS QoS、UE定位能力（如可用）等参数。

步骤8：LMF执行UE定位过程。

步骤9：LMF向AMF返回Nlmf_位置_决定位置回复消息，该消息包括的参数为UE当前的位置和UE定位能力（可选参数）。如果LMF在步骤8接收到的UE定位能力包括能力不可变的指示，且LMF未在步骤7中从AMF接收到UE定位能力，则上述回复消息内包含UE定位能力参数。该服务操作包括LCS关联标识符、位置信息、定位时间和精度，还可能包括定位方法的信息，以及位置的时间戳。

步骤10：AMF向GMLC返回Namf_位置_提供定位信息回复消息，该消息包括的参数为UE当前的位置。该服务操作包括位置信息、定位时间和精度，还可能包括定位方法的信息和位置的时间戳。当从LMF接收到UE定位能力时，AMF将其存储在UE上下文中。

步骤11：GMLC向外部LCS Client返回定位业务回复。

（2）面向商业场景的终端被叫位置请求

面向商业场景的5GC-MT-LR过程如图3-8所示。

对图3-8中的步骤描述如下。

步骤1：LCS Client或AF（通过NEF）向（H-）GMLC请求由GPSI或SUPI标识的UE的位置和速度（可选）。请求可包括要求的LCS QoS、支持的GAD图形等参数。LCS请求可包括预定位置时间参数T，该参数表明请求在未来特定时间的UE位置。

步骤2：（H-）GMLC从目标UE的UDM获取UE的隐私属性。（H-）GMLC检查隐私属性。如果目标UE不允许被定位，则跳过步骤3~23。

步骤3：（H-）GMLC从目标UE的UDM获取服务AMF的网络地址。

步骤4：该步骤适用于漫游场景。H-GMLC选择V-GMLC。H-GMLC向V-GMLC发送定位请求。V-GMLC判断是否允许来自该H-GMLC、PLMN或来自该国家的定位请求。如果不允许，则返回错误回复。

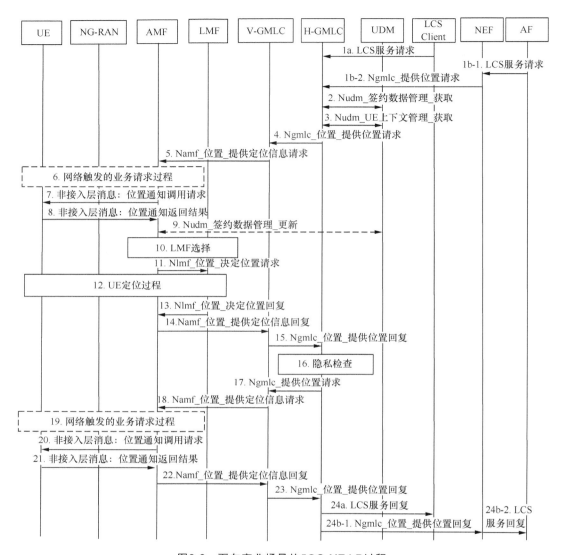

图3-8　面向商业场景的5GC-MT-LR过程

步骤5：H-GMLC或V-GMLC向AMF调用Namf_位置_提供定位信息服务操作，请求UE的当前位置。该服务操作包括SUPI、客户端类型，还可能包括要求的LCS QoS、支持的GAD图形、业务类型、预定位置时间及其他从步骤1接收到的参数。

步骤6：如果UE处于空闲态，则AMF发起网络触发的业务请求过程，建立到UE的信令连接。如果建立信令连接失败，则跳过步骤7～13，AMF在步骤14向GMLC回复其存储的UE的最近一次的位置，即小区标识符，以及该位置的时间信息。

步骤7：如果隐私检查的结果为必须通知UE进行隐私验证，且UE支持LCS通知，则AMF向目标UE发送通知调用消息，消息携带LCS Client标识（如可用）、业务类型（如可用）和是否需要执行隐私验证。

步骤8：如果要求进行隐私验证，则目标UE向用户通知定位请求，等待用户授权。UE向AMF返回通知结果，指示允许或拒绝当前的LCS请求。如果用户拒绝授权或未接收到回复消息，则AMF向H-GMLC返回错误回复消息，指示H-GMLC阻拦位置请求。

UE向AMF返回的通知结果也可能指示后续LCS请求的UE隐私设置，后续LCS请求的隐私设置指示UE允许或不允许后续的LCS请求。UE的隐私设置也可指示不允许LCS请求的开始时间。

步骤9：如果UE在步骤8中提供了隐私设置，AMF在UDM中存储从UE接收到的隐私设置。UDM可将UE隐私设置信息存储在UDR中。

步骤10～13：步骤10～13同"面向监管业务的5GC-MT-LR过程"的步骤6～9，区别在于AMF可能向LMF提供业务类型，LMF可根据该参数决定使用局部坐标系下的UE位置，或者使用全球坐标系下的UE位置，也可以使用两种坐标系下的UE位置。如果在步骤5接收到预定位置时间参数，则步骤11和步骤12的区别如下。

- 步骤11：AMF在发送给LMF的Nlmf_位置_决定位置请求中包括预定位置时间参数。

- 步骤12：当向UE发送位置请求时，LMF可能包括预定位置时间，允许UE在接近该时间之前进入CM连接态。

步骤14：AMF向V-GMLC返回Namf_位置_提供定位信息回复消息、UE当前的位置。该服务操作包括位置信息、位置信息的精度，还可能包括使用的定位方法和位置的时间戳。

步骤15：在漫游场景中，V-GMLC向H-GMLC转发在步骤14接收到的信息。在非漫游场景中，跳过该步骤。

步骤16：如果步骤2的隐私检查指示需要执行进一步的隐私检查（例如目标用户为不同的地理位置定义了不同的隐私设置），为了决定是否可向LCS Client或AF发送UE位置信息，则H-GMLC再次执行隐私检查。如果不需要再次进行隐私检查，则H-GMLC跳过步骤17～23。

步骤17：如果步骤15的隐私检查指示需要向UE通知（和验证）当前的位置，则在漫游场景中，H-GMLC应向V-GMLC发送定位请求，指示"仅通知"。

步骤18：H-GMLC或V-GMLC向AMF调用Namf_位置_提供定位信息服务操作，请求通知（和验证）当前位置。

步骤19：如果UE处于空闲态，则AMF发起网络触发的业务请求过程，建立到UE的信令连接。

步骤20：如果UE支持LCS通知，则AMF向目标UE发送通知调用消息，消息包括LCS Client标识（如果支持且可用）、业务类型（如果支持且可用）、是否需要隐私验证。

步骤21：同步骤8。

步骤22：AMF向V-GMLC发送Namf_位置_提供定位信息回复消息，指示步骤20和步骤21的通知和验证过程的结果。

步骤23：在漫游场景中，V-GMLC向H-GMLC发送通知和验证过程的结果。在非漫游场景中，跳过该步骤。

步骤24：H-GMLC向LCS Client或AF（通过NEF）发送定位业务回复消息，回复消息可包括UE位置、使用的定位方法的信息，以及所获取的位置信息是否满足请求精度的指示。在步骤2、步骤16或步骤23中，如果H-GMLC判断出目标UE不允许外部LCS Client或AF对其进行定位，则H-GMLC拒绝LCS业务请求，以及可选地在回复中指示拒绝原因，即目标UE不允许被定位。

2. 5GC-MO-LR

5GC-MO-LR指的是UE向核心网发送位置请求，请求获得自身位置和可选地将自身位置发送至特定的AF或LCS Client，或者请求获得定位辅助数据，具体过程如图3-9所示。

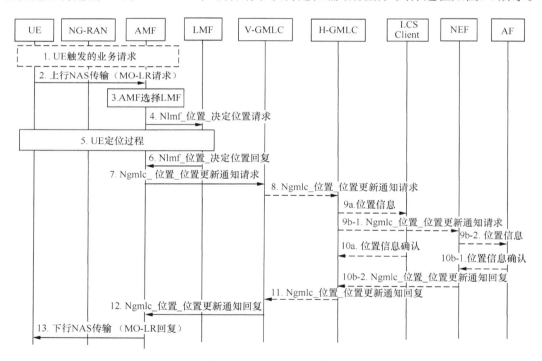

图3-9　5GC-MO-LR过程

图3-9的步骤描述如下。

步骤1：如果UE处于空闲态，则其发起UE触发的业务请求过程，建立到AMF的信令连接。

步骤2：UE发送上行NAS传输消息，消息中包括MO-LR请求消息。UE可请求不同类型的定位业务，如UE的位置、向LCS Client或AF发送UE位置，或定位辅助数据。

如果UE请求自身位置或将自身位置发送给LCS Client或AF，则该请求包括LCS QoS信息、请求的位置的最大有效时间、请求的位置类型（例如当前的位置，当前或最近一次的位置）、预定位置时间等。如果UE请求将位置发送给LCS Client，消息还应包括LCS Client或AF的标识、GMLC的地址。

如果UE请求的是定位辅助数据，则内置的LPP消息包括辅助数据的类型和辅助数据适用的定位方法。

如果UE请求的位置类型是"当前或最近所知的位置"，且提供了请求的位置最大有效时间，AMF存储了满足所请求的精度和所请求的位置最大时间的UE位置，则AMF跳过步骤3~6。

步骤3：AMF选择LMF。

步骤4：AMF向LMF调用Nlmf_位置_决定位置请求服务操作。该服务操作包括LCS关联标识符、服务小区标识符、客户端类型，以及请求的位置或位置辅助数据的指示、UE定位能力（如可用）、在MO-LR请求中内置的LPP消息。如果UE请求的是UE位置，则服务操作还包括UE是否支持LPP的指示、LCS QoS和预定位置时间等参数。如果UE请求的是定位辅助数据，则内置的LPP消息包括请求的定位辅助数据类型。

步骤5：如果UE请求自身的位置，则执行UE定位过程。如果UE请求定位辅助数据，则LMF将该数据发送给UE。

步骤6：LMF向AMF返回Nlmf_位置_决定位置回复消息。该消息包括LCS关联标识符、位置信息（如果已获取）、位置的时间和精度，还可能包括定位方法的信息。如果UE请求的是辅助数据，则跳过步骤7~12。

步骤7：如果AMF成功获得位置信息，则向V-GMLC发送Ngmlc_位置_位置更新通知服务操作。该服务操作包括UE标识、触发定位的事件（5GC-MO-LR）、位置信息、位置的时间和精度、目标UE请求的LCS QoS。另外，服务操作还可能包括LCS Client标识、AF ID、GMLC地址及位置的时间戳和UE提供的业务标识（如果可用）。

步骤8：如果UE未请求将位置发送给LCS Client或AF，则跳过步骤8~11。如果V-GMLC和H-GMLC是同一NF，则跳过本步骤；否则，V-GMLC向H-GMLC调用Ngmlc_位置_位置更新通知服务操作，该服务操作包括从AMF接收到的信息。

步骤9a：GMLC向LCS Client发送位置信息，包括触发定位的事件（5GC-MO-LR）、业务标识（如可用）和位置信息，以及位置的时间戳（如可用）、目标UE请求的LCS QoS。如果UE请求的LCS QoS类型是确保类型，则只有当定位结果满足QoS需求时，GMLC才向LCS Client发送结果。如果UE请求的LCS QoS类型是尽力而为类型，则GMLC向LCS Client发送其接收到的任何结果，并发送不满足所请求的精度的指示。

注意：H-GMLC可将在步骤8接收到的业务类型映射为业务标识。

步骤9b-1：如果步骤1包括AF ID，H-GMLC根据本地配置或通过NRF选择NEF，并向NEF调用Ngmlc_位置_位置更新通知服务操作，包括AF ID及位置信息。该位置信息和步骤9a相同。

步骤9b-2：NEF向所标识的AF发送位置信息。

步骤10a：LCS Client根据业务标识处理位置信息，向GMLC或H-GMLC返回位置信息确认消息，表明已成功处理UE的位置信息。

步骤10b-1：AF根据业务标识处理位置信息，向NEF发送位置信息确认消息，表明已成功处理UE的位置信息。

步骤10b-2：NEF向H-GMLC发送Ngmlc_位置_位置更新通知服务操作，携带位置信息确认。

步骤11：如果V-GMLC和H-GMLC是同一NF实例，则跳过该步骤。H-GMLC向V-GMLC发送Ngmlc_位置_位置更新通知消息，消息携带位置是否成功发送给所指定的LCS Client或AF的指示，消息还应包括所指定的LCS Client或AF是否已成功处理UE位置的指示，如果未成功处理，则消息包括在步骤10接收到的错误原因。

步骤12：V-GMLC向AMF发送Ngmlc_位置_位置更新通知消息，消息携带位置是否成功发送给所指定的LCS Client或AF的指示，消息还应包括所指定的LCS Client或AF是否已成功处理UE位置的指示，如果未成功处理，则消息包括步骤9或步骤10接收到的错误原因。

步骤13：AMF使MO-LR回复消息包含下行NAS传输消息，并返回给UE。如果UE请求的是自身位置，则回复消息包括UE请求的任何位置信息和位置的时间戳（如果可用），以及位置是否满足所请求的精度。如果UE请求将自身位置发送至LCS Client或AF，则消息还携带位置是否成功发送给所指定的LCS Client或AF的指示。如果消息携带位置成功发送给指定的LCS Client或AF的指示，则MO-LR回复消息还包括所指定的LCS Client或AF是否成功处理位置信息，如果未成功处理，则消息还包括步骤12获取的错误原因。

3. 延迟位置请求

（1）发起延迟位置请求和事件报告

延迟位置请求指的是LCS Client或AF请求在特定事件发生时获得UE的位置。LCS Client或AF提供事件相关信息，例如请求的事件类型（UE可用性、区域、周期位置或移动事件）。

核心网将事件相关信息发送给UE，UE负责监测事件是否发生。当事件发生时，UE向核心网发送事件报告，核心网向LCS Client或AF发送事件报告，具体过程如图3-10所示。

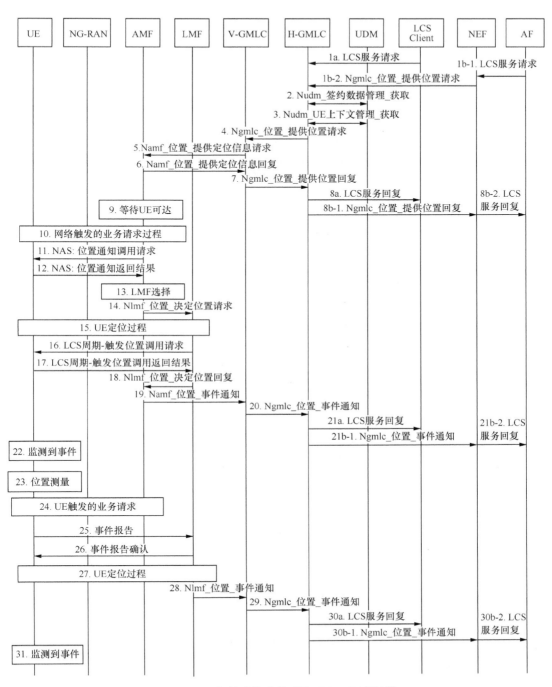

图3-10 周期性或触发的延迟5GC-MT-LR过程

图3-10的步骤描述如下。

步骤1a：LCS Client或AF（经过NEF）向（H-）GMLC发送请求，请求周期性、触发的或UE可用性相关位置报告。LCS服务请求包括请求的类型，即周期性或触发的位置报告，以及相关的参数。

对于周期性位置请求，LCS服务请求包括连续位置报告的时间间隔、报告的次数，以及位置LCS QoS。LCS服务请求还可以包括针对第一个周期性位置报告的预定位置时间。

对于区域事件报告，LCS服务请求包括目标区域的信息，触发的事件为UE位于目标地理区域之内、进入或离开目标区域，事件报告的持续时间，连续事件报告的最小和最大时间间隔，事件抽样的最大间隔，事件报告中是否应包括位置信息（及相关的位置LCS QoS），要求一次或多次事件报告。

对于移动事件报告，LCS服务请求包括直线距离的门限、事件报告的持续时间、连续事件报告的最小和最大时间间隔、最大时间采样间隔、事件报告中是否应包括位置信息（及相关的位置LCS QoS）、要求一次或多次事件报告。

步骤1b-1：AF向NEF发送LCS服务请求。

步骤1b-2：NEF将请求转发给（H-）GMLC。

步骤2：（H-）GMLC执行隐私检查

步骤3：（H-）GMLC向UDM请求AMF地址。

步骤4：对于非漫游UE，跳过该步骤。对于漫游UE，H-GMLC获取V-GMLC地址，向V-GMLC转发位置请求。H-GMLC还提供用于在步骤20和步骤29接收事件报告的H-GMLC的地址[通知目标地址，例如统一资源标识符（URI）和延迟位置请求索引号（通知关联ID）]。

步骤5：（H-）GMLC或V-GMLC向服务AMF转发位置请求，同时提供（H-）GMLC地址和LDR索引号。对于区域事件报告，AMF负责将目标地理区域转换成小区和/或跟踪区标识列表。

步骤6~8：如果AMF支持延迟位置请求，则AMF通过（H-）GMLC（在漫游场景下，需要通过V-GMLC和H-GMLC）向外部LCS Client返回确认消息，指示接受LDR。

步骤9：如果UE当前不可达（例如UE正在使用非连续接收功能），则AMF等待UE可达。

步骤10：当UE可达时，如果UE进入空闲态，则AMF发起网络触发的业务请求过程，建立到UE的信令连接。

步骤11和步骤12：如果在步骤5接收到的位置请求要求UE验证隐私需求，则AMF向UE通知位置请求，并验证隐私需求。如果LDR的类型为周期性或触发的（区域类型，移动类型）位置请求，则AMF还在通知消息中包括LDR的事件类型。

步骤13：AMF选择LMF。

步骤14：AMF向LMF调用Nlmf_位置_决定位置请求服务操作,请求延迟的UE位置。对于周期性或触发的位置请求，该服务操作包括在步骤4或步骤5接收到的所有信息，包括（H-）GMLC地址、LDR索引号、UE定位能力（如可用）和预定位置时间。如果位置请求的事件类型为UE可用，则服务操作不包括（H-）GMLC地址和LDR索引号。在上述所有场景中，该服务操作均包括LCS关联标识、AMF标识、服务小区标识、客户端类型，还可能包括UE是否支持LPP的指示、LCS QoS和支持的GAD图形。

步骤15：LMF执行UE定位过程。在该步骤中，LMF可请求或获取UE定位能力（例如UE支持的位置请求的类型、UE支持的接收事件报告的接入类型）。LMF也可能在该步骤获取UE位置，例如，位置请求的事件类型为UE可用，或事件类型为周期性或触发的LDR要求获取UE的初始位置。如果LDR包含的事件类型为UE可用，则LMF跳过步骤16和步骤17。

步骤16：如果请求的事件类型是周期性或触发类型（区域类型、移动类型），则LMF调用Namf_通信_N1N2消息传输服务操作，通过AMF向UE发送LCS周期性-触发位置调用请求。LCS周期性-触发位置调用请求包括在步骤14从AMF接收到的定位请求信息，即（H-）GMLC地址、LDR索引号和预定位置时间（如果AMF在步骤14提供的定位请求信息包含该信息）。LCS周期性-触发位置调用请求还可能包括延迟的路由标识符，当该LMF为服务LMF时，延迟的路由标识符应改为LMF的标识符，否则为默认LMF标识符。当服务AMF使用NAS传输消息向UE发送LCS周期性-触发位置调用请求时，服务AMF还在NAS传输消息中包括立即路由标识符，该标识符包含LCS关联标识符。

步骤17：如果UE可支持步骤16中的请求，则向LMF返回服务确认消息，UE使用Namf_通信_N1消息通知服务操作，AMF根据服务操作中包括的立即路由标识符将消息发送给LMF。

步骤18：LMF向AMF调用Nlmf_位置_决定位置回复服务操作，回复在步骤14接收到的请求消息。如果请求的事件类型是UE可用事件类型，则回复消息包含在步骤15中获取的任何UE位置，LMF释放所有资源。如果事件类型为周期性或触发的位置请求，则回复消息包含在步骤15中获取的任何UE位置、UE是否成功激活周期性或触发的位置的确认、LMF标识（如果使用服务LMF），如果LMF是服务LMF，则LMF为UE存储与该周期性或触发位置请求相关的状态信息和资源信息。如果UE无法支持周期性和触发的位置请求，则LMF向AMF返回的服务操作应包括合适的错误原因。如果LMF在步骤15接收到UE定位能力且该参数包括能力不可变指示，而且LMF在步骤14未从AMF接收到UE定位能力，则该服务操作还包括UE定位能力。

步骤19：AMF向V-GMLC（漫游场景）或（H-）GMLC（非漫游场景）调用Namf_位置_事件通知服务操作，服务操作中包括在步骤18接收到的任何位置信息，对于事件类型为周期性或触发的位置请求，服务操作中还包括是否在目标UE成功激活周期性或触发的位置请求的确认。如果使用V-GMLC，本步的V-GMLC可能与步骤5和步骤6中使用的V-GMLC不同，也可能相同。如果是不同的V-GMLC，则AMF在消息中包括H-GMLC地址和LDR索引号，还包括LMF标识符（如果在步骤18中接收到该信息）。

AMF可释放位置请求的所有资源，并停止支持本次延迟位置请求过程。

步骤20：对于非漫游UE，跳过该步骤。对于漫游UE，V-GMLC使用在步骤19（使用不同的V-GMLC）中接收到的H-GMLC地址或在步骤4（使用相同的V-GMLC）接收并存储的H-GMLC地址，向H-GMLC转发在步骤19接收到的回复消息，并向H-GMLC提供LDR索引号和任何LMF标识符。V-GMLC可释放位置请求的所有资源，并停止支持该过程。

步骤21：H-GMLC向外部LCS Client或AF（通过NEF）发送回复消息。如果步骤1的定位请求所包括的事件类型为UE可用，则过程终止，不需要执行步骤22～31。

步骤22：对于周期性或触发的位置请求，已成功执行步骤16和步骤17，UE监测在步骤16中请求的触发条件或周期性事件是否发生。对于区域事件或移动事件，UE根据最大事件采样时间间隔，使用等于或小于该时间间隔的时间间隔监测所请求的事件。当下述任何一个事件发生时，UE监测到事件发生，①UE监测到请求的区域事件或移动事件，且从上次报告（此次不是第一次报告）到此时的时间间隔超过了最小报告时间间隔；②请求的周期性位置事件已发生；③区域事件或监测事件的最大报告时间已超时。对于周期性位置请求，如果在步骤16提供了预定位置时间，对于第一个周期性事件报告，UE应在预定位置时间之前的某个时刻执行步骤23～25，对于每个后续的周期性事件报告，UE应在周期间隔到期之前的某个时刻执行步骤23～25，目的是在接近每个上述时间的时刻或在每个上述时间之前执行步骤23或步骤27的定位测量。

步骤23：UE根据步骤16的要求，获取定位测量或位置信息。

注意：如果触发事件是区域事件或移动事件的最大报告时间间隔超时，则也要求UE获取位置信息。

步骤24：如果UE处于空闲态，则UE执行UE触发的业务请求过程，建立到AMF的信令连接。

步骤25：UE通过服务AMF向LMF发送服务事件报告，AMF使用Namf_通信_N1消息通知将事件报告发送给LMF。事件报告可指示报告的事件类型（例如正常事件，或时间间隔超过最大报告时间间隔），还可能包括定位消息，消息中包括在步骤23中获取到的定位测量或位置信息和位置的时间戳（如果可用）。UE还在NAS传输消息中包括在步骤16中接收到的延迟的路由标识符，AMF根据延迟的路由标识符（指示特定的LMF或任何LMF）将事件报告发送给合适的LMF。UE还在事件报告中提供H-GMLC地址、LDR索引号、是否需要报告位置信息，如果需要，则UE还提供LCS QoS，以及在步骤16接收到的预定位置时间。

步骤26：当LMF接收到事件报告时，如果LMF可处理该事件报告，则向UE返回确认。确认可包括新的路由标识符（标识新的服务LMF）或默认（任意）LMF。如果UE在预定的时间内未从LMF接收到任何回复（例如LMF不支持LDR或无线接入故障），UE可重发报告（一次或多次）。如果UE重复发送事件报告的次数超过了预定的最大重发次数，UE仍未接收到回复，则UE停止发送事件报告，并设置标记指示未成功发送事件报告。当UE执行位置更新，并检测到TAI发生改变时，如果UE设置了标记，则应向相应的AMF发送报告，成功发送报告之后UE清除标记。

步骤27：如果事件报告要求提供UE位置，LMF可执行UE定位过程。LMF使用定位测量和/或位置信息决定UE位置。LMF还可能决定位置的时间戳。

步骤28：在漫游场景中，LMF选择V-GMLC（不同于步骤3~8和步骤19~21中的V-GMLC），并向所选的V-GMLC或H-GMLC调用Nlmf_位置_事件通知服务操作，服务操作包括报告的事件类型、H-GMLC地址和LDR索引号、LMF标识（如果该LMF为服务LMF），以及在步骤27中获取的任何位置信息和位置的时间戳（如果可用）。

步骤29：对于非漫游UE，跳过该步骤。对于漫游UE，V-GMLC调用Ngmlc_位置_事件通知服务操作，向H-GMLC发送在步骤28接收到的信息（例如，报告的事件类型、LDR索引号或LMF标识）。

步骤30：H-GMLC使用在步骤28或步骤29接收到的LDR索引号，以标识在步骤1接收到的周期性和触发的位置请求，并发送所报告的事件类型，以及发送给外部LCS Client或AF（经过NEF）的位置信息和位置的时间戳（如可用）。H-GMLC在向外部LCS Client或AF报告任何事件或任何位置之前，也可能验证UE的隐私需求。

步骤31：UE继续监测周期性或触发的事件，监测到事件之后，执行步骤23~30。

（2）UE取消事件报告

UE接收到LDR的触发消息后，需要监测事件是否发生，如果发生，UE向网络发送事件报告。在特定的场景下，UE可以取消事件报告，例如UE关机或根据用户输入决定取消事件报告，具体过程如图3-11所示。

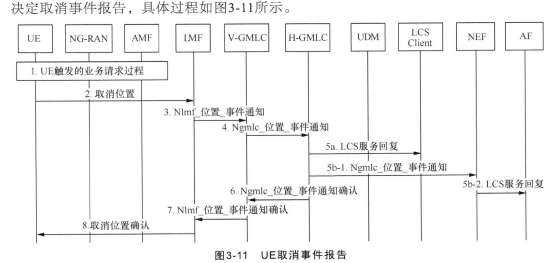

图3-11　UE取消事件报告

对图3-11中的步骤描述如下。

步骤1：如果UE处于空闲态，则触发业务请求过程，建立到AMF的信令连接。

步骤2：UE通过AMF向LMF发送取消位置请求。AMF使用Namf_通信_N1消息通知服务将其发送给LMF。UE在上行NAS传输消息中包括延迟的路由标识符。AMF根据延迟的路由标识符代表的是特定的LMF还是任意（默认的）LMF，向服务LMF或任何合适的LMF发送取消位置请求。UE消息中还包括（H-）GMLC地址和LDR索引号。

步骤3：在漫游场景下，LMF选择V-GMLC。LMF向所选V-GMLC或（H-）GMLC发送Nlmf_位置_事件通知消息，消息包括取消位置事件报告的指示、（H-）GMLC地址和LDR索引号。

步骤4：对于非漫游UE，跳过该步骤。对于漫游UE，V-GMLC调用Ngmlc_位置_事件通知服务操作，向H-GMLC转发取消位置的请求（包括LDR索引号）。H-GMLC根据LDR索引号识别LDR。

步骤5：（H-）GMLC使用在步骤3和步骤4中接收到的LDR索引号，识别对应的LDR，然后向LCS Client或AF（通过NEF）转发取消位置的请求。

步骤6：对于漫游UE，H-GMLC向V-GMLC转发确认消息。

步骤7：V-GMLC或H-GMLC向LMF返回确认消息。

步骤8：LMF通过服务AMF向UE返回确认消息。

（3）AF、LCS Client或GMLC取消事件报告

"发起延迟位置请求和事件报告"过程执行后（至少执行到图3-10中的第20步），LCS Client或AF可通过图3-12所示的过程取消事件报告。

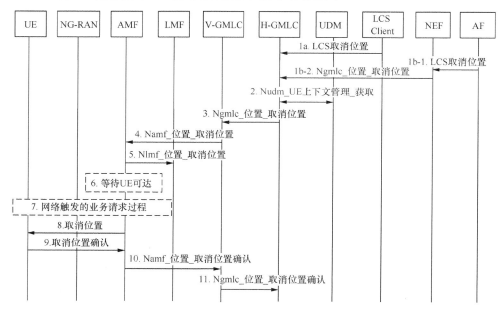

图3-12　AF或LCS Client取消事件报告

图3-12的步骤描述如下。

步骤1：LCS Client或AF（通过NEF）向H-GMLC发送取消LDR。

步骤2：H-GMLC从UDM获取UE的服务AMF地址。

步骤3：对于漫游UE，H-GMLC获取V-GMLC地址，向V-GMLC转发取消请求。H-GMLC也在请求中提供H-GMLC地址、LDR索引号和LMF地址。

步骤4：H-GMLC或V-GMLC调用Namf_位置_取消位置服务操作，向服务AMF转发取消请求，并提供H-GMLC地址、LDR索引号和LMF地址。

步骤5：AMF通过调用Nlmf_位置_取消位置服务操作向所指示的LMF发送取消请求，并提供H-GMLC地址和LDR索引号。LMF释放与位置请求相关的所有资源。

步骤6：如果UE当前不可达（例如UE当前使用非连续接收功能），AMF等待UE可达。

步骤7：一旦UE可达，如果UE处于空闲态，则AMF发起网络触发的业务请求过程，建立到UE的信令连接。

步骤8：AMF向目标UE发送取消请求，包括H-GMLC地址和LDR索引号。UE释放与位置请求相关的所有资源。

步骤9：UE向AMF返回确认消息。

步骤10：AMF向V-GMLC或H-GMLC返回确认消息。

步骤11：对于漫游UE，V-GMLC向H-GMLC返回确认消息。

4. LMF改变过程

在LDR的事件报告过程中，目标UE移动可能导致服务AMF的改变，服务AMF的改变可能导致LMF的改变。在事件报告过程中，LMF的改变过程如图3-13所示。

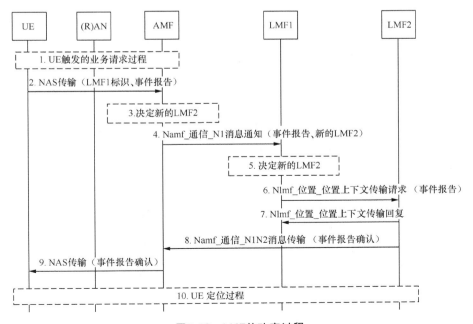

图3-13　LMF的改变过程

对图3-13中的步骤描述如下。

步骤1：UE发送事件报告，如果UE处于空闲态，则UE执行业务请求过程。

步骤2：UE发送NAS传输消息，消息包括延迟的路由标识符（指示LMF1）和事件报告。

步骤3：基于运营商的配置和策略，AMF判断LMF1无法在UE当前的接入网络或服务小区内执行定位，AMF通过本地配置或者NRF选择新的LMF2。

步骤4：AMF向LMF1调用Namf_通信_N1消息通知服务操作，该服务操作包括事件报告和新的LMF2的信息。

步骤5：如果AMF未在步骤4指示新的LMF，LMF1判断自身无法在UE当前的接入网络或服务小区内进行定位，可通过本地配置或者NRF查询选择LMF2。

步骤6：LMF1向LMF2调用Nlmf_位置_位置上下文传输请求服务操作，提供UE当前的位置上下文（包括AMF标识、与LDR相关的信息，例如已接收到的事件报告数量、之前提供的位置信息和时间戳等）和在步骤4中收到的事件报告消息。

步骤7：LMF2向LMF1通知位置上下文传递操作的结果。LMF1释放该过程中的所有资源。

步骤8：LMF2向AMF调用Namf_通信_N1N2消息传输服务操作，请求向UE传输事件报告确认消息。事件报告确认消息中指示LMF改变，并提供新的延迟的路由标识符（指示LMF2）。

步骤9：AMF通过NAS传输消息向UE发送事件报告确认，AMF向UE通知传输事件报告确认的结果。

步骤10：如果事件报告要求提供位置，则LMF2对UE定位。LMF2维护状态信息，支持来自UE的后续的事件报告。

5. 低功耗LDR

当LCS Client或AF触发LDR，且当请求的事件类型为周期性或触发类型（事件类型为区域类型、移动类型）时，UE需要监测事件是否发生，当事件发生时，UE需要在连接态发送事件报告，因此UE的功耗高。

为了降低UE功耗，下面介绍的过程对事件报告过程进行了优化。当UE通过E-UTRA接入5G核心网（5GC）时，利用控制面蜂窝物联网（CIoT）优化机制传递事件报告。当UE通过NR接入5GC时，处于RRC_INACTIVE状态的UE，利用小数据传输（SDT）机制传递事件报告。上述机制避免了UE进入连接态或缩短了UE处于连接态的时间，所以降低了UE的功耗。

下面介绍具体的过程。

（1）UE通过E-UTRA接入5GC时的事件报告过程

当UE通过E-UTRA接入5GC时，对于支持控制面CIoT优化功能的UE，可通过图3-14所示的过程降低功耗。

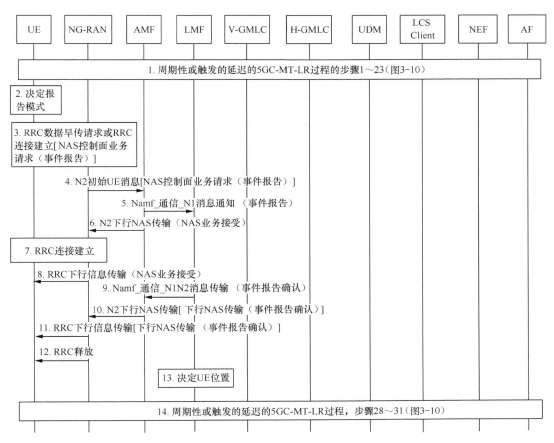

图3-14　UE通过E-UTRA接入5GC时的事件报告过程

图3-14的步骤描述如下。

步骤1：执行周期性或触发的LDR过程的步骤1～23（图3-10），但有以下区别。

第一，针对步骤14，AMF在Nlmf_位置_决定位置请求服务操作中包含允许UE使用控制面CIoT优化的指示。

第二，针对步骤16，如果AMF在步骤14携带了允许UE使用控制面CIoT优化的指示，且LMF决定使用控制面CIoT优化，则LMF在LCS周期-触发的调用请求中包含允许UE使用控制面CIoT优化机制发送事件报告的指示，还可以包含指示UE何时使用控制面CIoT优化发送事件报告的信息，该信息可包括使用控制面CIoT优化发送事件报告的最大时间间隔、使用控制面CIoT优化发送的最大事件报告数。

步骤2：UE决定使用控制面CIoT优化或者NAS信令连接发送事件报告。如果UE当前处于连接态或者未通过E-UTRA连接5GC，则UE应使用NAS信令连接发送事件报告；否则，UE应使用LMF提供的信息决定用哪种方式发送事件报告。如果UE决定使用NAS信令连接，则执行周期性或触发的LDR过程的步骤24～31，并跳过下面的步骤3～14；否则，执行下面的步骤3～14。

步骤3：如果UE和NG-eNB均支持数据早传（EDT）功能，则UE向NG-eNB节点发送RRC数据早传请求（NAS控制面业务请求）；否则，UE建立RRC连接，发送NAS控制面业务请求（事件报告、延迟的路由标识符、NAS释放辅助指示）。NAS释放辅助指示表明UE期望接收一条回复消息。

步骤4：ng-eNB节点向AMF发送N2初始UE消息（NAS消息、EDT会话指示）。

步骤5：AMF检查NAS消息的完整性并解密消息内容，然后向LMF调用Namf_通信_N1消息通知（事件报告、服务小区ID、控制面CIoT优化指示）服务操作。

步骤6：AMF向ng-eNB发送N2下行NAS传输（NAS业务接受）。

步骤7：如果在步骤3使用了EDT，则ng-eNB建立到UE的RRC连接。

步骤8：ng-eNB节点向UE发送RRC下行信息传输（NAS业务接受）消息。

步骤9：LMF调用Namf_通信_N1N2消息传输，向AMF发送事件报告确认。

步骤10：AMF向ng-eNB发送N2下行NAS传输[终止指示、下行NAS传输消息（事件报告确认）]消息。终止指示是可选参数，如果有需要发送至UE的信令或数据，则AMF不携带该参数。

步骤11：ng-eNB向UE发送RRC下行信息传输[下行NAS传输消息（事件报告确认）]。

步骤12：如果ng-eNB在步骤10接收到终止指示，则ng-eNB释放RRC连接。

步骤13：如果事件报告要求提供UE位置，则LMF使用步骤5接收到的事件报告内的定位测量和/或位置估计确定UE位置。

步骤14：执行周期性或触发的LDR过程的步骤28～31（图3-10），将事件报告发送至LCS Client或AF。

（2）处于RRC_INACTIVE状态的UE使用下行定位、RAT无关定位方法或无须对UE进行定位时的事件报告过程

当UE通过NR接入5GC时，如果UE处于RRC_INACTIVE状态，且使用下行定位、RAT无关定位方法或不需要对UE进行定位，则可通过前面介绍的过程降低功耗。下行定位指的是在对目标UE进行定位的过程中，由目标UE获取3GPP无线接入技术（RAT）的下行测量信息。RAT无关定位指的是在对目标UE进行定位的过程中，由目标UE获取与3GPP RAT无关的测量信息（如图3-15所示）。

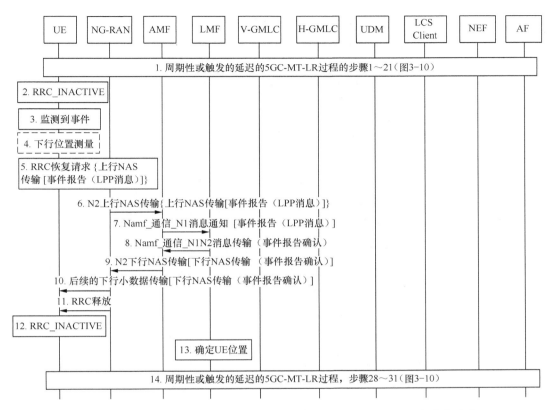

图3-15 处于RRC_INACTIVE状态的UE使用下行定位、RAT无关定位方法或
无须对UE进行定位时的事件报告过程

对图3-15中的步骤描述如下。

步骤1：执行周期性或触发的延迟的5GC-MT-LR过程的步骤1~21（图3-10），但有以下几点区别。

第一，针对步骤16，LMF向UE指示当UE处于RRC INACTIVE状态时，位置报告事件使用的定位方法为下行定位、RAT无关定位或无须对UE进行定位。

第二，如果使用下行定位或RAT无关定位，则LMF在步骤16的消息中还包括LPP定位消息。该LPP消息请求UE执行下行定位测量、RAT无关定位测量，或者基于上述测量的位置估计。

第三，如果事件报告不要求提供UE位置或者基于小区标识的位置信息能够满足LCS QoS，则LMF不在步骤16的消息中包含LPP定位消息。

步骤2：UE在周期性或触发的延迟的5GC-MT-LR过程的步骤22或步骤31之前进入RRC_INACTIVE状态。如果UE在上述步骤22或步骤31监测到事件，UE未处于RRC_INACTIVE状态，则继续执行周期性或触发的延迟的5GC-MT-LR过程的步骤22~31。

步骤3：UE监测到事件发生。

步骤4：如果UE在步骤1接收到使用下行定位或RAT无关定位的指示，则UE根据步骤1携带的LPP消息获取测量或位置估计。如果UE在步骤1未接收到上述指示，则跳过该步骤。

步骤5：UE向gNB节点发送支持SDT的RRC恢复请求，该请求中携带RRC上行信息传输消息，RRC上行信息传输消息内携带上行NAS传输消息，上行NAS传输消息内携带事件报告消息，事件报告消息中携带LPP消息。

如果UE在步骤1接收到使用下行定位或RAT无关定位的指示，则UE在事件报告内包含LPP消息，该LPP消息包含定位测量或位置估计。如果UE在步骤1未接收到上述指示，则UE不在事件报告内包含LPP消息。

步骤6：gNB节点向服务AMF发送N2上行NAS传输（上行NAS传输）消息。

步骤7：AMF检查NAS消息的完整性并解密消息的内容。AMF调用Namf_通信_N1消息通知（事件报告），将事件报告发送给LMF。

步骤8：LMF调用Namf_通信_N1N2消息传输，向AMF发送事件报告确认消息。

步骤9：AMF向gNB发送N2下行NAS传输[下行NAS传输消息（事件报告确认）]消息。

步骤10：gNB向UE发送后续的下行SDT消息[下行NAS传输消息（事件报告确认）]。

步骤11：gNB向UE发送RRC释放消息，将UE保持在RRC_INACTIVE状态。

步骤12：UE仍处于RRC_INACTIVE状态。

步骤13：如果事件报告需要提供位置估计，则LMF根据步骤7接收到的定位测量或位置估计，或者根据步骤7接收到的由AMF提供的小区标识，确定UE位置。

步骤14：执行周期性或触发的延迟的5GC-MT-LR过程的步骤28~31（图3-10），将事件报告发送至LCS Client或AF。

（3）处于RRC_INACTIVE状态的UE使用上行定位方法时的事件报告过程

当UE通过NR接入5GC时，如果UE处于RRC_INACTIVE状态，且使用上行定位方法，则可通过前面介绍的过程降低功耗。上行定位指的是在对目标UE定位的过程中，NG-RAN获取目标UE的3GPP RAT的上行定位测量信息（如图3-16所示）。

对图3-16中步骤的描述如下。

步骤1：执行周期性或触发的延迟的5GC-MT-LR过程的步骤1~21（图3-10），但有以下区别。

针对步骤16，LMF不在LCS周期-触发的调用请求消息中包含LPP消息，以向UE指示当UE处于RRC_INACTIVE状态时，位置报告事件使用的定位方法为上行定位方法。

步骤2：UE在周期性或触发的延迟的5GC-MT-LR过程的步骤22或步骤31（如图3-10所示）之前进入RRC_INACTIVE状态。如果UE在上述步骤22或步骤31监测到事件，UE未处于RRC_INACTIVE状态，则继续执行周期性或触发的延迟的5GC-MT-LR过程的步骤22~31。

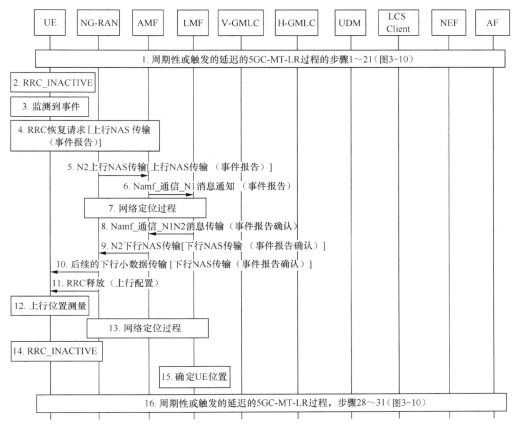

图3-16 处于RRC_INACTIVE状态的UE使用上行定位方法时的事件报告过程

步骤3：UE监测到事件发生。

步骤4：UE向gNB节点发送支持SDT的RRC恢复请求{RRC上行信息传输[上行NAS传输（事件报告）]}。事件报告中不包含LPP消息。

步骤5：gNB节点向服务AMF发送N2上行NAS传输（上行NAS传输）消息。

步骤6：AMF检查NAS消息的完整性并解密消息内容。AMF调用Namf_通信_N1消息通知（事件报告）将事件报告发送给LMF。

步骤7：LMF触发网络辅助定位过程，请求gNB节点向UE提供上行配置信息。gNB节点将上行配置信息发送给LMF。LMF还触发非UE相关的网络辅助数据过程，请求gNB节点获取UE的上行定位测量。

步骤8：LMF调用Namf_通信_N1N2消息传输，向AMF发送事件报告确认。

步骤9：AMF向gNB发送N2下行NAS传输[下行NAS传输消息（事件报告确认）]消息。

步骤10：gNB向UE发送后续的下行SDT消息[下行NAS传输消息（事件报告确认）]。

步骤11：gNB向UE发送RRC释放消息，将UE保持在RRC_INACTIVE状态。RRC释放消息中携带gNB在步骤7确定的上行配置信息。

步骤12：UE根据上行配置信息发送上行定位信号。步骤7被LMF请求获得上行定位测量的gNB节点，监听UE传输的上行定位信号，获取上行定位测量。

步骤13：gNB根据非UE相关的网络辅助数据过程向LMF发送上行定位测量。

步骤14：UE仍处于RRC INACTIVE状态。

步骤15：LMF根据在步骤13接收到的上行定位测量确定UE位置。

步骤16：执行周期性或触发的LDR过程的步骤28～31（图3-10），将事件报告发送至LCS Client或AF。

（4）处于RRC_INACTIVE状态的UE使用上下行联合定位方法时的事件报告过程

当UE通过NR接入5GC时，如果UE处于RRC_INACTIVE状态，且使用上下行联合定位方法，则可通过前面介绍的过程降低功耗。上下行联合定位指的是联合使用下行定位测量量和上行定位测量量对目标UE进行定位（如图3-17所示）。

图3-17中的步骤描述如下。

步骤1：执行周期性或触发的延迟的5GC-MT-LR过程的步骤1～21（图3-10），但有以下区别。

针对步骤16，LMF在LCS周期-触发的调用请求消息中包含LPP消息，该LPP消息包含上下行联合定位方法，以及为该定位方法请求的下行定位测量。LMF通过该LPP消息向UE指示当UE处于RRC_INACTIVE状态时，位置报告事件使用的定位方法为上下行联合定位。

步骤2：UE在周期性或触发的延迟的5GC-MT-LR过程的步骤22或步骤31之前进入RRC_INACTIVE状态。如果UE在上述步骤22或步骤31监测到事件，UE未处于RRC_INACTIVE状态，则继续执行周期性或触发的LDR过程的步骤22～31。

步骤3：UE监测到事件发生。

步骤4：UE向gNB节点发送支持SDT的RRC恢复请求{RRC上行信息传输[上行NAS传输（事件报告）]}。UE在事件报告内包含LPP消息，LPP消息内包含上行配置请求，以支持UE在步骤1接收到的上行+下行定位方法。

步骤5：gNB节点向服务AMF发送N2上行NAS传输（上行NAS传输）消息。

步骤6：AMF检查NAS消息的完整性并解密消息内容。AMF调用Namf_通信_N1消息通知（事件报告），将事件报告发送给LMF。

步骤7：LMF触发网络辅助定位过程，请求gNB节点向UE提供上行配置信息。gNB节点决定上行配置信息，并发送给LMF。LMF还触发非UE相关的网络辅助数据过程，请求gNB节点获取UE的上行定位测量。

步骤8：LMF调用Namf_通信_N1N2消息传输向AMF发送事件报告确认。

步骤9：AMF向gNB发送N2下行NAS传输[下行NAS传输消息（事件报告确认）]消息。

步骤10：gNB向UE发送后续的下行SDT消息[下行NAS传输消息（事件报告确认）]。

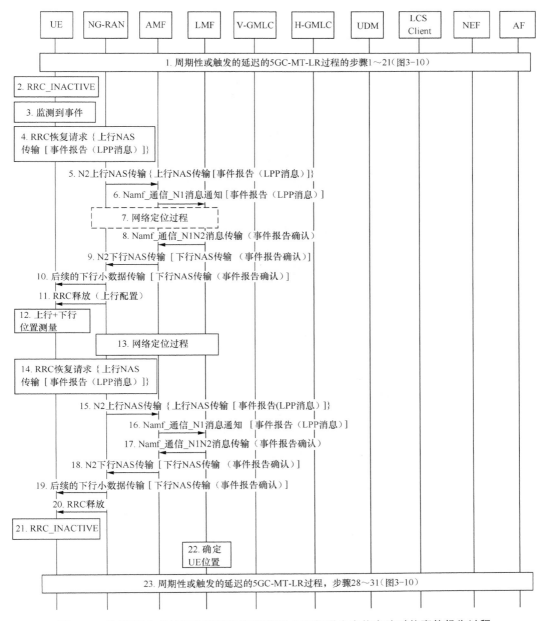

图3-17 处于RRC_INACTIVE状态的UE使用上下行联合定位方法时的事件报告过程

步骤11：gNB向UE发送RRC释放消息，将UE保持在RRC INACTIVE状态。RRC释放消息中携带gNB在步骤7确定的上行配置信息。

步骤12：UE根据上行配置信息发送上行定位信号。UE还根据步骤1的请求获取下行定位测量。步骤7被LMF请求获取上行定位测量的gNB节点，监测UE发射的上行定位信号，获取上行定位测量。

步骤13：gNB根据非UE相关的网络辅助数据过程，向LMF发送上行定位测量。

步骤14：UE向gNB节点发送支持SDT的RRC恢复请求，该请求中携带RRC上行信息传输消息，RRC上行信息传输消息内携带上行NAS传输消息，上行NAS消息内携带事件报告消息，事件报告消息中携带LPP消息。LPP消息包括UE在步骤12获得的下行定位测量。

LPP消息包括UE在步骤12获得的下行定位测量。

步骤15：gNB节点向服务AMF发送N2上行NAS传输（上行NAS传输）消息。

步骤16：AMF检查NAS消息的完整性并解密消息内容。AMF调用Namf_通信_N1消息通知（事件报告）将事件报告发送给LMF。

步骤17：LMF调用Namf_通信_N1N2消息传输，向AMF发送事件报告确认。

步骤18：AMF向gNB发送N2下行NAS传输[下行NAS传输消息（事件报告确认）]消息。

步骤19：gNB向UE发送后续的下行SDT消息[下行NAS传输消息（事件报告确认）]。

步骤20：gNB向UE发送RRC释放消息，将UE保持在RRC INACTIVE状态。

步骤21：UE仍处于RRC INACTIVE状态。

步骤22：LMF根据在步骤13接收到的上行定位测量和在步骤16接收到的下行定位测量确定UE位置。

步骤23：执行周期性或触发的延迟的5GC-MT-LR过程的步骤28～31（图3-10），将事件报告发送至LCS Client或AF。

6. 网络发起的位置请求

当UE发起紧急注册或建立紧急PDU会话时，网络触发位置请求（NI-LR）过程。另外，在NR卫星接入场景，网络也会触发NI-LR过程验证UE所在的国家，具体过程如图3-18所示。

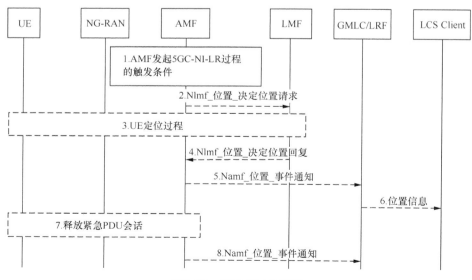

图3-18　5GC-NI-LR过程

对图3-18中的步骤描述如下。

步骤1：AMF触发5GC-NI-LR过程的条件，例如UE向5GC注册紧急服务或请求建立紧急PDU会话，或者AMF决定使用位置服务验证正在或已经注册到NR卫星接入的UE的位置（国家或国际区域）。

步骤2：当触发条件为获得使用NR卫星接入的UE所处的国家时，该步骤是必选的，对于其他的触发条件，该步骤是可选的。AMF选择LMF，并向LMF调用Nlmf_位置_确定位置服务操作以请求UE的当前位置。当AMF需要知道UE所在的国家时，AMF还包括确定UE所处国家的指示。

步骤3：[有条件的]如果执行了步骤2，则LMF执行在3.4.2节中描述的一个或多个定位过程。如果AMF在步骤2包含了确定UE所处国家的指示，则LMF将UE位置映射到国家或国际区域。

步骤4：[有条件的]如果执行了步骤3，则LMF向AMF返回Nlmf_位置_确定位置回复消息、UE的当前位置。当步骤2包含了确定UE所处国家的指示，该服务操作还会返回在步骤3确定的国家或国际区域。

步骤5：[有条件的]对于紧急服务，AMF选择GMLC，向所选择的GMLC调用Namf_位置_事件通知服务操作，以通知GMLC紧急会话发起。服务操作包括SUPI或永久设备标识（PEI）、GPSI（如果可用）、AMF标识、紧急会话的指示和在步骤3中获得的任何位置。

步骤6：[有条件的]对于紧急服务，GMLC将位置转发给外部紧急服务客户端。

步骤7：[有条件的]对于紧急服务，紧急服务会话和紧急分组数据单元（PDU）会话被释放。

步骤8：[有条件的]对于紧急服务，AMF向GMLC调用Namf_位置_事件通知服务操作，以通知GMLC紧急会话已被释放，以使GMLC和LRF能够释放与紧急会话相关的资源。

7. 通用子过程

通用子过程是由LMF触发的具体定位过程，包括UE辅助和基于UE的定位过程、网络辅助定位过程，以及获取UE无关的网络辅助数据过程。

（1）UE辅助和基于UE的定位过程

UE辅助和基于UE的定位过程是由LMF发起的，用于支持在3.4.3节中介绍的基于UE的定位、UE辅助的定位和传输辅助数据，具体过程如图3-19所示。

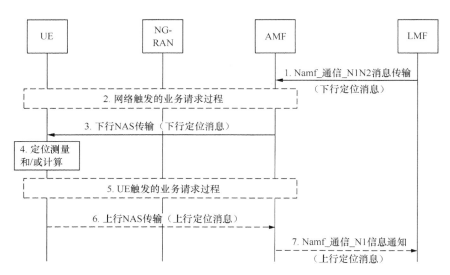

图3-19　UE辅助和基于UE的定位过程

对图3-19中的步骤描述如下。

前提条件：LMF从UE的服务AMF接收到LCS关联标识符和AMF标识。

步骤1：LMF向AMF调用Namf_通信_N1N2消息传输（下行定位消息）服务操作，请求向UE传输下行定位消息。下行定位消息可用于向UE请求位置信息、提供辅助数据或请求UE能力（如果LMF未从AMF接收到UE定位能力）。

步骤2：如果UE处于空闲态，则AMF发起网络触发的服务请求过程，以与UE建立信令连接。

步骤3：AMF向UE发送下行NAS传输消息（下行定位消息、路由标识符）。其中，路由标识符被设置为LCS关联标识符。

步骤4：UE存储下行定位消息中提供的任何辅助数据，并根据下行定位消息的要求，执行定位测量和位置解算。

步骤5：如果在步骤4中UE已经进入空闲态，则UE发起业务请求，与AMF建立信令连接。

步骤6：UE向AMF发送上行NAS传输消息（上行定位消息、路由标识符）。

步骤7：AMF根据路由标识符决定LMF，然后向该LMF调用Namf_通信_N1消息通知服务操作。该服务操作包括上行定位消息和LCS关联标识符。如果UE需要发送多个上行定位消息来响应UE在步骤3接收到的请求，则需要重复执行步骤6和步骤7。为了向UE发送新的辅助数据，请求更多的UE能力和更多的位置信息，LMF可重复触发步骤1～7。

（2）网络辅助和基于网络的定位过程

为了支持在3.4.3节中介绍的网络辅助和基于网络的定位过程，LMF可触发图3-20所示的过程。

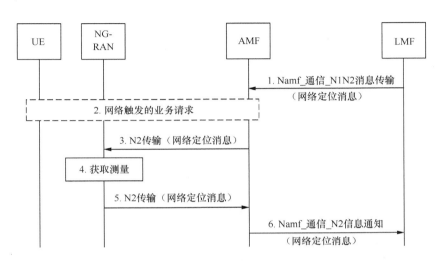

图3-20 网络辅助和基于网络的定位过程

对图3-20中的步骤描述如下。

前提条件：LMF从UE的服务AMF接收到LCS关联标识符和AMF标识。

步骤1：LMF向AMF调用Namf_通信_N1N2消息传输（网络定位消息、LCS相关标识符）服务操作，请求AMF将网络定位消息发送至UE的服务NG-RAN节点（gNB或ng-eNB）。

步骤2：如果UE处于空闲态，则AMF发起网络触发的业务请求过程，以建立与UE的信令连接。

步骤3：AMF向UE的服务NG-RAN节点发送N2传输消息（网络定位消息、路由标识符）。其中，路由标识符用于标识LMF，可以是LMF的全局地址。

步骤4：服务NG-RAN节点根据网络定位消息获取请求的位置信息。

步骤5：服务NG-RAN节点向AMF发送N2传输消息（网络定位消息、路由标识符）。网络定位消息内包含NG-RAN节点在步骤4获取的位置信息，路由标识符是NG-RAN节点在步骤3接收到的路由标识符。

步骤6：AMF根据路由标识符确定LMF，然后向LMF调用Namf_通信_N2信息通知（网络定位消息、LCS关联标识符）服务操作。为了获取更多的位置信息和NG-RAN能力，LMF可重复触发步骤1～6。

（3）与UE位置会话无关的网络辅助数据获取过程

为了支持网络辅助和基于网络的定位，LMF可从NG-RAN节点获取网络辅助数据，该过程与UE位置会话无关。具体过程如图3-21所示。

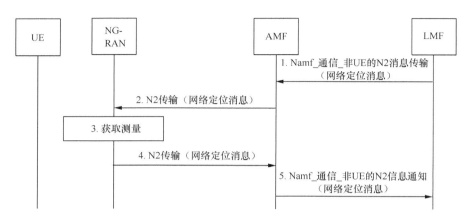

图3-21 与UE位置会话无关的网络辅助数据获取过程

对图3-21中的步骤描述如下。

步骤1：LMF向AMF调用Namf_通信_非UE的N2消息传输（网络定位消息、目标NG-RAN节点标识）服务操作，请求AMF将网络定位消息传输到NG-RAN节点。网络定位消息可向NG-RAN请求定位相关的信息。

步骤2：AMF向目标NG-RAN节点发送N2传输消息（网络定位消息、路由标识符）。其中，路由标识符用于标识LMF。

步骤3：目标NG-RAN节点获取网络定位消息请求的任何定位相关信息。

步骤4：目标NG-RAN节点向AMF发送N2传输消息（网络定位消息、路由标识符）。其中，网络定位消息包括目标NG-RAN节点在步骤3获取的与定位相关的信息，路由标识符是目标NG-RAN节点在步骤2接收到的路由标识符。

步骤5：AMF根据路由标识符决定LMF，然后向LMF发送Namf_通信_非UE的N2信息通知（网络定位消息）服务操作。为了从NG-RAN获取更多的定位相关的信息，LMF可重复触发步骤1～5。

8. 辅助数据广播过程

（1）辅助数据广播过程

LMF可触发网络向目标UE广播网络辅助数据。AMF将网络辅助数据发送至NG-RAN节点，NG-RAN节点广播辅助数据，具体过程如图3-22所示。

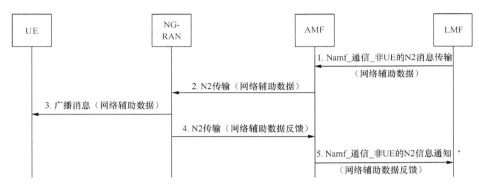

图3-22　辅助数据广播过程

对图3-22中的步骤描述如下。

步骤1：LMF向AMF调用Namf_通信_非UE的N2消息传输服务操作，请求向NG-RAN节点发送网络辅助数据。该服务操作包括网络辅助数据消息和目标NG-RAN节点标识。其中，网络辅助数据消息中包括的网络辅助数据有可能是被加密的。

步骤2：AMF向NG-RAN节点发送N2传输消息（网络辅助数据消息、路由标识符）。其中，路由标识符用于标识LMF。

步骤3：NG-RAN节点广播网络辅助数据。

步骤4：目标NG-RAN节点向AMF发送N2传输消息（网络辅助数据反馈消息、路由标识符）。

步骤5：AMF根据接收到的路由标识符，向LMF调用Namf_通信_非UE的N2信息通知服务操作（网络辅助数据反馈消息）。

（2）向UE提供与广播的辅助数据相关的密钥的过程

LMF触发NG-RAN节点广播的辅助数据有可能是被加密的。为了使接收到该辅助数据的UE能够对其解密，LMF通过下面介绍的过程向UE发送加密密钥（如图3-23所示）。

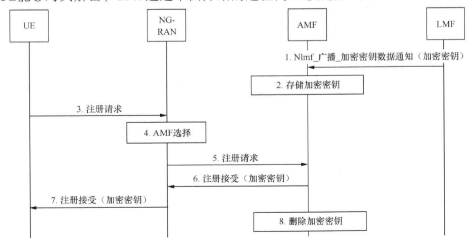

图3-23　向UE提供与广播的辅助数据相关的密钥的过程

图3-23中的步骤描述如下。

步骤1：LMF向AMF调用Nlmf_广播_加密密钥数据通知（一个或多个加密密钥的信息）。对每个加密密钥，LMF提供加密密钥值、加密密钥标识符、有效期、适用的跟踪区、适用的辅助数据类型。

步骤2：AMF存储加密密钥的信息。

步骤3：UE向RAN节点发送注册请求消息，消息内携带请求加密密钥的指示。

步骤4：RAN节点选择AMF。

步骤5：RAN节点向AMF发送注册请求消息。

步骤6：AMF向RAN节点发送注册接受消息。如果UE签约了接受加密广播辅助数据，则AMF在注册接受消息中包括一个或多个加密密钥的信息。UE所在的注册区位于这些加密密钥适用的跟踪区内。

步骤7：RAN节点向UE发送注册接受消息。当UE在加密密钥适用的跟踪区内时，UE可使用加密密钥对广播的网络辅助数据进行解密，当加密密钥的有效期超时时，UE应删除加密密钥。

步骤8：当有效期超时时，AMF删除加密密钥的相关信息。

9. UE发起的UE位置隐私设置过程

UE可以通过下面介绍的过程向网络发送位置隐私指示（如图3-24所示）。

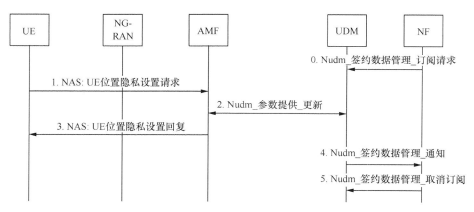

图3-24　UE发起的UE位置隐私设置过程

对图3-24中的步骤描述如下。

步骤0：网元（例如GMLC、NEF）可向UDM订阅UE LCS隐私配置更新的事件通知。例如当执行LDR时，NF可订阅此类通知。

步骤1：如果UE生成或更新了UE位置隐私指示，UE向AMF发送NAS消息，即UE位置隐私设置请求（位置隐私指示）。UE隐私设置指示是否允许或不允许后续的针对

UE的LCS请求。

步骤2：AMF向UDM调用Nudm_签约数据管理_UE参数提供_更新（位置隐私指示）。UDM可调用Nudr_数据管理_更新（SUPI、订阅数据）服务操作，在UDR中存储或更新UE LCS隐私属性。

步骤3：AMF向UE发送UE位置隐私设置回复。

步骤4：UDM向订阅的网元（例如GMLC、NEF）发送Nudm_签约数据管理_通知消息，消息携带更新的UE LCS隐私属性。

步骤5：网元（例如GMLC、NEF）可向UDM取消订阅UE LCS隐私属性更新的事件通知，例如当延迟的位置过程被取消时。

3.4.3 网络与终端定位过程

1. 终端与定位服务器间的定位通用流程

本节介绍在NG-RAN中传输LPP的通用定位过程，LPP消息在中间网络接口上的传输方式是先将LPP消息封装在相应的网络接口协议的消息（例如，NG-C接口上的NGAP、LTE Uu和NR Uu接口上的NAS/RRC）中，然后采用透传的方式进行传输。LPP旨在使用多种不同的定位方法实现NR和LTE的定位，同时对定位方法和低层传输进行隔离。

LPP在目标设备和服务器之间运行，每个交互过程都独立运行。在任何特定时刻，可以同时并行处理多个LPP过程。LPP过程可能是一对请求/响应消息，也可能是一个或多个"未经请求的"消息。每个LPP过程都有一个唯一的目的（例如，传输辅助数据、交换LPP相关能力，或根据QoS使用一种或多种定位方法定位目标设备）。我们可以使用多个串联和/或并联过程来达到更复杂的目的（例如，与辅助数据传输和LPP能力交换相关的目标设备定位）。多个过程还允许同时进行多个定位尝试（例如，以较低的延迟获得粗略的位置估计，而以较高的延迟获得更准确的位置估计）。LPP过程主要包括以下几种。

（1）定位能力传输。

（2）辅助数据传输。

（3）位置信息传输（定位测量和/或位置估计）。

（4）错误处理。

（5）中止。

以上LPP过程可以并行处理，即在一个LPP过程完成前可以启动新的LPP过程。

LPP运行在"目标"和"服务器"之间。对于控制面过程，"目标""服务器"分别为UE和LMF；对于SUPL过程，"目标""服务器"分别为SUPL使能终端（SET）和

SUPL位置平台（SLP）。以上过程可以由"目标"或"服务器"启动。

为了提供更高的定位灵活性，LPP过程不规定任何固定的过程顺序。因此，为了达到位置管理服务器请求的定位测量要求，UE可以在任何时候请求辅助数据；如果得到的位置结果不足以满足所请求的QoS，位置管理服务器可以发起一个以上的位置信息请求（例如，测量或位置估计）；并且，如果目标设备未向位置管理服务器上报能力，则目标设备可以随时向服务器传输能力信息。

尽管LPP允许灵活性，但定位过程通常按以下顺序进行。

步骤1：能力传输。

步骤2：辅助数据传输。

步骤3：位置信息传输（测量和/或位置估计）。

前面所述LPP过程及并行处理详细流程在后面章节进行详细描述。

（1）能力传输

LPP上下文中的能力包括目标或服务器支持不同定位方法、特定定位方法的不同方面（例如A-GNSS的不同类型辅助数据）及不特定定位方法的共同特征的能力（例如同时处理多个LPP过程的能力）。这些能力在LPP中定义，并在目标和服务器之间通过LPP过程传输。

目标和服务器之间的能力交互可以有两种启动方式，即由服务器向目标发送能力请求启动或由目标主动发送能力启动。如果是通过请求启动，服务器向目标设备发送一条LPP请求能力消息用于请求能力信息。目标将能力信息通过LPP提供能力消息发送给服务器，具体过程如图3-25所示。

图3-25　基于请求的LPP能力传输过程

步骤1：服务器可以向目标发送LPP相关能力的请求。

步骤2：目标将LPP相关能力发送给服务器。其中包含的能力可以是特定定位方法的能力或多种定位方法共有的能力。

图3-26所示的LPP能力指示过程用于主动的LPP能力传输。

图3-26 主动LPP能力传输过程

（2）辅助数据传输

辅助数据传输是单向的，服务器通过单播向目标传输辅助数据。辅助数据传输可以采用基于请求或主动传输两种启动方式，如图3-27所示。

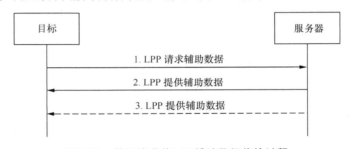

图3-27 基于请求的LPP辅助数据传输过程

步骤1：目标向服务器发送辅助数据请求，可以指示具体请求的辅助数据。

步骤2：服务器向目标传输辅助数据。传输的辅助数据应该与步骤1的请求中指示的辅助数据相匹配。

步骤3：服务器可以选择额外向目标发送一条或多条LPP消息，用于提供附加的辅助数据。

图3.28所示的LPP辅助数据传输过程被用于服务器主动传输辅助数据。

图3-28 主动的LPP辅助数据传输过程

（3）位置信息传输

"位置信息"包含实际的位置估计和用于解算位置的数值（例如无线信号测量或定

位测量的值）。位置信息传输方式有响应位置信息请求或主动发起位置信息传输两种
（如图3-29所示）。

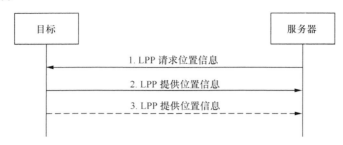

图3-29　基于请求的LPP位置信息传输过程

步骤1：服务器向目标发送位置信息请求，可以指示请求的位置信息类型和相应的
QoS信息。

步骤2：目标响应服务器的请求，向服务器发送位置信息。目标发送的位置信息与
在步骤1中请求的位置信息相匹配。

步骤3：目标可以选择额外向服务器发送一条或多条LPP消息，用于提供附加的位
置信息。

LPP位置信息传输过程是单向的。LPP位置信息传输过程只能在MO-LR过程中进
行（如图3-30所示）。

图3-30　主动LPP位置信息传输过程

（4）并行交互

为了提高灵活性和传输效率，在目标和服务器之间可以同时执行多个LPP交互过
程。但是在一对目标和服务器之间使用同一定位方法时只能同时有一个LPP位置信息
获取过程。

在图3-31所示的例子中，服务器向目标发起了定位测量请求，但没有进一步为目
标提供辅助数据，目标向服务器发起辅助数据请求，获取目标需要的辅助数据，然后
测量位置并将测量结果通过位置信息传输发送给服务器。

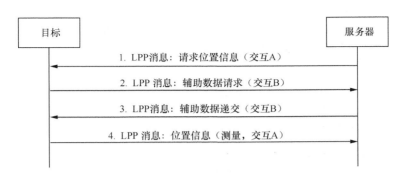

图3-31 多个LPP过程同时传输举例

步骤1：服务器向目标发送定位测量请求。

步骤2：目标向服务器发送辅助数据请求。

步骤3：服务器将步骤2中目标请求的辅助数据发送给目标。

步骤4：目标获取步骤1中请求的位置信息（例如具体定位方法测量结果）并将其发送给服务器。

（5）错误处理

错误处理过程用于接收端通知发送端接收的LPP消息是错误的或意外的。目标和服务器既可以是LPP错误消息的接收端，又可以是发送端，如图3-32所示。

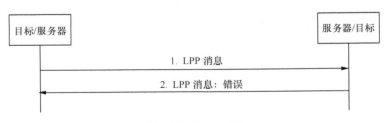

图3-32 错误处理

步骤1：目标或服务器向对端发送一条LPP消息。

步骤2：如果服务器或目标检测到接收的LPP消息是错误的或意外的，则向对端（目标或服务器）发送错误指示信息。

（6）中止

中止过程用于LPP过程的一端通知另一端中止正在进行的LPP过程。目标和服务器既可以是LPP中止过程的接收端，又可以是发送端，如图3-33所示。

图3-33　中止

步骤1：目标和服务器之间正在进行LPP过程。

步骤2：如果服务器或目标决定必须中止步骤1中的LPP过程，则向对端（目标或服务器）发送一条LPP中止消息，消息中携带被中止过程的传输标识。

2. 基站与定位服务器间的定位通用流程

LMF与NG-RAN节点间的定位和数据获取交互过程使用NRPPa协议，用于支持以下定位功能。

（1）为支持E-UTRA的E-CID定位，ng-eNB将测量量传输到LMF。

（2）从ng eNB和gNB收集数据，以支持E-UTRA的OTDOA定位。

（3）从gNB检索小区标识和小区Portion标识，以支持NR小区标识定位方法。

（4）LMF和NG-RAN节点之间的信息交互，用于辅助数据广播。

（5）NR E-CID测量量从gNB传输到LMF。

（6）NR multi-RTT测量量从gNB传输到LMF。

（7）NR UL AoA测量量从gNB传输到LMF。

（8）NR UL-TDOA测量量从gNB传输到LMF。

（9）从gNB收集数据，以支持DL-TDOA、DL-AoD、multi-RTT、UL-TDOA、UL-AoA定位。

NRPPa包含以下两种类型的过程。

（1）终端相关过程，即传输与一个特定终端相关的信息，包括定位信息传输、E-CID位置信息传输和测量预配置信息传输过程；

（2）非终端相关过程，即传输的信息与NG-RAN节点和相关的TRP相关，包括OTDOA信息传输、辅助数据信息传输、TRP信息传输、测量信息传输和PRS信息传输过程。

支持在LMF和NG-RAN节点之间进行并行交互，即可以同时在LMF和NG-RAN节点之间进行多个NRPPa交互过程。

为支持可扩展性，NRPPa协议在通用"接入节点"（例如gNB、ng-eNB）和"服务器"（例如LMF）之间运行。NRPPa交互只能由服务器启动。

图3-34显示了一次NRPPa的交互过程，仅前2步的定位过程包括OTDOA信息传输

和TRP信息传输过程。定位信息传输、测量和E-CID测量启动等过程可以使用额外的响应消息来完成一次交互过程（例如，定期发送更新信息和/或在发生重大变化时交互信息）。对于需要额外响应消息的情况，一次NRPPa交互过程将在额外响应之后结束。在NRPPa协议中，交互过程的具体实现可以包含一次请求和响应，以及由NG-RAN节点启动的一个或多个额外响应过程（每个过程定义为单个消息）。当LMF向AMF传输NRPPa PDU时，LMF通过包含相关ID来标识目标UE的定位会话。

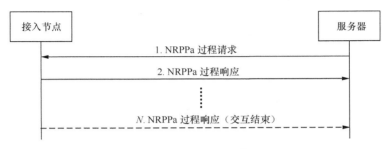

图3-34　一次NRPPa交互

本节中的"位置信息"是指用于辅助解算位置的信息，例如小区信息、上行定位参考信号配置、无线测量或定位测量。位置信息传输通过响应位置信息请求完成。

位置信息传输如图3-35所示。

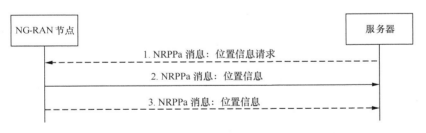

图3-35　位置信息传输

步骤1：服务器向NG-RAN节点发送位置相关信息的请求，并指示需要的位置信息类型。请求可以针对特定终端。

步骤2：NG-RAN节点响应步骤1中的请求，向服务器传输位置相关的信息，传输的位置相关信息需要与步骤1中的请求相匹配。

步骤3：基于步骤1中的请求，NG-RAN节点可以通过一条或多条额外的NRPPa消息向服务器发送附加的位置相关信息。

3. 终端与基站间的定位流程

NR RRC协议是NG-RAN节点与UE之间的Uu接口控制面协议。NR RRC协议将LPP消息封装在RRC消息中，在Uu接口传输。除了在Uu接口为LPP消息提供传输外，RRC

消息还支持通过现有测量过程进行定位测量。

NR RRC协议还支持通过定位系统信息来广播辅助数据，并用于为UE配置SRS，以支持NR定位的NG-RAN测量。

接下来对NR RRC和LTE RRC定位过程进行介绍。

（1）NR RRC相关过程

定位测量指示过程如图3-36所示。

终端使用定位测量指示过程请求测量间隙，将测量间隙用于OTDOA RSTD测量、无线接入系统间E-UTRA RSTD测量的子帧和时隙定时检测或NR DL PRS测量。

图3-36　定位测量指示过程

对图3-36中的步骤描述如下。

前提条件：gNB服务的终端已经收到了LMF通过LPP消息请求终端进行OTDOA的inter-RAT RSTD测量或NR DL PRS测量的消息。

步骤1：如果终端为了执行请求的定位测量需要测量间隙，而没有配置测量间隙或配置的测量间隙不够，或者终端需要将间隙用于在配置的inter-RAT RSTD测量间隙之前获取目标E-UTRA系统的子帧和时隙时间，则终端向服务gNB发送RRC定位测量指示消息。消息中指示终端正在启动定位测量或终端正在获取E-UTRA系统的子帧和时隙时间，并在消息中包含适合gNB配置的测量间隙所需要的信息。收到gNB配置的测量间隙后，终端进行定位测量或时间获取过程。

步骤2：终端完成需要测量间隙的定位测量后，向服务gNB再发送一条RRC定位测量指示消息，这条消息指示终端已经完成定位测量或时间获取过程。

（2）LTE RRC定位过程

LTE RRC支持异频RSTD测量指示，如图3-37所示。

异频RSTD测量指示用于终端请求OTDOA RSTD测量的测量间隙。

图3-37　异频RSTD测量指示过程

图3-37中的步骤描述如下。

前提条件：ng-eNB服务的终端已经收到了LMF请求OTDOA定位的异频RSTD测量的LPP消息。

步骤1：如果终端为了测量OTDOA的异频RSTD需要测量间隙，而没有配置测量间隙或配置的测量间隙不够，则终端向服务ng-eNB发送异频RSTD测量指示RRC消息。消息中指示终端正在启动异频RSTD测量并在消息中包含ng-eNB配置合适的测量间隙所需要的信息。收到ng-eNB配置的测量间隙后，终端执行异频RSTD测量。

步骤2：终端完成需要测量间隙的异频RSTD测量后，向服务ng-eNB再发送一条异频RSTD测量指示RRC消息，这条消息指示终端已经完成了异频RSTD测量。

4．广播定位辅助数据流程

LMF可以与任何存在信令连接的AMF可达的NG-RAN节点交互，为广播提供辅助数据信息。信息可以包括定位系统信息块（posSIB）、辅助信息元数据、广播小区和广播周期。

LMF和NG-RAN节点间的信令连接可能经由同时与LMF和NG-RAN节点具有信令连接的任意AMF。

与4G系统不同，在Release 15 NR系统中，引入了按需点播系统消息的广播方式以节约系统广播资源。在Release 16 NR系统中，参考了Release 15按需点播系统消息的方式，支持通过按需点播系统信息获取定位辅助数据，并基于此进行了进一步增强。Release 16 NR还支持通过广播进行定位辅助数据播发的机制。相对于LTE定位系统的广播获取定位辅助数据，NR得到了如下两个方面的增强。

第一个方面，在空闲态（RRC_IDLE/ RRC_INACTIVE）模式下，支持以类似于Release 15 NR的按需点播系统消息的方式来获取定位辅助信息。更进一步地，Release 16支持在连接态模式（RRC_CONNECTED）下，也可采用按需点播系统消息的方式来获取定位辅助信息。

第二个方面，由于Release 16引入了更为丰富多样的定位技术，因此辅助数据内容也得到了增强，包括新引入了高精度定位的辅助数据内容和基于NR无线网络定位技术所需辅助数据的内容。

下面将详细介绍NR引入的在空闲态（IDLE）和连接态（CONNECTED）按需点播系统消息的机制和流程。

（1）在空闲态下获取广播定位辅助数据

在5G网络中，需要定位辅助数据的空闲态终端可以通过按需点播系统消息的方式，直接从基站获取所需辅助信息，不再需要进入连接态，通过专有信令承载LPP协议获取定位辅助数据。广播辅助数据的概念沿用了LTE的理念，将大量终端需要的相同的信息通过广播方式播发给终端，从而减少对网络资源的消耗。更进一步地，NR通过按需点播系统消息的方式减少了对网络广播资源的消耗和网络能源的消耗。

在空闲态下，按需获取系统消息中的定位辅助数据的流程与获取其他系统消息流程一样，其中网络所拥有的定位辅助数据类型表通过系统消息块1（SIB1）消息播发给终端，具体流程如图3-38所示。

步骤1：终端通过读取SIB1消息中的PosSchedulingInfoList信息获知网络具有哪些可申请的定位辅助数据类型。

步骤2：终端通过消息1（MSG1）或者消息3（MSG3）申请需要的定位系统消息块（POSSIB）信息。

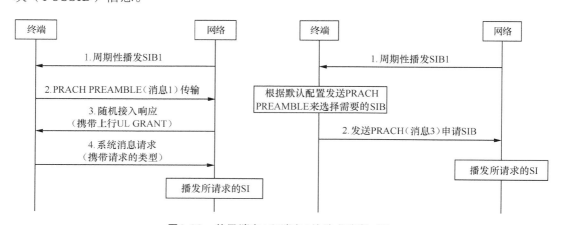

图3-38　基于消息1和消息3的请求流程对比

步骤3：网络侧响应终端请求，并广播相应的定位辅助数据。

① 基于消息1请求的方式：网络收到系统消息（SI）请求，在消息2上发送随机接入响应（RAR）确认信息给UE，确认消息中携带所收到的前导码序列的编号。网络将在对应系统消息上广播终端点播的定位辅助数据。

② 基于消息3请求的方式：网络收到SI请求，在消息4上发送确认信息给UE。网络在对应系统消息上广播终端点播的定位辅助数据。

（2）在连接态下获取广播定位辅助数据

由于在5G场景下，存在大量终端在连接态（RRC_CONNECTED）请求同样的定位辅助数据用于定位业务的场景，例如，车联网（V2X）场景。如果所有的终端都通过RRC专有承载LPP获取同样的辅助数据（例如A-GNSS等星历和差分辅助信息），这将会为网络带来极大的空口资源浪费和网络能源的浪费。

为了解决上述问题，NR定位特性引入了支持终端在连接态请求定位辅助数据的增强功能，具体的流程如下。

步骤1：当终端决定要获取定位辅助数据时，首先通过上行专有信令申请所需辅助数据类型（注意，网络通过SIB1向终端广播自己所能携带的辅助数据类型）。

步骤2：网络收到终端发送的请求命令之后，根据终端请求的定位辅助数据类型进行响应，有如下两种方式响应终端需求。

① 网络通过系统消息广播给终端，流程与空闲态播发广播辅助数据相同。

② 当在该终端所配置的部分带宽（BWP）上没有公共搜索空间（CSS）时，终端无法正常获取其他SI消息。因此，在这种情况下，网络可以自行决定以专有信令的方式把定位辅助数据发送给终端。

3.5 小结

本章首先介绍了位置服务的端到端架构（漫游场景、非漫游场景）、RAN侧的定位架构和架构内网元的功能和接口的功能。因服务化接口是5G网络的重要特征之一，因此，本章还介绍了基于服务化接口的位置服务端到端架构，以及该架构内服务化接口的功能。

其次，为了支持位置服务，基于上述端到端架构，本章介绍了位置服务的基础概念，包括位置服务的QoS、位置请求类型、位置服务隐私和网络功能选择。

最后，本章详细介绍了基于端到端架构和基本概念、端到端位置服务过程及网络与终端定位过程。

(•) 参考文献

[1] 3GPP TS 22.261 V17.10.0. Service Requirements for the 5G System, Stage 1(Release 17)[R]. 2022.

[2] 3GPP TS 22.104 V17.7.0. Service Requirements for Cyber-physical Control Applications in Vertical Domains, Stage 1(Release 17)[R]. 2022.

[3] 3GPP TS 23.273 V17.5.0. 5G System (5GS) Location Services (LCS), Stage 2 (Release 17)[R]. 2022.

[4] 3GPP TS 36.305 V17.1.0. Stage 2 Functional Specification of User Equipment (UE) Positioning in E-UTRA(Release 17)[R]. 2022.

[5] 3GPP TS 38.305 V17.1.0. Stage 2 Functional Specification of User Equipment (UE) Positioning in NG-RAN (Release 17)[R]. 2022.

[6] VersionC. Mobile Location Protocol(MLP).

[7] 3GPP TS 22.071 V17.0.0. Technical Specification Group Systems Aspects; Location Services (LCS) (Release 17)[R]. 2022.

[8] 3GPP TS 23.502 V17.5.0. Procedures for the 5G System; Stage 2 (Release 17)[R]. 2022.

[9] 3GPP TS 23.501 V17.5.0. System Architecture for the 5G System; Stage 2 (Release 17)[R]. 2022.

[10] 3GPP TS 38.300 V17.1.0. NR; NR and NG-RAN Overall Description; Stage 2 (Release 17)[R]. 2022.

[11] CATT. S2-2201020. Discussion on Solution for HTTP Timeout Issue when Scheduled Location Time Applied[R]. 2022.

[12] OMA-AD-SUPL-V2_0. Secure User Plane Location Architecture Approved Version 2.0[R]. 2021.

[13] OMA-TS-ULP-V2_0_6. User Plane Location Protocol Approved Version 2.0.6[R]. 2021.

[14] 3GPP TS 23.032 V17.2.0. Universal Geographical Area Description (GAD) (Release 17)[R]. 2022.

[15] 3GPP TS 23.167 V17.2.0. IP Multimedia Subsystem (IMS) Emergency Sessions (Release 17)[R]. 2022.

[16] CATT. S2-1904788. GMLC Services[R]. 2019.

[17] CATT. S2-1906488. GMLC Selection[R]. 2019.

[18] CATT. S2-2105123. UE Positioning Capability Storage[R]. 2021.

[19] CATT. S2-2100674. Discussion on UE Positioning Capabilities Storage in Core Network[R]. 2021.

[20] CATT, Ericsson. S2-2001200. 23.502 CR2056 (Rel-16, 'F'): NEF Service to Support Location Transfer[R]. 2020.

[21] CATT, Ericsson. S2-2001201. 23.501 CR2102 (Rel-16, 'F'): NEF Service to Support Location Transfer[R]. 2020.

第4章

5G下行定位技术

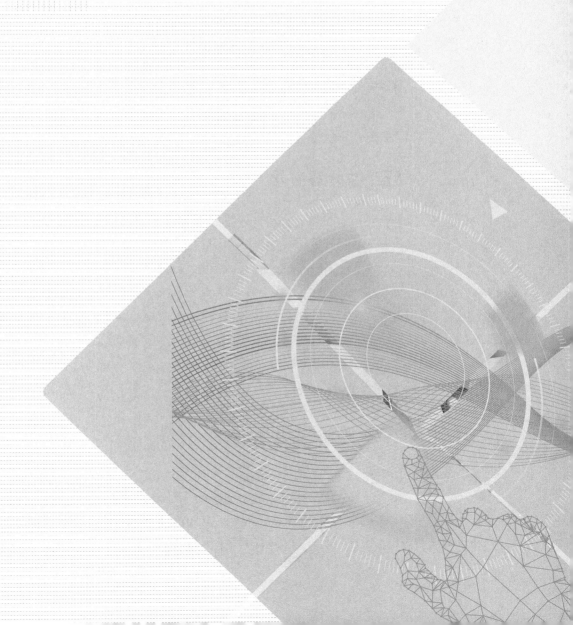

4.1 引言

5G NR下行定位技术包括NR DL-TDOA技术和NR DL-AoD技术。根据2.2节所述，NR DL-TDOA和NR DL-AoD支持基于网络和基于UE的两种定位方式。基于网络的NR DL-TDOA通过终端测量下行定位参考信号，获得时间测量量，并反馈给定位服务器，由定位服务器完成位置解算。基于网络的NR DL-AoD通过终端测量下行定位参考信号，获得功率测量量，并反馈给定位服务器，由定位服务器计算出相应的离开角信息，并进一步完成位置解算。DL-TDOA为基于时间的定位技术，对基站间的同步要求较为严格。当存在基站间同步误差时，定位精度将受到影响。DL-AoD为基于角度的定位技术，不受基站间同步的影响。本章对5G Release 16/17的下行定位技术所需要的下行定位参考信号、下行定位测量量和支持所述下行定位技术的物理层过程和高层过程进行介绍。

4.2 下行定位参考信号

下行定位参考信号（DL PRS）的作用是提供下行定位技术（DL-TDOA和DL-AoD）及上下行联合定位技术（Multi-RTT）的定位测量量，这些测量量包括DL RSTD、DL PRS RSRP、DL PRS子径接收功率（RSRPP）和UE收发时间差等。DL PRS的设计是NR RAT-dependent定位系统设计的关键之一，设计的基本原则是序列应具有良好的互相关特性并且有足够多的序列个数，支持发送波束扫描和接收波束扫描，支持灵活的时频域资源配置。本节将先介绍DL PRS资源/资源集/定位频率层、映射图案、序列和带宽设计，然后介绍DL PRS的配置。

4.2.1 下行定位参考信号资源/资源集

5G Release 16 NR定位与LTE定位的主要区别之一在于NR支持DL PRS多波束扫描操作，包括基站侧的下行发送波束扫描和UE侧的下行接收波束扫描。为了支持NR定位过程的下行多波束扫描操作，Release 16 NR DL PRS资源和PRS资源集的设计充分借鉴了Release 15 NR的各种下行参考信号的设计，包括同步块（SSB）和SSB集合、CSI-RS

资源和CSI-RS资源集。

类似NR SSB和CSI-RS资源的概念，一个NR DL PRS资源为一个TRP的一组下行时频资源，每个DL PRS资源均具有一个DL PRS资源ID。也类似于NR SSB集合和CSI-RS资源集的概念，一个DL PRS资源集为同一个TRP的一组DL PRS资源的集合。DL PRS资源集中的每个DL PRS资源均关联到单个TRP发送的单个空间发送滤波器（发送波束）。

DL PRS资源集的主要作用是区分不同的下行发送波束，实现不同下行发送波束的重复传输，并且有利于实现UE的接收波束扫描。例如，对于一个DL PRS资源集包含的不同DL PRS资源，可以采用不同的下行发送波束。一个DL PRS资源集可以在一个发送周期内重复多次。下面采用一个示例说明如何利用DL PRS资源集实现不同下行发送波束的重复传输，以及如何利用DL PRS资源集配置实现UE的接收波束扫描，其中假设系统配置一个DL PRS资源集有2个DL PRS资源，2个DL PRS资源的下行发送波束方向不同，DL PRS资源重复因子为2。网络没有配置DL PRS和SSB之间的准共址（QCL）关联关系。在一个DL PRS发送周期内，UE接收并且测量2个重复的DL PRS资源集中相同PRS资源ID（相同的下行发送波束）的DL PRS资源，并且判断最优接收波束。如图4-1所示，在一个DL PRS发送周期内，UE分别采用接收波束1和接收波束2接收并测量重复传输的PRS资源1，根据一定的准则判断最优接收波束，例如根据RSRP最大准则判断最优接收波束为接收波束1，然后基于接收波束1进行测量获得测量量1。同理，UE分别采用接收波束1和接收波束2接收重复传输的PRS资源2，并判断最优接收波束，例如根据RSRP最大准则判断最优接收波束为接收波束2，然后基于接收波束2进行测量获得测量量2。最后，UE基于某种准则（例如选择信号质量最优的值，或者计算平均值），在对测量量1和测量量2进行合并处理之后获得最终的测量量3，并且向LMF上报。

在以上的例子中，UE如何针对两个DL PRS资源进行合并处理以获得上报的测量量取决于UE算法的实现，可以针对两个DL PRS资源进行合并处理，也可以对两个DL PRS资源的测量量进行合并处理。一种方案是UE首先对接收到的两个DL PRS资源进行相干合并，然后进行定位测量获取测量量；另一种方案是UE分别接收并测量两个DL PRS资源以获取两个测量量，然后对两个测量量基于一定的准则（例如选择最优值或者平均值）进行合并处理，获得最终的测量量。

在NR DL PRS资源和PRS资源集的参数定义和物理层过程设计中，标准所关注的是如何从协议的角度来支持基站实现下行发送波束扫描，以及如何支持UE获取基站的下行发送波束方向，但在UE侧如何进行接收波束扫描属于UE实现问题，标准没有给出定义。

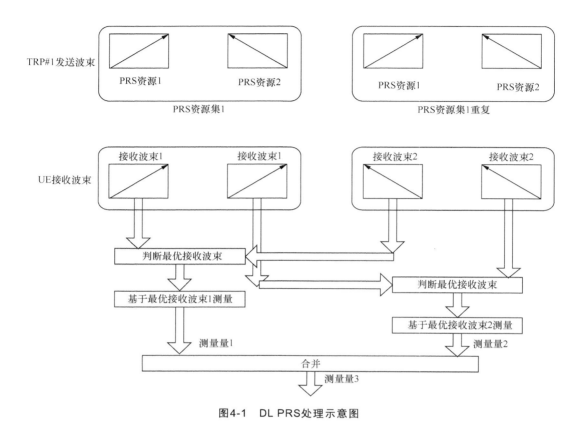

图4-1 DL PRS处理示意图

NR引入了DL PRS定位频率层的定义，以区分同频和异频测量DL PRS。DL PRS定位频率层为一个或跨多个TRP的DL PRS资源集的集合，这些DL PRS资源集中的DL PRS具有相同子载波间隔（SCS）、循环前缀（CP）类型、中心频点、起始频率参考点（Point A）、PRS带宽和起始PRB位置。PRS资源的频域起始PRB位置是相对于Point A的频域位置。其中，Point A是每个PRS定位频率层分别配置的。每个UE可以配置最多4个PRS定位频率层。UE是否支持多于1个PRS定位频率层的配置取决于UE能力。

下面给出DL PRS资源/PRS资源集/PRS定位频率层的三级设计和相互关系。

（1）DL PRS资源为一个用于传输DL PRS的资源单元（RE）集合。在时域上，该RE集合可以包含一个时隙中一个或多个连续符号。

（2）DL PRS资源集是同一个TRP的一组DL PRS资源的集合。DL PRS资源集中的每个DL PRS资源关联到单个TRP发送的单个空间发送滤波器（发送波束）。一个TRP可配置一个或两个DL PRS资源集。UE是否支持两个DL PRS资源集的配置取决于UE能力。

（3）DL PRS定位频率层是一个或跨多个TRP的具有相同SCS、CP类型、Point A、PRS带宽和起始PRB位置的DL PRS资源集的集合。

DL PRS资源/PRS资源集/PRS定位频率层的相互关系如图4-2所示，关于DL PRS信号设计的详细描述参见4.2.2节～4.2.4节，DL PRS配置参见4.2.5节。

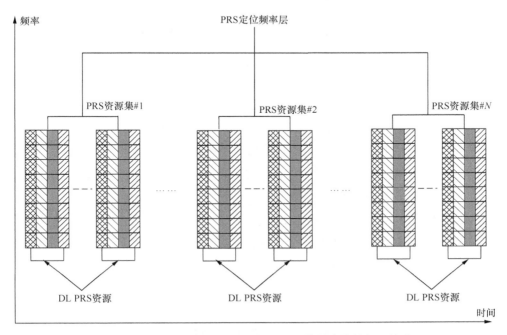

图4-2 DL PRS资源/PRS资源集/PRS定位频率层的相互关系

4.2.2 下行定位参考信号资源单元映射图案设计

一个DL PRS资源在时域上占用一个或若干个连续的OFDM符号，在频域上占用多个连续的PRB并且以梳齿的方式支持多个不同的DL PRS资源在不同的子载波上复用。

DL PRS资源单元映射图案的作用是帮助区分各个TRP的DL PRS资源，合理和灵活地配置PRS发射功率和资源开销，以满足一定的定位测量性能。PRS资源单元映射图案设计主要考虑以下3个因素。

- DL PRS资源的梳齿尺寸（Comb Size）。
- DL PRS资源的OFDM符号个数。
- DL PRS资源的PRS图案（梳齿尺寸和OFDM符号个数之间的关系和RE偏移）。

（1）DL PRS资源的梳齿尺寸

LTE DL PRS只支持一种SCS为15kHz和梳齿尺寸为6的DL PRS资源单元映射图案。相对于LTE，NR DL PRS设计重点考虑以下3个方面。第一个方面，5G NR支持不同的带宽、不同的参数集（Numerology）和不同的载频；第二个方面，5G NR支持多波束操作；第三个方面，在定位需求方面，5G NR需要满足的定位精度要求高于4G，并需要满足多种不同的定位需求。

基于以上3个方面的原因，NR DL PRS资源需要支持多个梳齿尺寸。

第一，定位精度取决于DL PRS的带宽。一般地，较小的梳齿尺寸更适合带宽受限的用例，例如IoT设备。而较大的梳齿尺寸适合小区密度较大、NR带宽较大的网络部署场景，其中，UE需要测量更多小区的DL PRS信号以满足对定位精度的要求。

第二，定位精度还取决于载频和网络部署情况。相对于LTE，NR支持高度密集的部署（尤其是在FR2场景下），UE可以监测到更多TRP的DL PRS。为了提高UE针对更多TRP的DL PRS的测量精度，需要来自不同TRP的DL PRS之间满足正交性，因此在这种情况下，需要增加梳齿尺寸、降低DL PRS的频率密度以保证正交的DL PRS传输。

基于以上原因，DL PRS资源支持多个梳齿尺寸配置{2, 4, 6, 12}。

（2）DL PRS资源的OFDM符号个数

PRS资源的OFDM符号个数的设计准则是在PRS资源的配置上，折中考虑接收的PRS信干噪比（SINR）、资源开销和测量性能等多方面因素。具体地，一个PRS资源包含的OFDM符号个数越多，UE在接收端进行相干合并累积处理后的SINR越大，测量性能越好，但资源开销越大；反之，一个PRS资源包含的OFDM符号个数越少，资源开销越小，但UE在接收端处理后PRS SINR越小，测量性能越差。基于以上原因，可将DL PRS资源的OFDM符号个数灵活配置为{2, 4, 6, 12}中的一个。

（3）DL PRS资源的PRS图案（梳齿尺寸和OFDM符号个数之间的关系）

Release 16 NR DL PRS资源在相邻的OFDM符号上的相对RE偏移采用预定义表格方式，由DL PRS梳齿尺寸N和OFDM符号个数M组合条件给出（如表4-1所示）。目前只支持$N \leq M$的配置，而不支持$N > M$的配置，其原因在于在$N > M$配置下UE无法通过相干合并得到等效梳状因子为1的接收信号，于是需要额外的算法处理自相关TOA估计时产生的旁瓣，从而增加了UE实现的复杂度并有可能造成TOA估计误差的产生。

表4-1　DL PRS支持的梳齿尺寸N、OFDM符号个数M组合条件下的相对RE偏移

OFDM符号个数M 梳齿尺寸N	2	4	6	12
2	{0,1}	{0,1,0,1}	{0,1,0,1,0,1}	{0,1,0,1,0,1,0,1,0,1,0,1}
4	NA	{0,2,1,3}	NA	{0,2,1,3,0,2,1,3,0,2,1,3}
6	NA	NA	{0,3,1,4,2,5}	{0,3,1,4,2,5,0,3,1,4,2,5}
12	NA	NA	NA	{0,6,3,9,1,7,4,10,2,8,5,11}

下面以梳齿尺寸为4和OFDM符号个数为4{N=4，M=4}为例，进一步说明表4-1相对RE偏移设计的优点：第一，UE利用前两个OFDM符号进行相干合并，可以得到等效梳齿尺寸为2的接收信号，TOA自相关函数的旁瓣较小，TOA估计性能更好；第二，UE基于前两个OFDM符号相干合并后的自相关函数进行TOA估计，而不需要等待4个OFDM符号都接收完成之后再进行TOA估计，从而减少了定位测量时延。

4.2.3 下行定位参考信号序列设计

DL PRS序列设计要求当多个TRP的DL PRS使用相同的时频资源时，须保持各个TRP之间DL PRS的干扰随机化和良好的序列互相关特性。在设计时考虑了以下3个关键因素。

- DL PRS序列ID个数。
- DL PRS序列类型。
- DL PRS的Gold序列初始化函数设计。

（1）DL PRS序列ID个数

LTE DL PRS序列个数是4096（每个TRP最多配置3个DL PRS），目的是用于保持各个下行TRP之间的干扰随机化和良好的序列互相关特性。Release 16 NR DL PRS序列个数也为4096。采用相同DL PRS序列个数的原因是在来自同一个TRP的不同波束之间采用时分复用（TDM），且DL PRS资源采用的Gold序列初始化函数已包含了时域位置信息（例如时隙和OFDM符号索引），因而不需要通过额外增加DL PRS序列ID个数来区分DL PRS资源采用的序列。

（2）DL PRS序列类型

LTE DL PRS序列采用长度为31阶的伪随机Gold序列。针对Release 16 NR DL PRS序列类型，3GPP主要讨论了以下3种设计方案。

方案1：在TS 38.211协议中已定义长度为31阶的Gold序列。

方案2：Zadoff–Chu（ZC）序列。

方案3：新的PRS序列（参见参考文献[1]）。

其中，ZC序列相对于Gold序列的优势是ZC序列在时域和频域的发送功率都是恒定的，从而峰均功率比（PAPR）性能优于基于Gold序列调制的QPSK信号。参考文献[1]定义的新序列相对于Gold序列的优势是自相关函数在主瓣两侧的旁瓣更小，从而获得了更优的估计性能。Gold序列的优势在于，Release 15 CSI-RS的伪随机序列采用了伪随机Gold序列，DL PRS序列同样采用Gold序列，使得NR DL PRS和CSI-RS能够进行RE级的资源复用，并简化了基站和UE的实现。通过配置合适的PRS参数和静默（Muting）机制（见4.2.5节），Gold序列的性能也能够满足定位需求。因此，Release 16 NR DL PRS

采用了Gold序列。

（3）DL PRS的Gold序列初始化函数设计

在进行Gold序列初始化函数的设计时，要求区分每个TRP的DL PRS，保持各个TRP的DL PRS之间的干扰随机化和良好的序列互相关特性。

NR DL PRS采用了不同于LTE DL PRS的Gold序列初始化函数。NR DL PRS Gold序列初始化函数的设计进一步考虑了与NR CSI-RS的RE资源复用，使得Gold序列初始化函数既能支持CSI-RS序列，也能支持PRS序列，并且在所有配置下均不能产生相同的初始化函数值。NR DL PRS Gold序列初始化函数如式（4-1）。

$$c_{\mathrm{init}} = \left[a\frac{n_{\mathrm{ID}}}{1024} + \left(2^{10} \left(N_{\mathrm{symb}}^{\mathrm{slot}} n_{\mathrm{s,f}}^{\mu} + l + 1 \right) \left(2 \left(n_{\mathrm{ID}} \bmod 1024 \right) + 1 \right) + \left(n_{\mathrm{ID}} \bmod 1024 \right) \right) \right] \bmod 2^{31} \quad (4\text{-}1)$$

其中，$a = 2^{22}$，DL PRS序列ID n_{ID} 取值范围是0～4095，$N_{\mathrm{symb}}^{\mathrm{slot}}$ 表示一个时隙内的OFDM符号个数，$n_{\mathrm{s,f}}^{\mu}$ 表示一个无线帧内的时隙索引值，l表示一个时隙内的OFDM索引值。相对于CSI-RS Gold序列初始化函数 c_{init}，NR DL PRS Gold序列初始化函数 c_{init} 有两个不同点：将 n_{ID} 替换为 $n_{\mathrm{ID}} \bmod 1024$；增加了一个偏移量 $a \times \dfrac{n_{\mathrm{ID}}}{1024}$。因此，当PRS n_{ID} 取值范围是0～1023时，PRS的 c_{init} 函数与CSI-RS的 c_{init} 完全相同；当 n_{ID} 取值范围是0～4095时，满足不同的 n_{ID} 对应不同的 c_{init} 的要求。

4.2.4　下行定位参考信号端口与带宽

本节介绍DL PRS的端口个数设计、DL PRS带宽和频域起始PRB位置等内容。

LTE只支持单端口发送PRS。Release 16 NR定位讨论了是否支持单端口和两端口发送PRS。两端口发送PRS的潜在优点是UE基于两端口发送的交叉极化PRS，有可能估计出相位差并且识别视距（LOS）和非视距（NLOS）信道，提高测量精度和UE位置解算精度。然而，两端口发送PRS将引入更多的资源开销，且PRS两端口相对于单端口的潜在优势在仿真结果中并没有得到充分证实。最终，Release 16 NR仍只采用了单端口发送PRS。

Release 16 NR DL PRS带宽和起始PRB位置是基于DL PRS定位频率层来定义的，即同一个DL PRS定位频率层的所有DL PRS资源集合或DL PRS资源的DL PRS带宽和起始PRB位置全部相同，不同的DL PRS定位频率层的DL PRS带宽和起始PRB位置不相同，主要原因在于基于DL PRS定位频率层定义可以简化系统设计，同时减少信令开销，具体设计如下。同一个DL PRS定位频率层的所有DL PRS资源集具有相同的DL PRS带宽和起始PRB值，DL PRS起始PRB参数的颗粒度为1、最小值为0、最大值为2176；DL PRS带宽配置的颗粒度是4 PRB、最大值取决于UE向网络上报的UE处理DL PRS带宽能力，且DL PRS带宽不小于24 PRB。

4.2.5　下行定位参考信号配置

本节介绍的DL PRS配置包括以下4个方面，即DL PRS资源集和DL PRS资源到时频域物理资源的映射、DL PRS发送周期配置、DL PRS静默机制及DL PRS与SSB的复用。

1. DL PRS资源集和DL PRS资源到时频域物理资源的映射

DL PRS资源集和DL PRS资源到时频域物理资源的映射包括DL PRS资源集到时隙的映射，以及DL PRS资源到时频域物理资源的映射。

Release 16 NR定义了两种类型的时间偏移值，第一类时间偏移值基于DL PRS资源集定义了发送TRP的DL PRS资源集相对于参考TRP系统帧号0（SFN0）时隙0的偏移。第二类时间偏移值基于DL PRS资源定义了该DL PRS资源相对于DL PRS资源集所在时隙和起始符号的偏移。

第一类偏移由下面两个参数来定义。

（1）DL-PRS-SFN0-Offset定义了发送TRP的SFN0、时隙0相对于参考TRP的SFN0时隙0的时间偏移。

（2）DL-PRS-ResourceSetSlotOffset定义了DL PRS资源集中的第一个DL PRS资源所在时隙相对于SFN0时隙0的时隙偏移，取值为{0, 1, …, DL-PRS-Periodicity−1}。

第二类偏移由下面两个参数来定义。

（1）DL-PRS-ResourceSlotOffset定义了DL PRS资源相对于DL-PRS-ResourceSetSlot Offset的起始时隙偏移。

（2）DL-PRS-ResourceSymbolOffset定义了DL PRS资源在起始时隙内的起始符号偏移。

2. DL PRS发送周期配置

5G Release 16 NR只支持周期性DL PRS。Release 16 NR定位讨论了支持非周期的DL PRS，包括用户级（UE specific）的DL PRS和半持续（SPS）的DL PRS，但没能达成最终共识（Release 17按需点播PRS流程见4.5.4节）。

NR DL PRS资源的周期基于DL PRS资源集配置，而非基于DL PRS资源配置，原因如下。第一，基于DL PRS资源集配置使得一个PRS资源集内所有PRS资源周期相同，有利于系统配置和网络规划/优化；第二，基于DL PRS资源配置将增加额外的信令开销。

NR DL PRS资源周期的取值范围设计主要考虑以下3个方面。

第一，NR DL PRS资源周期的配置应具有高度的灵活性，以便满足各种应用场景的不同要求，而不会产生过多的信令开销。例如，最小周期值应小于TR 22.872定义的首次修复时间（TTFF）。

第二，NR DL PRS资源周期取值范围应与参数集无关，即不同SCS的PRS的周期应该有相同的取值范围。

第三，NR DL PRS资源周期的取值范围应该至少支持LTE DL PRS周期。此外，考虑到Release 16 NR DL PRS与NR CSI-RS之间的资源共享，还需要支持NR CSI-RS支持的周期（注意NR CSI-RS的周期取值范围是{4,5,8,10,16,20,32,40,64,80,160,320,640}时隙）。

综上所述，（1）基于第三方面的分析，NR DL PRS资源周期取值范围应该包括{4,5,8,10,16,20,32,40,64,80,160,320,640}时隙。（2）基于第一方面的分析，考虑到LTE DL PRS的最大周期为1280 ms（对应于SCS为15 kHz的1280个时隙），Release 15 NR SRS的最大周期为2560个时隙。因此，Release 16 NR DL PRS周期需要包括1280和2560个时隙。（3）基于第二方面的分析，Release 16 NR DL PRS增加了5120个时隙和10 240个时隙。

最终，Release 16 NR DL PRS资源周期的取值范围是{4,8,16,32,64,5,10,20,40,80,160,320,640,1280,2560,5120,10 240}2^{μ}时隙，其中，$\mu=\{0,1,2,3\}$，对应于PRS SCS{15,30,60,120} kHz。

3. DL PRS静默机制

NR DL PRS静默的目的是减少多个TRP在相同的时频资源上发送的PRS之间的干扰，其中，PRS资源静默表示TRP不传输该PRS资源。PRS静默的整体设计是基于PRS资源集的颗粒度进行静默的，即一个PRS资源集包含的所有PRS资源都将被静默。Release 16 NR支持两种静默指示方法：基于DL PRS资源集进行静默、基于重复的DL PRS资源集的重复实例进行静默。

PRS静默设计包含两个关键因素：（1）PRS静默颗粒度；（2）PRS静默指示方法。基于PRS资源（波束）的静默配置的灵活性较高，但配置和测量复杂度较大；反之，基于PRS资源集静默的配置简单、信令开销小，但配置的灵活性较低。出于缺乏仿真结果证明基于PRS资源静默的灵活性会为定位测量带来明显的性能增益，以及对简化PRS静默配置和减少信令开销等方面考虑，Release 16仅支持基于PRS资源集静默的方案，Release 17没有进行任何增强。

下面介绍Release 16的DL PRS静默方案。

如果没有配置任何静默选项，网络根据DL PRS配置在满足式（4-2）条件的无线帧n_{f}和时隙$n_{\text{s,f}}^{\mu}$上传输DL PRS资源。

$$\left(N_{\text{slot}}^{\text{frame},\mu} n_{\text{f}} + n_{\text{s,f}}^{\mu} - T_{\text{offset}}^{\text{PRS}} - T_{\text{offset,res}}^{\text{PRS}}\right) \bmod 2^{\mu} T_{\text{per}}^{\text{PRS}} \in \left\{i T_{\text{gap}}^{\text{PRS}}\right\}_{i=0}^{T_{\text{rep}}^{\text{PRS}}-1} \quad (4\text{-}2)$$

其中，

$N_{\text{slot}}^{\text{frame},\mu}$ 为SCS为 μ 的无线帧的时隙个数。

$T_{\text{offset}}^{\text{PRS}}$ 为时隙偏移，由高层参数DL-PRS-ResourceSetSlotOffset给出。

$T_{\text{offset,res}}^{\text{PRS}}$ 为DL PRS资源时隙偏移量，由高层参数DL-PRS-ResourceSlotOffset给出。

$T_{\text{per}}^{\text{PRS}}$ 为DL PRS周期，由高层参数DL-PRS-Periodicity给出。

$T_{\text{rep}}^{\text{PRS}}$ 为重复因子，由高层参数DL-PRS-ResourceRepetitionFactor给出。

$T_{\text{gap}}^{\text{PRS}}$ 为时间间隔，由高层参数DL-PRS-ResourceTimeGap给出。

Release 16 NR采用2个静默指示选项mutingOption1和mutingOption2来配置，支持以下3种DL PRS静默方案。

方案1：该方案的静默操作是针对DL PRS资源集进行的，静默位图 $\{b^1\}$ 通过高层参数mutingOption1中的mutingPattern定义。如果配置了静默位图 $\{b^1\}$ ，则配置在无线帧 n_{f} 和时隙 $n_{\text{s,f}}^{\mu}$ 的DL PRS资源是否静默取决于用式（4-3）计算的索引 i 所对应的静默位图 $\{b^1\}$ 的比特值 $\{b_i^1\}$ ，若 $\{b_i^1\}=0$ ，则该DL PRS资源集内的所有DL PRS资源均被静默；若 $\{b_i^1\}=1$ ，则该DL PRS资源集内的所有DL PRS资源均正常传输（不被静默）。

$$i = \left\lfloor \left(N_{\text{slot}}^{\text{frame},\mu} n_{\text{f}} + n_{\text{s,f}}^{\mu} - T_{\text{offset}}^{\text{PRS}} - T_{\text{offset,res}}^{\text{PRS}} \right) \Big/ \left(2^{\mu} T_{\text{muting}}^{\text{PRS}} T_{\text{per}}^{\text{PRS}} \right) \right\rfloor \bmod L \qquad （4\text{-}3）$$

其中，

$T_{\text{muting}}^{\text{PRS}}$ 为静默重复因子，由高层参数DL-PRS-MutingBitRepetitionFactor给出。

L 为静默位图 $\{b^1\}$ 的长度。

简单地说，式（4-3）表示若静默位图 $\{b^1\}$ 中某个比特值 $\{b_i^1\}=0$ ，则该比特值所对应的 $T_{\text{muting}}^{\text{PRS}}$ 个DL PRS周期的时间范围内的所有DL PRS资源集的所有DL PRS资源都被静默。

方案2：该方案中的静默操作是针对DL PRS资源集的每个重复实例（instance）进行的。方案2中的静默位图 $\{b^2\}$ 由参数mutingOption2中的mutingPattern定义，位图长度等于重复因子 $T_{\text{rep}}^{\text{PRS}}$ 。如果配置了静默位图 $\{b^2\}$ ，则配置在时隙 n_{f} 和帧号 $n_{\text{s,f}}^{\mu}$ 的DL PRS资源是否被静默取决于用式（4-4）计算的索引 i 所对应的静默位图 $\{b^2\}$ 的比特值 $\{b_i^2\}$ ：若 $\{b_i^2\}=0$ ，则该DL PRS资源集被静默；若 $\{b_i^2\}=1$ ，则该DL PRS资源集正常传输（不被静默）。

$$i = \left\lfloor \left(\left(N_{\text{slot}}^{\text{frame},\mu} n_{\text{f}} + n_{\text{s,f}}^{\mu} - T_{\text{offset}}^{\text{PRS}} - T_{\text{offset,res}}^{\text{PRS}} \right) \bmod 2^{\mu} T_{\text{per}}^{\text{PRS}} \right) \Big/ T_{\text{gap}}^{\text{PRS}} \right\rfloor \bmod T_{\text{rep}}^{\text{PRS}} \qquad （4\text{-}4）$$

简单地说，式（4-4）表示若静默位图 $\{b^2\}$ 中某个比特值 $\{b_i^2\}=0$ ，则该比特值所对应的DL PRS资源集重复实例的所有DL PRS资源都被静默。

方案3：该方案为同时采用高层参数mutingOption1和mutingOption2配置静默位图。这时，被静默的DL PRS资源集为由方案1静默的DL PRS资源集与由方案2静默的DL

PRS资源集组成的合集，即只有方案1和方案2都指示为正常传输（没有被静默）的DL PRS资源集才能正常传输。

DL PRS静默示意图如图4-3所示，其中，$T_{rep}^{PRS}=2$、$T_{muting}^{PRS}=2$、$\{b^1\}=\{1\ 0\}$、$\{b^2\}=\{0\ 1\}$。下面采用4种配置分别进行说明。

配置1：当网络没有配置任何静默位图时，根据DL PRS配置传输图中DL PRS资源集$\{0,1,\cdots,7\}$的所有DL PRS资源。

配置2：当网络配置了静默位图$\{b^1\}$，但没有配置静默位图$\{b^2\}$时，DL PRS资源集$\{0,1,2,3\}$对应$\{b_0^1\}=1$；DL PRS资源集$\{4,5,6,7\}$对应静默位图$\{b_1^1\}=0$。由于$\{b_1^1\}=0$，因此，DL PRS资源集$\{4,5,6,7\}$的所有DL PRS资源均被静默，DL PRS资源集$\{0,1,2,3\}$的所有DL PRS资源正常传输。

配置3：当网络配置了静默位图$\{b^2\}$，但没有配置静默位图$\{b^1\}$时，DL PRS资源集$\{0,2,4,6\}$对应静默位图$\{b_0^2\}=0$；DL PRS资源集$\{1,3,5,7\}$对应静默位图$\{b_1^2\}=1$。由于$\{b_0^2\}=0$，因此，DL PRS资源集$\{0,2,4,6\}$的所有DL PRS资源均被静默，DL PRS资源集$\{1,3,5,7\}$的所有DL PRS资源正常传输。

配置4：当网络同时配置了静默位图$\{b^1\}$和静默位图$\{b^2\}$时，被静默的DL PRS资源集为由$\{b^1\}$静默的DL PRS资源集$\{4,5,6,7\}$与由$\{b^2\}$静默的DL PRS资源集$\{0,2,4,6\}$组成的合集，即DL PRS资源集$\{0,2,4,5,6,7\}$的所有DL PRS资源均被静默，只有DL PRS资源集$\{1,3\}$的所有DL PRS资源正常传输。

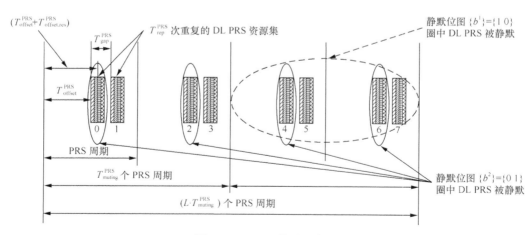

图4-3　DL PRS静默示意图

4. DL PRS与SSB间的复用

NR PRS和SSB之间可以是时分复用（TDM）和频分复用（FDM）的。FDM相对于

TDM存在以下两个问题。第一，减少了NR PRS占用带宽，第二，降低了一个OFDM符号上用于PRS的发射功率，从而降低了测量精度。最终，NR PRS和SSB之间不允许FDM，对于服务TRP，UE假定NR PRS没有映射到任何包含SSB的OFDM符号（这些符号上的PRS被打孔）上；对于相邻TRP，当接收到LMF发送的包含SSB的配置信息的定位辅助数据时，UE假定PRS没有映射到SSB传输占用的OFDM符号上（这些符号上的PRS被打孔）。

4.3　下行定位测量量

针对于不同的定位技术，NR Release 16/17分别定义了相应的定位测量量用于进行UE位置解算。下行的定位测量量主要包括时间测量量和功率测量量。本节将分别讨论。

4.3.1　下行参考信号时间差

DL PRS RSTD用于NR DL-TDOA技术，每个DL PRS RSTD测量量均为UE分别从两个TRP（其中一个为参考TRP）接收下行子帧开始时刻之间的时间差。具体的，TRP_j与参考 TRP_i 之间的RSTD是UE接收 TRP_j 的下行子帧的开始时刻与UE接收 TRP_i 的下行子帧的开始时刻之间的时间差，其中，TRP_i 的下行子帧需为与 TRP_j 的下行子帧在时间上最接近的子帧。对于频率范围1（FR1），DL PRS RSTD的参考点为UE的天线连接点；对于频率范围2（FR2），DL PRS RSTD的参考点为UE的天线。

NR Release 16支持每个TRP传输多个PRS资源，这些资源均可以用于确定此TRP的子帧开始时刻。可以在所有PRS资源的到达时间TOA中选择TOA取值最小的PRS资源确定子帧开始时刻，也可以在传输的所有PRS资源的第一到达径中选择功率最大的PRS资源用于确定子帧开始时刻。具体方法由UE实现，在标准中不进行限定。

将UE接收到的参考TRP的子帧开始时刻定义为RSTD参考时间，其可以由网络侧指示也可以由UE确定。支持UE确定的目的是UE可以根据测量结果选择测量质量更好的PRS用于确定参考时间，有利于减少RSTD的测量误差，具体确定方法如下。

（1）网络侧指示：网络侧指示以下一个或多个信息。

一个DL PRS资源ID。

一个DL PRS资源集合中的一部分DL PRS资源ID。

一个DL PRS资源集合ID。

若指示一个DL PRS资源ID，则RSTD的参考时间由对此资源的测量确定；若指示多个DL PRS资源ID，则可以由UE根据测量质量等特性在其中自行选择一个PRS资源确定RSTD的参考时间。

（2）UE确定：终端可以使用与网络侧所指示的不同的DL PRS资源ID或者不同的DL PRS资源集合作为确定RSTD参考时间的PRS资源。此时，UE侧需要上报其用来确定RSTD参考时间的DL PRS资源ID。

RSTD用于DL-TDOA定位，对于每对TRP，UE可以上报最多$M=4$个DL RSTD测量量，其中，每个RSTD基于不同的DL PRS资源对，或者每个RSTD基于不同的DL PRS资源集合对。M由UE能力决定。考虑到每个TRP存在多个发送波束，且每个发送波束都具有多径传输，支持$M>1$的RSTD上报可以反映多波束多径的影响，有利于提高位置解算精度。

RSTD上报包括测量量的取值和分辨率。考虑到NR带宽可达400MHz，最小的时间分辨率为$1T_c \approx 0.509$ns。对于时间测量量，一种方式是采用固定分辨率（例如最小分辨率固定为$4T_c$，近似于0.6m的定位精度），另一种方式是采用可变分辨率。考虑到室内、室外的不同应用场景，时间测量量取值的动态范围较大，采用可变分辨率的方式更合适。Release 16定义了时间测量量的上报分辨率，如式（4-5）。

$$T = T_c \cdot 2^k \tag{4-5}$$

其中，k的取值可配置。

与LTE类似，在NR中，为每种测量量定义了测量质量，用于表述此测量量的可信度。NR中的测量质量包括以下两个域。

（1）误差取值：指示测量量不确定性的最优估计值。

（2）误差分辨率：指示误差取值的量化步长。

由于NR需要支持不同场景的定位精度，对于RSTD，误差取值域的位宽为5bit，误差分辨率可以在{0.1m, 1m, 10m, 30m}中配置，以满足室内、室外的不同定位精度要求。

除了上述RSTD测量量及其测量质量外，UE还可以同时进行以下上报。

（1）UE可以上报用于确定此测量量的PRS资源ID或者PRS资源集合ID，其与测量量一一对应。PRS资源的上报可以使网络侧根据PRS资源的波束信息获得UE的角度信息，有利于进一步提高位置解算精度。

（2）UE上报与测量量相关联的时间戳（Time Stamp），其中包括系统帧号和时隙号。时隙号的取值根据上述LMF配置的RSTD参考时间所对应的PRS资源来确定。时间戳的上报用于指示此次测量量的有效时间。

4.3.2 下行定位参考信号接收功率

DL PRS RSRP的定义与LTE相同，其定义为测量频带内PRS资源占用RE的功率的线性平均。对于FR1，DL PRS RSRP的参考点为UE的接收天线连接点；对于FR2，DL PRS RSRP的测量基于经某个接收分支的天线单元所合并后的信号。当UE使用多个接收分支时，上报的RSRP取值不低于任一独立接收分支测得的RSRP值，这样既保证了UE实现的灵活度，又保证了RSRP的质量。

DL PRS RSRP的测量上报主要用于DL-AoD。在Release 16中，对于每个TRP，UE可以上报最多$N=8$个DL PRS RSRP测量量，N由UE能力决定。在Release 17中对N的取值进行了扩展，进一步包括16和24。

根据前述DL-AoD定位技术的讨论，LMF利用UE上报的DL PRS RSRP及其各TRP的各个DL PRS波束的发送方向来确定UE相对于各TRP的角度，即DL-AoD，然后利用所得的DL-AoD及各TRP的地理坐标来计算UE的位置。在UE上报信息中，LMF仅能够获得上报PRS资源的ID，但无法获知相应资源的角度信息。因此，除UE上报外，基站也需要将每个TRP的每个PRS资源的角度信息上报给LMF。在标准中规定，当基站上报每个PRS资源的垂直维角度和水平维角度时可以采用全局坐标系或者局部坐标系的方式。

与前述RSTD的上报类似，UE上报RSRP的同时还可以上报用于确定此测量量的PRS资源ID或者PRS资源集合ID，以及上报与测量量相关联的时间戳。

4.3.3 下行定位参考信号子径接收功率

在5G Release 16中，终端不上报测量量相关联的LOS/NLOS信息。对于部分IIoT场景，NLOS的概率可能很高（例如在InF-DH场景下，NLOS概率约为60%）。对于终端上报的RSRP，定位服务器难以区分其中的LOS径成分和NLOS径成分。在理想情况下，终端应该上报纯LOS径的RSRP，以避免NLOS径造成的角度估计不准确。对于第一路径特性的测量上报有利于提升终端的定位精度。虽然第一路径不一定是LOS径，但是其可能减少NLOS的影响，能够改善DL-AoD的估计精度。

在Release 17中，支持根据UE能力，配置终端上报第一路径RSRP的测量量。第一路径DL PRS RSRP为信道响应的第一路径时延处接收到的DL PRS信号的功率，即检测到的第一路径的功率值，表示为RSRPP。终端可以通过实现的方式选择一个时间窗计算第一路径DL PRS RSRP。与DL PRS RSRP上报类似，Release 17协议中也规定了每个TRP最大可以上报的RSRPP个数，表示为M，其与UE能力相关。关于M与N（每个TRP上报的最大RSRP个数）的关系，Release 17协议中要求$M \leqslant N$，且M取值为$\{1,2,3,4,\cdots,$

24}，即在协议中允许对部分PRS波束既上报RSRP又上报RSRPP（如存在LOS径的波束），而对另一部分PRS波束仅上报RSRP。这样可以平衡上报开销与性能。

((•)) 4.4　下行定位物理层过程

为了支持下行定位技术，5G NR系统从实现定位功能和提高定位精度两个方面标准化了相应的物理层过程。通过引入新的下行测量间隔模式配置和下行PRS波束管理，实现了基本的定位功能。为了提升定位精度，进一步支持下行测量、基站天线与波束信息上报、下行定位辅助数据、下行定位参考信号波束管理和下行NLOS/多径影响消除相关过程。本节将分别进行讨论。

4.4.1　下行测量过程

为了执行4.3节所述的下行定位测量，终端如果处于连接态(RRC_CONNE CTED)，需要测量配置在测量间隔（Measurement Gap）或者PRS处理窗（PPW）内的PRS资源，并将测量结果上报至定位服务器；如果终端处于RRC_INACTIVE态，此时终端执行非连续接收（DRX）机制，则终端需要在处于唤醒状态时测量网络配置的PRS资源，测量结果可以在RRC_INACTIVE状态或进入连接态后上报至定位服务器。无论是处于连接态还是RRC_INACTIVE态的测量上报，都需要基于协议中定义的上报范围和上报映射表（具体见TS 38.133），并满足对应的测量周期要求和测量精度要求。

在Release 16定位性能指标标准化之前，协议中定义了24种（Gap#0～Gap#23）测量间隔模式配置用于移动性测量，其中测量间隔重复周期（MGRP）可以为20ms、40ms、80ms和160ms，测量间隔长度（MGL）可以为3ms、4ms、6ms、1.5ms、3.5ms和5.5ms，具体模式配置见参考文献[6]。可以将测量间隔配置分为per UE、per FR1或per FR2配置，per UE配置的测量间隔可以适用于终端的所有测量，包括NR FR1、NR FR2和non-NR RAT的测量，per FR1配置的测量间隔可以用于NR FR1和non-NR RAT的测量，而per FR2配置的测量间隔只能用于NR FR2的测量。在上述24种测量间隔中，可以将长度为3ms、4ms和6ms的测量间隔配置为per UE或per FR1，而只能将长度为1.5ms、3.5ms和5.5ms的测量间隔配置为per FR2。

在Release 16定位标准化中，终端只需要满足位于测量间隔内的PRS资源的测量，除了上述已有的测量间隔外，为了满足PRS资源的灵活配置，3GPP针对PRS测量引入了两种新的间隔模式配置，分别为Gap #24（MGL=10ms、MGRP=80ms）和Gap #25

（MGL=20ms、MGRP=160ms），这两种新引入的测量间隔模式配置只有在配置了下行定位测量时终端才能申请且只能在定位测量期间使用。

在Release 16定位标准中规定用于下行定位测量的测量间隔只能是per UE配置。在Release 17定位标准中，下行定位测量则可以使用per UE配置的测量间隔或per FR（包括per FR1和per FR2）配置的测量间隔。且Release 17的终端除了支持基于测量间隔的下行定位测量外，还可根据终端能力支持测量间隔外（即基于PPW）的定位测量和RRC_INACTIVE态的定位测量。

4.4.2 基站天线与波束信息上报过程

在Release 16的DL-AoD定位技术中，gNB向定位服务器上报每个PRS资源的水平维角度和垂直维角度。定位服务器根据终端上报的PRS资源的RSRP并结合所述资源的水平维角度和垂直维角度进行DL-AoD的角度估计。由于PRS资源的波束图样既包含主瓣又包含多个旁瓣，仅使用水平维角度和垂直维角度不能准确地描述波束图样信息，造成DL-AoD的角度估计不准确。为了更加精确地描述PRS资源的波束图样信息，Release 17考虑增强gNB向定位服务器上报。除了提供角度信息外，还需要提供图样相关信息或者天线配置信息。

若PRS资源的赋形采用离散傅里叶变换（DFT）向量进行，则定位服务器根据天线单元数目和天线间距参数结合PRS资源的角度取值即可以计算出PRS资源的波束图样信息。进一步地，还可以考虑上报天线单元的图样信息以准确地确定波束的图样信息。若PRS资源的赋形传输采用非DFT向量进行，则可以直接上报角度与波束增益之间的映射关系。这种方式需要考虑映射关系的精度与上报开销的折中。我们可以采用一些特征点来描述波束响应的特性，如多个波束的交叉点；还可以使用某一函数近似波束响应，通过上报函数的参数来确定。为了支持多种PRS赋形传输，在Release 17中采用上报角度与波束增益之间的映射关系方案。

因此，在Release 17的基于UE的DL-AoD定位和UE辅助的DL-AoD定位技术中，基站将TRP波束/天线信息提供给定位服务器。此外，对于基于UE的DL-AoD定位技术，定位服务器还可以向终端提供TRP波束/天线信息，以辅助UE计算位置信息。所述TRP波束/天线信息表示为每个TRP的各个量化角度对应的多个PRS资源的相对功率。这里，将相对功率定义为每个角度相对于峰值功率的相对功率。对于每个角度，至少上报两个PRS资源的功率。每个角度对应的峰值功率不需要上报。

4.4.3 下行定位辅助数据

UE在估计时延测量量时，需要在一个预设的时间范围内进行搜索，此时间范围和UE与基站的位置有关。为了缩短UE搜索NR DL PRS的时间，并降低搜索的复杂度，在Release 16中，LMF通过DL PRS定时指示向UE提供预期的搜索时间范围。DL PRS定时指示有以下两种候选方案。

方案一：RSTD期望值+RSTD不确定性。

该方案类似于LTE DL PRS定时指示方法，网络在定位辅助数据中向UE提供各TRP的RSTD期望值和RSTD不确定性（测量量的搜索范围），如图4-4所示。RSTD期望值对应于参考TRP和相邻TRP之间的传输时延差，搜索NR DL PRS的范围对应于传输时延差的不确定性和同步误差。其中，传输时延差可基于定位服务器存储的各TRP位置和UE的大约位置等先验信息确定。

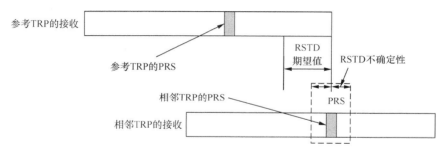

图4-4　RSTD期望值和RSTD不确定性指示

方案二：TRP时间同步信息+预期的传输时延差和不确定性。

TRP时间同步信息指示参考TRP与另一TRP的时间同步信息，信令由参考TRP域和相邻TRP域构成。参考TRP域指示相邻TRP域有效的参考时间，此参考时间由参考TRP的SFN确定。相邻TRP域指示此相邻TRP与参考TRP的子帧边界偏移，单位是T_c。此偏移由参考TRP的子帧0的开始与相邻TRP的最近的后续子帧的开始确定。

在Release 16中，对于UE辅助的定位方式，采用了方案一，即配置RSTD的期望值和RSTD的不确定性用于DL PRS的定时指示。方案二由于可以获得更高精度的时延差信息，因此用于基于UE的定位方式。

在LTE系统中，RSTD期望值取值范围为±800μs，覆盖的距离范围是±240km；RSTD不确定性的取值范围为±100μs，覆盖的距离范围是±30km。根据NR系统中的网络部署，Release 16中讨论了多种候选的RSTD期望值和RSTD不确定性的取值范围。最终，在NR中确定了RSTD期望值范围为±500μs，对应的距离范围是±150km。不确定性搜索空间的取值范围针对不同频点分别定义，即在FR1和FR2频点下分别为±32μs和±8μs，对应的距离范围分别是±9.6km和±2.4km。

在Release 17中，为了减少终端的接收波束训练过程，考虑为DL-AoD引入不确定性窗，其由定位服务器配置给终端。终端根据不确定性窗的配置，确定最优的接收波束。不确定性窗可以从gNB的角度进行定义，其将发送角度信息DL-AoD/ZoD配置给UE；也可以从UE的角度进行定义，其将到达角度信息DL-AoA/ZoA配置给UE。在LOS场景下，这两种方案是等效的。Release 17协议同时支持上述两种方案，且可以用于基于UE的DL-AoD定位和UE辅助的DL-AoD定位，具体使用发送角度信息（expected DL-AoD/ZoD）还是到达角度信息（DL-AoA/ZoA）由UE向LMF请求后，LMF为UE指示相应的期望角度值和不确定性范围。该不确定性范围为期望的水平维角度和期望的垂直维角度的不确定性范围。

4.4.4 下行定位参考信号波束管理过程

NR Release 16的PRS波束管理既包括发送波束管理，又包括接收波束管理。其目的是辅助UE快速准确地确定一个PRS资源的最优接收波束方向。波束管理在MIMO技术中的研究较为深入，基于5G MIMO的波束管理机制，NR Release 16支持以下3种PRS接收波束管理方案。

方案1：可以将DL PRS配置为与来自服务小区TRP或相邻小区TRP的DL PRS之间具有类型D（TypeD）的准共站址（QCL）关系，这里，在两个信号之间具有QCL TypeD关系表示这两个信号有相同的波束方向。

方案2：UE对使用相同发送波束的DL PRS资源执行接收波束扫描。

方案3：UE使用相同的接收波束来接收用不同下行波束发送的DL PRS资源。

方案1通过网络侧配置的QCL TypeD信息，根据配置的QCL源参考信号的接收波束直接获得PRS资源的接收波束。一个PRS资源的QCL源参考信号可以是同一个TRP下的一个SSB或者同一个TRP下的另一个DL PRS资源。

方案2通过接收波束扫描获得PRS资源的最优接收波束方向，可以通过发送多个具有相同QCL TypeD参数的PRS资源来实现。

方案3可以通过方案1来实现，例如网络侧将同一个PRS资源作为QCL TypeD的源参考信号配置给所有的目标PRS资源，这样，UE可以使用相同的接收波束来接收这两个PRS资源。

为了保证UE的正确接收，只有在相同TRP的各个参考信号资源之间才能够配置QCL TypeD关系。

除了QCL TypeD关系，NR还支持PRS资源与SSB之间的QCL TypeC关系，这里的QCL TypeC关系表示相同的平均延迟和多普勒频移。如果UE已经检测到某个SSB，则该信息可以帮助UE识别和接收与该SSB有QCL TypeC关系的PRS，例如帮助确定搜索PRS的窗口范围。此外，QCL TypeC关系还可以用于在高速移动场景中帮助确定UE在接收PRS时进行多普勒频移补偿。为了获得准确的下行定时估计值，具有QCL TypeC关系的PRS资源和SSB应该来自相同的TRP，保证相同的平均延迟和多普勒频移。

4.4.5　下行定位参考信号接收功率的上报

NR Release 16的DL-AoD定位需要根据UE上报的、由多个PRS资源（波束）所测量的RSRP值的相对大小关系来确定UE的角度信息。为了获得准确的PRS RSRP取值的相对大小关系，要求UE使用相同的接收波束测量来自同一个TRP的多个PRS资源，提供PRS RSRP的测量量。因此，在进行PRS RSRP上报时，对于每个TRP，UE均可以指示哪些PRS RSRP是使用相同的接收波束测得的。在NR Release 16中，对于每个TRP，最多上报8个不同PRS资源的RSRP。且若2个及以上的PRS资源使用相同的接收波束时，需要上报接收波束索引。在这种限制下，对于具有8个接收波束的终端，若全部的接收波束测量的RSRP均上报，则每个TRP的每个PRS资源只能上报1个RSRP。此时，终端不上报接收波束索引。这样，定位服务器无法选择相同接收波束的RSRP测量量进行DL-AoD的角度估计。另外，当终端具有多个接收波束时，终端可以使用每个接收波束测量得到一组PRS信号的RSRP。这样，终端可以上报多组RSRP的测量结果。即，对于每个DL PRS，终端均可以上报对应多个接收波束的多个RSRP测量结果。定位服务器可以使用多组RSRP进行DL-AoD的角度估计，可以进一步提高终端位置的估计精度。因此，在NR Release 17中，对每个TRP上报的DL PRS RSRP个数进行了扩展。支持每个TRP上报的DL PRS RSRP测量量的个数为N。N取决于UE能力,其取值集合为{16, 24}，相同接收波束可以上报的最大DL PRS RSRP个数由UE决定，在标准中不对此进行限制。

进一步地，上报邻近PRS资源的测量结果可以改善定位服务器的DL-AoD的角度估计精度。考虑到PRS资源的波束图样（包含主瓣和旁瓣），在发送波束相邻的PRS资源之间可能存在部分交叠。若终端可以上报最大RSRP对应的PRS资源的邻近PRS资源的测量结果（发送波束与最大RSRP对应的PRS资源的发送波束相邻的PRS资源），定位服务器可以通过内插的方式获得更精确的DL-AoD估计。由于每个gNB已知其邻近波束的信息，因此，可以将此信息上报给定位服务器，并通过下行辅助数据配置给终端。

NR Release 17支持两种上报邻近PRS资源的方案。一种是基站将PRS资源的水平角和垂直角发送给终端，终端根据每个资源的角度信息判断PRS资源的邻近信息。另一种是通过约束终端仅测量部分PRS资源来实现终端对于邻近PRS资源的测量上报。

具体而言，对于每个PRS资源，可以关联配置1个PRS资源子集。由于1个TRP可以配置2个PRS资源集，这个PRS资源子集可以与其关联的PRS资源在相同的PRS资源集中，也可以与其关联的PRS资源在不同的PRS资源集中。若UE上报了某个PRS资源的测量结果，则UE可以同时上报这个PRS资源关联的PRS资源子集的测量结果。PRS资源的测量结果可以是DL PRS RSRP或者DL PRS RSRPP。此外，UE也可以被配置为只上报关联PRS资源子集的测量结果，而不上报对应的PRS资源的测量结果。这种方式隐含着可以支持两步的PRS测量上报，即宽波束结合窄波束上报。在这种情况下，1个TRP配置的2个PRS资源集分别对应宽波束和窄波束。宽波束PRS资源集中的每个PRS资源关联1个窄波束PRS资源集中的PRS资源子集。UE可以先配置只上报PRS资源的测量结果，实现宽波束的测量上报。之后，再配置只上报PRS资源子集的测量结果，实现与宽波束对应的窄波束的测量上报。

4.4.6　下行收发定时误差影响消除

3GPP Release 17讨论了DL-TDOA定位技术中的3种收发定时误差影响消除增强方案：①基于TEG消除UE/gNB收发定时误差影响；②基于定位参考设备（PRU）消除UE/gNB收发定时误差影响；③基于测量上报增强消除UE/gNB收发定时误差影响。由于篇幅有限，下面重点介绍标准化采纳的方案①。

对于DL-TDOA定位技术，假设UE采用不同的射频链路接收TRP1和TRP2的DL PRS，如图4-5所示，那么UE测量TRP1发送的DL PRS所获得的$TOA_{\mathrm{TRP1}\to\mathrm{UE}}$如式（4-6）。

$$TOA_{\mathrm{TRP1}\to\mathrm{UE}} = CE_{\mathrm{TRP1,BB}} + TD_{\mathrm{TRP1,Tx}i} + Prop_{\mathrm{TRP1}\to\mathrm{UE}} + CE_{\mathrm{UE,BB}} + TD_{\mathrm{UE,Rx}m} + ME_{\mathrm{UE,Rx}} \tag{4-6}$$

UE测量TRP2发送的DL PRS所获得的TOA如式（4-7）。

$$TOA_{\mathrm{TRP2}\to\mathrm{UE}} = CE_{\mathrm{TRP2,BB}} + TD_{\mathrm{TRP2,Tx}j} + Prop_{\mathrm{TRP2}\to\mathrm{UE}} + CE_{\mathrm{UE,BB}} + TD_{\mathrm{UE,Rx}n} + ME_{\mathrm{UE,Rx}} \tag{4-7}$$

其中，

$TD_{\mathrm{TRP1,Tx}i}$和$TD_{\mathrm{TRP2,Tx}j}$表示TRP1和TRP2使用索引分别为i和j的射频链路传输DL PRS时从基带到天线的传输时延。

$Prop_{\mathrm{TRP1}\to\mathrm{UE}}$和$Prop_{\mathrm{TRP2}\to\mathrm{UE}}$分别表示TRP1/TRP2到UE的空口传输时延，它们也是DL PRS在TRP天线和UE天线之间的空口传输时延。

$TD_{\mathrm{UE,Rx}m}$和$TD_{\mathrm{UE,Rx}n}$表示当UE接收DL PRS时从天线到基带的接收定时时延，射频链路的索引分别为m和n。

$CE_{\mathrm{TRP1,BB}}$、$CE_{\mathrm{TRP2,BB}}$和$CE_{\mathrm{UE,BB}}$分别表示TRP1、TRP2和UE的时钟的时间偏移。

$ME_{\mathrm{UE,Rx}}$表示UE测量误差。

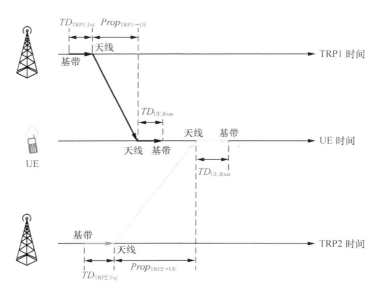

图 4-5　DL-TDOA 定位技术中的 UE/gNB 收发定时误差

然后，UE在基带处测量的DL_RSTD如式（4-8）。

$$DL\_RSTD_{\text{TRP1,TRP2}\to\text{UE}}^{\text{BB}\to\text{BB}}$$

$$= TOA_{\text{TRP1}\to\text{UE}} - TOA_{\text{TRP2}\to\text{UE}}$$

$$= \left(TD_{\text{TRP1,Tx}i} + Prop_{\text{TRP1}\to\text{UE}} + TD_{\text{UE,Rx}m}\right) - \left(TD_{\text{TRP2,Tx}j} + Prop_{\text{TRP2}\to\text{UE}} + TD_{\text{UE,Rx}n}\right) + ER_{\text{sync,BB}} \quad (4\text{-}8)$$

$$= \left(TD_{\text{TRP1,Tx}i} - TD_{\text{TRP2,Tx}j}\right) + \left(Prop_{\text{TRP1}\to\text{UE}} - Prop_{\text{TRP2}\to\text{UE}}\right) + \left(TD_{\text{UE,Rx}m} - TD_{\text{UE,Rx}n}\right) + ER_{\text{sync,BB}}$$

$$= \left(TD_{\text{TRP1,Tx}i} - TD_{\text{TRP2,Tx}j}\right) + DL\_RSTD_{\text{TRP1,TRP2}\to\text{UE}}^{\text{Ant}\to\text{Ant}} + \left(TD_{\text{UE,Rx}m} - TD_{\text{UE,Rx}n}\right) + ER_{\text{sync,BB}}$$

$$= DL\_RSTD_{\text{TRP1,TRP2}\to\text{UE}}^{\text{Ant}\to\text{Ant}} + \left(TD_{\text{UE,Rx}m} - TD_{\text{UE,Rx}n}\right) + ER_{\text{sync,Ant}}$$

其中，

$$ER_{\text{sync,Ant}} = \left(CE_{\text{TRP1,BB}} + TD_{\text{TRP1,Tx}i}\right) - \left(CE_{\text{TRP2,BB}} + TD_{\text{TRP2,Tx}j}\right)$$ 是TRP1　Txi天线与TRP2 Txj天线之间的时间同步误差。

$$ER_{\text{sync,BB}} = \left(CE_{\text{TRP1,BB}} - CE_{\text{TRP2,BB}}\right)$$ 是TRP1时钟和TRP2时钟之间的时间偏移。

UE在其天线和TRP1/TRP2的天线之间测量的DL_RSTD（定义见TS 38.215）如式（4-9）和式（4-10）。

$$DL\_RSTD_{\text{TRP1,TRP2}\to\text{UE}}^{\text{Ant}\to\text{Ant}}$$

$$= DL\_RSTD_{\text{TRP1,TRP2}\to\text{UE}}^{\text{BB}\to\text{BB}} - \left(TD_{\text{TRP1,Tx}i} - TD_{\text{TRP2,Tx}j}\right) - \left(TD_{\text{UE,Rx}m} - TD_{\text{UE,Rx}n}\right) - ER_{\text{sync,BB}} \quad (4\text{-}9)$$

或者

$$DL\_RSTD_{\text{TRP1,TRP2}\to\text{UE}}^{\text{Ant}\to\text{Ant}} = DL\_RSTD_{\text{TRP1,TRP2}\to\text{UE}}^{\text{BB}\to\text{BB}} - \left(TD_{\text{UE,Rx}m} - TD_{\text{UE,Rx}n}\right) - ER_{\text{sync,Ant}} \quad (4\text{-}10)$$

如果UE使用相同的射频链路从TRP1和TRP2接收DL PRS，即$m = n$，则式（4-9）

和式（4-10）可以简化为式（4-11）或式（4-12）。

$$DL\_RSTD_{\text{TRP1,TRP2}\to\text{UE}}^{\text{Ant}\to\text{Ant}} = DL\_RSTD_{\text{TRP1,TRP2}\to\text{UE}}^{\text{BB}\to\text{BB}} - \left(TD_{\text{TRP1,Tx}i} - TD_{\text{TRP2,Tx}j}\right) - ER_{\text{sync,BB}} \tag{4-11}$$

或者

$$DL\_RSTD_{\text{TRP1,TRP2}\to\text{UE}}^{\text{Ant}\to\text{Ant}} = DL\_RSTD_{\text{TRP1,TRP2}\to\text{UE}}^{\text{BB}\to\text{BB}} - ER_{\text{sync,Ant}} \tag{4-12}$$

如果UE或LMF已知 $TD_{\text{TRP1,Tx}i}$ 和 $TD_{\text{TRP2,Tx}j}$ 或它们的差分值，则UE或LMF可以消除 TRP发送定时误差对 DL_RSTD 的影响（注意在这种情况下，DL_RSTD仍然受 $ER_{\text{sync,BB}}$ 影响）。如果UE或LMF的 $ER_{\text{sync,Ant}}$ 为0（TRP之间具有理想时间同步），或者已知 $ER_{\text{sync,Ant}}$，则TRP之间的时间偏移对DL RSTD的影响也可以被消除。

为了更好地研究消除收发定时误差的方案，在3GPP标准中引入了接收（Rx）TEG和发送（Tx）TEG两个术语。

Rx TEG用于衡量接收定时误差值。它与从接收到的一个或多个PRS资源获得的一个或多个定位测量量相关联，属于同一个Rx TEG的任何一对定位测量量之间的接收定时误差的差值是在一定范围内的。

Tx TEG用于衡量发送定时误差值。它与发送的一个或多个PRS资源相关联。属于同一个Tx TEG的任何一对PRS资源之间的发送定时误差的差值是在一定范围内的。

下面分别介绍UE辅助的DL-TDOA定位技术和基于UE的DL-TDOA定位技术消除 TRP和UE的定时误差影响的方法。

（1）对于UE辅助的DL-TDOA定位技术，3GPP Release 17讨论了以下3种消除TRP 和UE的定时误差影响的方法。

方法1：向LMF提供DL PRS资源或RSTD测量量与Tx TEG或Rx TEG的关联信息。

方法2：向LMF提供每个Tx TEG的Tx定时误差。

方法3：向LMF提供Tx TEG之间的Tx定时误差差值。

3GPP Release 17最终采用了方法1，原因在于方法1能应用在TRP/UE不知道每个 TEG对应的定时误差或TEG之间的定时误差差值，而只知道DL PRS资源或RSTD测量量与Tx TEG或Rx TEG的关联信息的场景中。TRP/UE只需要将DL PRS资源与TRP Tx TEG或RSTD测量量与UE Rx TEG的关联信息提供给LMF，利用这些信息，LMF知道与同一个TRP Tx TEG相关联的DL PRS资源和/或与同一个UE Rx TEG相关联的RSTD测量量，有助于LMF消除TRP和UE的定时误差影响。

（2）对于基于UE（UE-based）的DL-TDOA定位技术，3GPP Release 17讨论了以下3种方法用于UE消除TRP的定时误差的影响。

方法1：向UE提供DL PRS资源或RSTD测量量与Tx TEG或Rx TEG的关联信息。

方法2：向UE提供每个Tx TEG的Tx定时误差。

方法3：向UE提供Tx TEG之间的Tx定时误差差值。

3GPP Release 17最终采用了方法1，原因在于方法1能应用在LMF不知道每个TEG对应的定时误差或TEG之间的定时误差的差值，而只知道DL PRS资源与TEG的关联信息的场景中。LMF只需要向UE提供DL PRS资源与TRP Tx TEG的关联信息，利用这些信息，UE知道哪些DL PRS资源与相同的TRP Tx TEG相关联，有助于UE消除TRP的定时误差影响。

4.4.7 下行非视距/多径影响消除

在电磁波在发送端与接收端间的传播过程中，当收发端之间的无线链路不存在直射路径时，被称为NLOS状态；反之，被称为LOS状态。此外，建筑物的反射、折射和散射等现象会产生多径效应。如图4-6所示，UE与TRP1之间为LOS状态，且存在第二条到达路径，即多径，而UE与TRP2之间由于障碍物的遮挡不存在直射径，被称为NLOS状态。

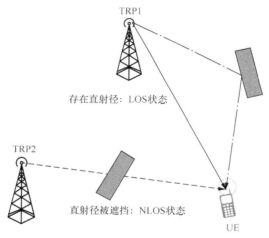

图4-6　NLOS和多径现象

根据理论分析和性能评估可得，NLOS和多径会导致定位精度显著下降。因此，3GPP Release 17研究了NLOS和多径影响消除技术，标准化了NLOS指示的定义、上报方式、上报量格式和多径测量量的上报方式，下面分别进行介绍。

在进行UE位置解算时，若能获知定位测量量对应的信道状态是LOS状态还是NLOS状态，则在进行UE位置解算的过程中，可以利用这些信息，在很大程度上降低NLOS误差测量量对定位结果的影响。因此，3GPP Release 17标准定义了NLOS指示，用于指示LOS/NLOS状态。在3GPP Release 17标准讨论过程中讨论了多种NLOS指示的生成方式,例如空域极化、频域方差+时域赖斯因子、首径冲激响应形状、相干带宽、人工智能分类。最后由于各公司意见不统一,没有获得一致的结论。于是,3GPP Release 17标准不规定NLOS指示的生成方式,留给设备自行实现NLOS指示的生成。

对于NLOS指示的上报方式,可以由UE或TRP向LMF进行上报,也可以由LMF向TRP传递该指示。具体地,对于UE-assisted定位,UE可以根据自身能力通过高层参数触发,将NLOS指示上报给LMF。该NLOS指示可以与DL RSTD和DL PRS RSRP测量量绑定,或与TRP绑定。特别地,对于DL-TDOA定位技术,由于测量量是参考TRP与当前TRP的TOA测量量之差。因此在NLOS指示与DL RSTD绑定时,需要上报两个NLOS指示,一个与参考TRP绑定,另一个与当前TRP绑定。对于UE-based定位,UE由LMF通知NLOS指示,该指示可以与DL PRS资源或TRP绑定。

考虑到NLOS指示的开销,NLOS指示值上报可以是颗粒度为0.1的软值(取值范围为[0, 0.1, …, 0.9, 1])或硬值(取值范围为[0, 1]),其中,1对应LOS状态,0对应NLOS状态。软值相对于硬值来说对设备计算能力的要求更高,最终采用何种方式取决于UE能力。

对于DL-TDOA定位技术的多径测量量上报,UE可以根据自身能力通过高层参数触发上报最多8条附加径的DL RSTD测量量、测量时间和质量指示。每条附加径的时间上报值为相对值,即相对于确定nr-RSTD的那条径的时间。UE还可以根据自身能力上报首径和最多8条附加径的DL PRS RSRPP,这些附加径对应于DL RSTD测量量。

(((•))) 4.5 下行定位高层流程

下行定位技术(DL-AoD和DL-TDOA)中涉及的定位过程包括终端流程和基站流程,终端流程是指终端与定位服务器间的能力交互、辅助数据传输及位置信息传输流程,基站流程是指基站与定位服务器之间交互的NRPPa流程。本节首先介绍在下行定位技术下,终端如何与定位服务器进行信令交互来实现DL PRS的测量。其次介绍基站如何与定位服务器通过信令流程完成基站下行定位信号的发送与下行定位资源的配置交互,再介绍为了实现终端在RRC_INACTIVE状态下的下行定位,终端与网络侧的交互流程。最后介绍增强的按需点播下行定位信号配置流程。

4.5.1 终端与定位服务器间的信令流程

本节分别介绍终端和定位服务器之间的信令流程,即能力传输流程、辅助数据传输流程和位置信息传输流程。

1. 能力传输流程

DL-AoD定位技术和DL-TDOA定位技术的能力传输流程参见3.4.3节。

2. 辅助数据传输流程

辅助数据传输流程的目的是使LMF能够向UE提供辅助数据，并且UE可以向LMF请求辅助数据。LMF可能向UE（在正在进行的LPP定位会话之前或期间）提供DL PRS辅助数据（及相关的有效准则），用于未来潜在的定位测量。预配置的DL PRS辅助数据可能包含多个实例，不同实例适用于网络中的不同区域。一个或多个LPP辅助数据消息可以提供一个或多个辅助数据实例。

如果UE接收到已经存储了辅助数据的TRP的辅助数据，则新接收到的辅助数据会覆盖已存储的辅助数据。如果UE接收到尚未存储辅助数据的TRP的辅助数据，则会维护已存储的其他TRP的辅助数据。TRP通过使用PRS-ID和Cell-ID组合进行唯一识别。UE能够存储辅助数据的TRP个数为UE的能力，该能力由UE可以支持的区域ID数表示。

辅助数据传输流程可分为LMF触发的辅助数据传输流程和UE触发的辅助数据传输流程，下面分别对它们进行介绍，具体如下。

（1）LMF触发的辅助数据传输流程如图4-7所示。

步骤：LMF确定需要向UE提供的辅助数据，并向UE发送LPP提供辅助数据消息。

（2）UE触发的辅助数据传输流程如图4-8所示。

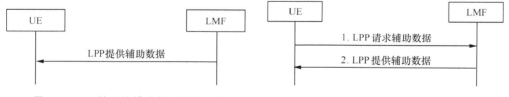

图4-7　LMF触发的辅助数据传输流程　　　图4-8　UE触发的辅助数据传输流程

步骤1：UE确定需要的DL-AoD/DL-TDOA辅助数据（例如，在LMF提供的辅助数据不足以满足UE的情况下），并向LMF发送LPP请求辅助数据消息。该请求包括一个指示，说明所请求的DL-AoD/DL-TDOA辅助数据。关于UE的近似位置、服务及邻近小区的附加信息，也可以通过请求辅助数据消息和/或将附带的提供位置信息消息提供给LMF，从而帮助LMF选择适当的辅助数据。UE提供的附加信息可能包括UE的最后已知位置、UE的服务NG-RAN节点的小区ID、可能相邻的NG-RAN节点，以及NR E-CID测量量。

步骤2：如果LMF有可用的信息，则在LPP提供辅助数据消息中提供UE所请求的辅助信息。如果UE在步骤1中请求的任何辅助数据在步骤2中都没有被提供，UE应理解为所请求的辅助数据不被支持，或目前在LMF处无法获得辅助数据。如果步骤1中UE请求的辅助数据LMF都不能提供，则LMF返回任何可以在LPP消息中提供的信息，该LPP消息为提供辅助数据消息，并包含未提供辅助数据的原因指示。

3. 位置信息传输流程

位置信息传输流程的目的是使LMF能够向UE请求位置估计，或使UE能够向LMF提供定位测量量，从而进行位置计算。位置信息传输流程可分为LMF触发的位置信息传输流程和UE触发的位置信息传输流程，分别介绍如下。

（1）LMF触发的位置信息传输流程（如图4-9所示）

步骤1：LMF向UE发送LPP请求位置信息消息。该消息包括所请求的DL-AoD/DL-TDOA测量量的指示，指示内容为需要的测量配置信息和需要的响应时间。

步骤2：UE按照步骤1中的LMF要求获取DL-AoD/DL-TDOA测量量，在步骤1中提供的响应时间结束之前，向LMF发送LPP提供

图4-9　LMF触发的位置信息传输流程

位置信息消息。如果使用DL-AoD定位技术，则该消息中包括获得的DL PRS RSRP测量量；如果使用DL-TDOA定位技术，则该消息中包括获得的下行RSTD测量量，并可选地包括DL PRS RSRP测量量。如果UE无法执行LMF请求的测量，或在请求的响应时间结束之前没有获取到任何请求的测量量，则UE返回任何可以在LPP消息中提供的信息，该消息为提供位置信息消息，并包含未提供位置信息的原因指示。

（2）UE触发的位置信息传输流程（如图4-10所示）

步骤：UE向LMF发送LPP提供位置信息消息，该消息可能包括UE获得的任何DL-AoD/DL-TDOA测量量。

图4-10　UE触发的位置信息传输流程

4.5.2　基站与定位服务器间的信令流程

基站与定位服务器间的信令流程包括由LMF启动的向LMF传输辅助数据的流程。其目的是使gNB能够向LMF提供辅助数据，以便后续通过4.5.1节中的流程传输给UE，或者用于在LMF处计算定位估计。

图4-11为在DL-AoD/DL-TDOA定位技术中，从gNB到LMF的TRP信息交换操作。

图4-11 LMF触发的TRP信息交换流程

步骤1：LMF确定所需要的TRP配置信息（例如，作为周期性更新或由OAM触发的一部分），并向gNB发送NRPPa TRP信息请求消息。此请求消息包括请求特定TRP配置信息的指示。

步骤2：如果gNB可以获得LMF请求的TRP信息，则gNB通过NRPPa TRP信息响应消息将TRP信息提供给LMF。如果gNB不能提供任何信息，则返回一个TRP信息失败消息，指出失败的原因。

4.5.3 RRC_INACTIVE状态下的下行定位技术的定位流程

考虑到物联网场景中的设备在大多数情况下处于RRC_INACTIVE状态，为了满足此场景下的定位需求，设计了RRC_INACTIVE状态下的下行定位方法，减少了终端状态转换所带来的信令开销，降低了功耗。RRC_INACTIVE状态下的下行定位技术的定位流程如图4-12所示。

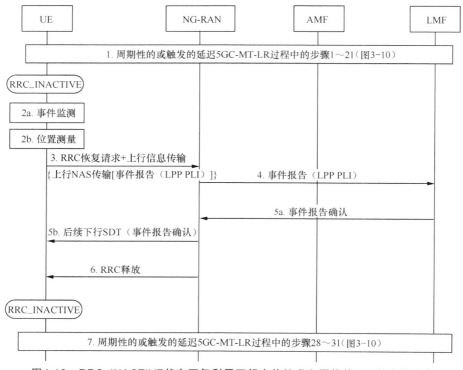

图4-12 RRC_INACTIVE状态下仅利用下行定位技术和不依赖RAT的定位流程

步骤1：执行3.4.2节中周期性的或触发的延迟5GC-MT-LR过程中的步骤1～21。gNB发送携带挂起配置的RRC释放消息，使UE进入RRC_INACTIVE状态。

执行以上步骤后，应当已经将位置请求信息（例如，要求的定位方法和模式、QoS等）和可能需要的任何辅助数据提供给了UE。在事件报告阶段，UE可能通过定位的系统消息和/或LPP请求辅助数据消息，请求/接收额外的/更新的辅助数据。

步骤2：UE监测步骤1中请求的触发事件或周期性事件的发生，决定对监测到的请求事件使用哪种定位技术（基于步骤1中的LCS周期-触发调用请求消息中携带的LPP请求位置信息消息指示的定位方法）。当监测到（或略早于）事件时，UE执行定位测量。

步骤3：UE发送RRC恢复请求消息，以及RRC上行信息传输消息，在该上行信息传输消息中包含一个上行NAS传输消息，UE在上行NAS传输消息的负载容器中包含LCS事件报告和LPP提供的位置信息消息（PLI），并在上行NAS传输消息的附加信息中包含步骤1接收到的延迟路由标识。

当UE执行步骤3时，UE的服务gNB可能与将UE释放到RRC_INACTIVE状态的上一个服务gNB相同或不同。

步骤4：gNB通过服务AMF向LMF发送事件报告，并携带LPP PLI消息。如果UE接入的基站不是锚点gNB，且锚点gNB保持不变，服务gNB将通过XnAP消息RRC TRANSFER将事件报告发给锚点gNB，后续的下行NAS消息也通过XnAP消息RRC TRANSFER从锚点gNB转发给服务gNB。

步骤5：LMF接收到所有的LPP PLI消息后，发送一个事件报告确认消息给锚点gNB，锚点gNB在步骤5b中将事件报告确认发送给UE。

步骤6：服务gNB给UE发送携带挂起配置的RRC释放消息，使UE保持在RRC_INACTIVE状态。

步骤7：执行3.4.2节中周期性的或触发的延迟5GC-MT-LR过程中的步骤28～31。

4.5.4　按需点播下行定位参考信号流程

按需点播DL PRS能够使LMF控制和决定PRS是否要被传输，或者改变当前正在传输的PRS的参数配置，从而提高定位精度和资源利用效率，降低定位时延。当前，按需点播DL PRS支持如下两种方式。

（1）UE触发的按需点播DL PRS。

（2）LMF触发的按需点播DL PRS。

UE触发的按需点播DL PRS是由UE发起按需点播DL PRS请求到LMF，之后LMF根据UE的请求来确定是否发起到基站的DL PRS变更请求。LMF触发的按需点播DL PRS

是由LMF直接发起相应的DL PRS变更请求到基站来实现的。但无论是UE触发的，还是LMF触发的，最终到基站的DL PRS变更请求都是由LMF发起的，具体流程如图4-13所示。

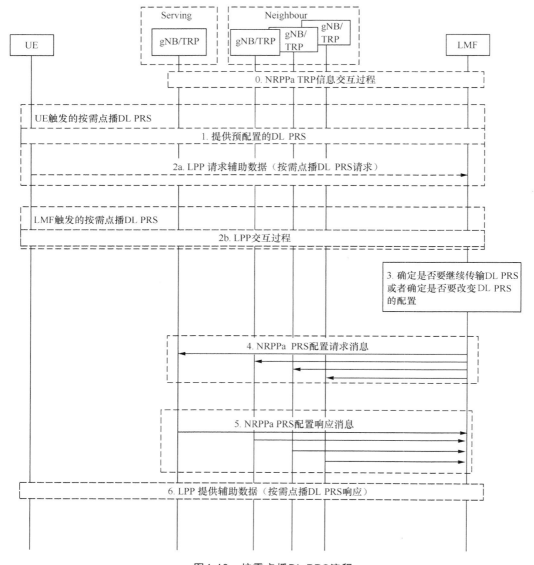

图4-13　按需点播DL PRS流程

步骤0：LMF可能通过TRP信息交互过程从基站侧获取到基站支持的按需点播DL PRS配置的相关信息。

步骤1：针对UE触发的按需点播DL PRS，LMF可能会通过LPP 提供辅助数据消息或定位系统信息posSI将预配置的按需点播DL PRS配置提供给UE。

步骤2a：针对UE触发的按需点播DL PRS，UE通过LPP请求辅助数据消息发送按需点播DL PRS请求给LMF。其中，用于按需点播DL PRS请求的LPP请求辅助数据消息也可能被包含在MO-LR位置服务请求消息中发送。此外，按需点播DL PRS请求可以是关于预配置的按需点播DL PRS的配置标识信息，或具体的DL PRS配置参数，或请求传输DL PRS，或由于定位测量而要改变DL PRS传输特性的请求。值得注意的是，如果网络已经为UE提供了预配置的按需点播DL PRS配置，则UE可以请求预配置的按需点播DL PRS配置的配置标识，或者具体的DL PRS参数，但是请求的具体的DL PRS配置参数需要在网络预配置的按需点播DL PRS配置的范围内；否则，如果网络没有为DL UE提供预配置的按需点播DL PRS配置，则UE可能会盲请求具体的DL PRS参数，此时请求的DL PRS参数需要在协议规定的参数范围内。

步骤2b：针对LMF触发的按需点播DL PRS请求，LMF和UE可能会通过LPP过程进行信息交互，来获取UE的测量量，或者获取UE的PRS定位能力等。

步骤3和步骤4：LMF根据自身实现选择是否接受/拒绝/忽略UE触发的按需点播DL PRS请求。如果LMF确定要接受UE发起的按需点播DL PRS请求，或者LMF自身确定要发起按需点播DL PRS请求，即发起DL PRS传输，或者确定需要改变当前正在传输的DL PRS的参数配置，则LMF通过NRPPa PRS配置请求消息，向当前gNB/TRP和非服务gNB/TRP请求开始传输DL PRS，或者请求改变当前DL PRS的参数配置。

步骤5：gNB/TRP根据自身实现选择是否接受/拒绝/忽略DL PRS配置请求。如果gNB/TRP确定要接受上述DL PRS配置请求，则通过反馈NRPPa PRS配置响应消息，提供更新的DL PRS配置信息给LMF。

步骤6：针对UE发起的按需点播DL PRS，LMF通过LPP提供辅助数据消息反馈按需点播DL PRS响应给UE，如果网络侧接受了UE发起的按需点播DL PRS请求，则按需点播DL PRS响应是更新的DL PRS配置信息；反之则是相应的失败原因。另外，如果在步骤2a中用于按需点播DL PRS请求的LPP请求辅助数据消息包含在MO-LR位置服务请求消息中并发送给LMF，则LMF对应提供一个MO-LR响应消息。

4.6 小结

本章首先对5G下行定位技术所需要的PRS、定位测量量和支持5G定位技术的物理层过程进行了介绍，给出了PRS的基本设计和配置机制，同时给出了用于不同5G下行定位技术的定位测量量的定义和配置方式；然后介绍了用于支持基本定位功能和进一步提升定位精度的物理层过程；最后介绍了与5G下行定位技术相关的高层过程。

参考文献

[1] BUPT, ZTE, CAICT. R1-1906387. DL Reference Signals for NR Positioning[R]. 2019.

[2] 3GPP TS 38.211 V17.2.0. NR; Physical Channels and Modulation (Release 17)[R]. 2019.

[3] 3GPP TS 37.355 V17.0.0. LTE Positioning Protocol (LPP) (Release 17)[R]. 2022.

[4] 3GPP TS 38.215 V16.0.1. NR; Physical Layer Measurements (Release 17)[R]. 2020.

[5] 3GPP TS 38.214 V16.0.0. NR; Physical Layer Procedures for Data (Release 17)[R]. 2019.

[6] 3GPP TS 38.133 V17.5.0. NR; Requirements for Support of Radio Resource Management (Release 17)[R]. 2022.

[7] Huawei, HiSilicon. R1-2104279. Enhancement for DL-AoD Positioning[R]. 2021.

[8] vivo. R1-2104361. Discussion on Potential Enhancements for DL-AoD Method[R]. 2021.

[9] CATT. R1-2104522. Discussion on Accuracy Improvements for DL-AoD Positioning Solutions[R]. 2021.

[10] Qualcomm Incorporated. R1-2104673. Potential Enhancements on DL-AoD Positioning[R]. 2021.

[11] Qualcomm Incorporated. R1-1913504. Summary #3 of 7.2.10.4: PHY Procedures for Positioning Measurements[R]. 2019.

[12] Qualcomm Incorporated. R1-1912976. Remaining Details on Phy-layer Procedures for NR Positioning[R]. 2019.

[13] vivo. R1-1912047. Remaining Issues on Physical-layer Procedures for NR Positioning[R]. 2019.

[14] Intel Corporation. R1-1912231. Remaining Opens of Physical Layer Procedures for NR Positioning[R]. 2019.

[15] Apple. R1-2105107. Positioning Accuracy Enhancements for DL-AoD[R]. 2021.

[16] CATT. R1-2100387. Discussion on Accuracy Improvements for DL-AoD Positioning Solutions[R]. 2021.

[17] 3GPP RAN1. Draft Report of 3GPP TSG RAN WG1 #105-e v0.1.0[R]. 2021.

[18] 3GPP TS 38.133 V17.6.0. Requirements for Support of Radio Resource Management (Release 16)[R]. 2022.

[19] Futurewei. R1-2007910. Polarization-based LOS Detection[R]. 2020.

[20] CATT. R1-2104524. Discussion on Potential Enhancements of Information Reporting from UE and gNB for Multipath/NLOS Mitigation[R]. 2021.

[21] Intel Corporation. R1-2104909. Mitigation of NLOS Problem for NR Positioning[R]. 2021.

[22] Ericsson. R1-2105912. Potential Enhancements of Information Reporting from UE and gNB for Multipath/NLOS Mitigation[R]. 2021.

[23] ZTE. R1-2104594. Enhancements on NLOS Mitigation for NR Positioning[R]. 2021.

[24] Qualcomm Incorporated. R1-2008618. Evaluation of Achievable Positioning Accuracy & Latency[R]. 2020.

[25] Qualcomm Incorporated. R1-2110191. Remaining Issues on Multipath Reporting in NR Positioning[R]. 2021.

[26] CATT. R1-2102637. Discussion on Accuracy Improvements for DL-AoD Positioning Solutions[R]. 2021.

[27] CATT. R1-2106973. Discussion on Enhancements for DL-AoD Positioning Method[R]. 2021.

[28] CATT. R1-2109226. Further Discussion on Enhancements for DL-AoD Positioning Method[R]. 2021.

第5章

5G上行定位技术

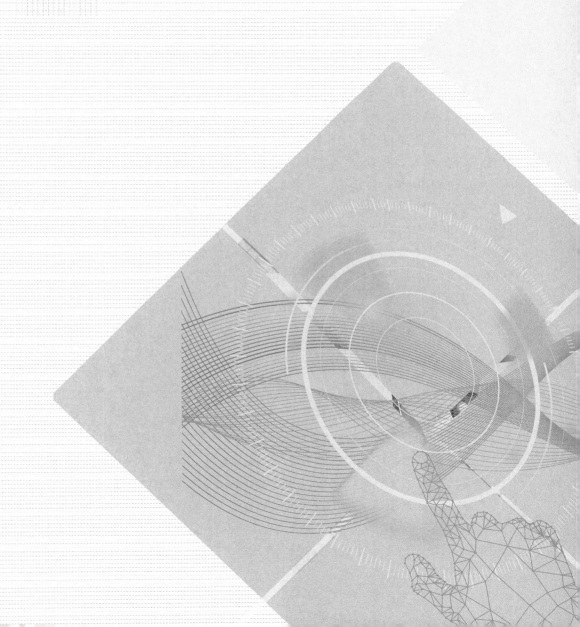

5.1 引言

除了5G下行定位技术外，5G定位技术还包括5G上行定位技术。5G上行定位技术包括基于时间测量的上行定位技术（UL-TDOA）和基于角度测量的上行定位技术（UL-AoA）。UL-TDOA和UL-AoA的定位原理分别参见本书2.2.3节和2.2.6节。相对于下行定位技术，上行定位技术仅要求UE发送上行定位参考信号（UL SRS），而UL PRS的测量处理和定位解算都由基站完成，因此，上行定位技术的优点在于一方面它能够利用基站的大规模天线阵列和较强的运算处理能力来提升UL PRS的测量与处理的效率和精度，另一方面也可以通过在基站部署先进的定位算法来提升定位位置解算的精度，同时还有利于UE省电。

上行定位技术的主要缺点是，从系统资源角度来看，发送上行定位探测参考信号（SRS-Pos）所需要的上行无线资源与需要定位的UE数量成正比，而下行定位技术所需要的下行无线资源与需要定位的UE数量无关。另外，与DL-TDOA类似，基于时间测量的UL-TDOA定位技术要求各TRP之间时间同步，TRP之间时间同步的准确性将直接影响UL-TDOA的定位性能。

本章首先描述上行定位探测参考信号的设计，包括上行定位探测参考信号资源设计、上行定位探测参考信号序列设计、上行定位探测参考信号资源单元映射图案、上行定位探测参考信号循环移位设计及上行定位探测参考信号配置方案；然后描述上行定位的测量量，包括上行时间、上行功率和上行角度相关的测量量；接着介绍上行定位物理层过程；最后介绍上行定位高层过程。

5.2 上行定位探测参考信号

上行定位探测参考信号的作用是提供上行定位技术（UL-TDOA、UL-AoA等）及上下行联合定位技术（Multi-RTT等）的定位测量量，这些测量量包括UL RTOA、UL AoA（包括A-AoA和Z-AoA）、UL SRS RSRP/RSRPP和gNB收发时间差等。

为了满足上述定位技术的定位精度需求，上行定位探测参考信号需要具备多基站测量、上行波束扫描、上行功率控制、足够的上行覆盖和较高的上行接收SINR等能力。5G中新定义了一种用于定位的上行探测参考信号SRS-Pos。

本节首先描述SRS-Pos的信号设计，包括SRS-Pos资源、SRS-Pos序列、SRS-Pos资源单元映射图案及SRS-Pos循环移位等内容；然后描述SRS-Pos的资源配置，包括SRS-Pos端口与带宽配置、SRS-Pos资源类型配置及SRS-Pos资源与资源集配置等内容。

5.2.1　上行定位探测参考信号资源设计

与NR SRS类似，NR SRS-Pos也引入了SRS-Pos资源（SRS-PosResource）的概念，来定义SRS-Pos所占用的时频资源。SRS-Pos资源配置包括如下参数。

（1）SRS-Pos资源占用的连续OFDM符号数量 $N_{\text{symb}}^{\text{SRS}} \in \{1,2,4,8,12\}$：该参数由高层参数resourceMapping中的nrofSymbols配置，表示一个SRS-Pos资源所占用连续OFDM符号数量。SRS-Pos资源相对于SRS资源可以配置更多的OFDM符号，有利于增加SRS-Pos信号的覆盖范围和提升邻基站的接收质量。

（2）SRS-Pos资源时域起始位置 l_0：它指示一个SRS-Pos资源在一个时隙内的时域起始符号位置，计算方法为 $l_0 = N_{\text{symb}}^{\text{slot}} - 1 - l_{\text{offset}}$，其中每时隙所包含的OFDM符号数量为 $N_{\text{symb}}^{\text{slot}} = 14$，时隙内OFDM符号偏移量 $l_{\text{offset}} \in \{0,1,\cdots,13\}$，代表从时隙结束位置向时隙起始位置反向计数的符号偏移量，由高层参数resourceMapping中的startPosition配置，并且须满足 $l_{\text{offset}} \geq N_{\text{symb}}^{\text{SRS}} - 1$。

（3）SRS-Pos资源频域起始位置：它代表一个SRS-Pos资源频域起始子载波位置。

需要指出的是，一个SRS-Pos资源只能被配置在一个上行时隙之内，即不允许跨时隙配置一个SRS-Pos资源。

5.2.2　上行定位探测参考信号序列设计

由于Zadoff-Chu序列具有良好的自相关、互相关和低PAPR特性，NR SRS序列都是基于Zadoff-Chu序列生成的。基于同样的理由，以及对降低实现复杂度的考虑，NR SRS-Pos也是基于Zadoff-Chu序列来生成SRS-Pos序列的。

根据参数 $N_{\text{symb}}^{\text{SRS}} \in \{1,2,4,8,12\}$ 的配置，SRS-Pos资源在一个上行时隙中最多可以占用

12个OFDM符号。在符号 l' 上的SRS-Pos序列由式（5-1）生成。

$$r^{(p_i)}(n,l') = r_{u,v}^{(\alpha_i,\delta)}(n) \tag{5-1}$$

其中，$0 \leq n \leq M_{\text{sc},b}^{\text{SRS}} - 1$，$l' \in \{0,1,\cdots,N_{\text{symb}}^{\text{SRS}} - 1\}$。

上式中 $r_{u,v}(n)$ 表示SRS-Pos所使用的基序列，其下标 u 表示基序列组编号，v 表示基序列组内基序列编号。$M_{\text{sc},b}^{\text{SRS}}$ 是参考信号序列的长度，$\delta = \log_2(K_{\text{TC}})$，$K_{\text{TC}} \in \{2,4,8\}$，

K_{TC}表示梳齿尺寸（Comb Size），由高层参数transmissionComb配置。p_i是SRS-Pos信号的天线端口号，α_i表示天线端口p_i的循环移位。

为满足对定位性能的需求，要求UE发送的SRS-Pos不但被服务基站接收，而且被尽可能多的邻基站接收。为了减少不同UE发送的SRS-Pos之间的碰撞和上行干扰，SRS-Pos的序列标识号的数量与NR SRS的序列标识号数量相比，增加了64倍，即从1024个ID扩充到了65 536个ID，从而更好地避免了不同的UE在相同的时频资源上发送相同的SRS-Pos序列，降低了SRS-Pos序列之间的碰撞概率。

5.2.3　上行定位探测参考信号资源单元映射图案设计

一个SRS-Pos资源在时域占用一个或若干个连续的OFDM符号，在频域占用若干个连续的PRB，并且以梳齿的方式支持多个不同的SRS-Pos资源在不同的子载波上复用。

一个SRS-Pos资源所占用的连续符号数可以被配置为$N_{\mathrm{symb}}^{\mathrm{SRS}} \in \{1, 2, 4, 8, 12\}$，这些符号可以被配置在一个上行时隙中的任意位置上。在频域上，NR支持多个SRS-Pos资源以占用不同频域梳齿（不同的子载波）的方式在相同的OFDM符号上频分复用。其中，梳齿尺寸$K_{\mathrm{TC}} \in \{2, 4, 8\}$。采用频域梳状配置的好处是有利于提升SRS-Pos的接收功率谱密度。相比SRS，SRS-Pos额外支持$K_{\mathrm{TC}} = 8$，原因是当$K_{\mathrm{TC}} = 8$时，SRS-Pos资源可以借用不包含SRS-Pos的资源单元（RE）的功率获得最高9 dB的功率谱密度提升，从而提升SRS-Pos的接收SINR。

在SRS中，同一个SRS资源内不同OFDM符号上的SRS资源单元在频域上的位置是相同的，并没有相对频域偏移。为了降低序列检测时相关运算所产生的旁瓣幅值，以增加SRS-Pos的邻基站可听性，SRS-Pos采用了一种交错图案（Staggering Pattern）的设计来映射同一个SRS-Pos资源内的不同OFDM符号上的SRS-Pos资源单元，并且，在设计同一个SRS-Pos资源内的不同OFDM符号上的SRS-Pos资源单元的相对频域偏移时，考虑了最大化相邻SRS-Pos符号中SRS-Pos资源单元之间的距离的原则，具体描述如下。

根据协议TS 38.211的定义，在天线端口p_i、OFDM符号l'上的SRS-Pos序列如式（5-2）。

$$a_{nK_{\mathrm{TC}}+k_0^{(p_i)},l'} = \begin{cases} \beta_{\mathrm{SRS}} \mathrm{e}^{\mathrm{j}\alpha n} \overline{r}_{u,v}(n), & n = 0, 1, \cdots, M_{\mathrm{sc},b}^{\mathrm{RS}}-1, \quad l' = 0, 1, \cdots, N_{\mathrm{symb}}^{\mathrm{SRS}}-1 \\ 0, & \text{其他} \end{cases} \quad (5\text{-}2)$$

$$k_0^{(p_i)} = n_{\mathrm{shift}} N_{\mathrm{sc}}^{\mathrm{RB}} + \left(k_{\mathrm{TC}}^{(p_i)} + k_{\mathrm{offset}}^{l'} \right) \bmod K_{\mathrm{TC}} \quad (5\text{-}3)$$

其中，$K_{\mathrm{TC}} \in \{2, 4, 8\}$是梳齿尺寸，$M_{\mathrm{sc},b}^{\mathrm{SRS}}$是SRS-Pos序列的长度。对于SRS，参数$k_{\mathrm{offset}}^{l'} = 0$，表示不同符号上的SRS资源单元频域偏移为0。对于SRS-Pos，参数k_{offset}^{l}通过定义同一个SRS-Pos资源内的不同OFDM符号上的SRS-Pos资源单元的相对频域偏移

来定义一套SRS-Pos的交错图案，该交错图案的具体配置与SRS-Pos资源被配置的梳齿尺寸 K_{TC} 及其占用的OFDM符号数量 N_{symb}^{SRS} 有关，如表5-1所示。

表5-1 SRS-Pos资源的资源内不同OFDM符号上的SRS-Pos资源单元的相对频域偏移（$k_{offset}^{l'}$）

梳齿尺寸（K_{TC}）	$k_{offset}^{0},\cdots,k_{offset}^{N_{symb}^{SRS}-1}$				
	$N_{symb}^{SRS}=1$	$N_{symb}^{SRS}=2$	$N_{symb}^{SRS}=4$	$N_{symb}^{SRS}=8$	$N_{symb}^{SRS}=12$
2	0	0,1	0,1,0,1	—	—
4	—	0, 2	0, 2, 1, 3	0, 2, 1, 3, 0, 2, 1, 3	0, 2, 1, 3, 0, 2, 1, 3, 0, 2, 1, 3
8	—	—	0, 4, 2, 6	0, 4, 2, 6, 1, 5, 3, 7	0, 4, 2, 6, 1, 5, 3, 7, 0, 4, 2, 6

从表5-1可以看出，任意一种{ K_{TC}, N_{symb}^{SRS} }的组合最多支持一种交错图案配置。

图5-1给出了一个SRS-Pos资源交错图案示例，该SRS-Pos资源的梳齿尺寸 $K_{TC}=8$ ，其占用的符号数 $N_{symb}^{SRS}=12$ 。

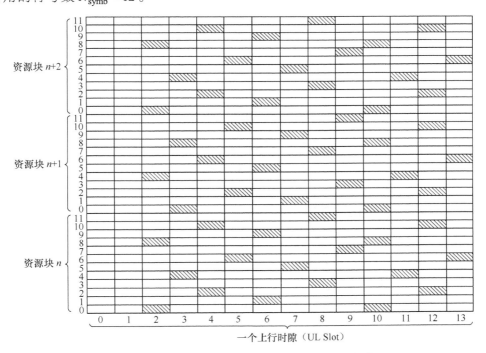

图5-1 一个SRS-Pos资源交错图案示例{ $K_{TC}=8$, $N_{symb}^{SRS}=12$ }

5.2.4 上行定位探测参考信号循环移位设计

与NR SRS类似，为了在有限的时频资源上复用更多的用户，SRS-Pos序列也引入了循环移位的设计。依据循环移位设计，不同的UE所配置的SRS-Pos在占用相同的时频资源的情况下可以通过配置不同的循环移位来互相区分，从而有效增加了SRS-Pos的容量。

在SRS-Pos中，可配置的循环移位的最大数量 $n_{\text{SRS}}^{\text{cs,max}}$ 与其配置的梳齿尺寸 K_{TC} 有关。当 $K_{\text{TC}} \in \{2,4,8\}$ 时，可配置的循环移位的最大数量 $n_{\text{SRS}}^{\text{cs,max}}$ 分别是8、12和6，如表5-2所示。

表5-2　循环移位的最大数量 $n_{\text{SRS}}^{\text{cs,max}}$ 与梳齿尺寸 K_{TC} 的映射关系

K_{TC}	$n_{\text{SRS}}^{\text{cs,max}}$
2	8
4	12
8	6

根据TS 38.211，OFDM符号 l' 上的SRS-Pos序列如式（5-4）。

$$a_{nK_{\text{TC}}+k_0^{(p_i)},l'} = \begin{cases} \beta_{\text{SRS}} e^{j\alpha_n} \overline{r}_{u,v}(n), & n = 0,1,\cdots,M_{\text{sc},b}^{\text{RS}}-1, \quad l' = 0,1,\cdots,N_{\text{symb}}^{\text{SRS}}-1 \\ 0, & \text{其他} \end{cases} \quad (5\text{-}4)$$

上式中的循环移位 α 由式（5-5）计算得到。

$$\alpha = 2\pi \frac{n_{\text{SRS}}^{\text{cs}}}{n_{\text{SRS}}^{\text{cs,max}}} \quad (5\text{-}5)$$

其中，$n_{\text{SRS}}^{\text{cs}} \in \{0,1,\cdots,n_{\text{SRS}}^{\text{cs,max}}-1\}$，该参数通过高层参数transmissionComb中的cyclicShift配置。循环移位会作用到基序列 $\overline{r}_{u,v}(n)$ 的每一个序列元素上，序列元素所使用的循环移位量与其元素索引号有关，第 n 个序列元素所使用的循环移位量为 α_n。

从以上设计可以看出，在一个SRS-Pos资源内，不同OFDM符号上的循环移位量相同。对于SRS-Pos而言，由于SRS-Pos资源单元映射采用了交错图案，当使用上述循环移位计算公式时会存在一些问题。例如，通过交错图案发送的SRS-Pos被基站接收后，需要反解交错图案以合并不同符号上的SRS-Pos资源单元，从而在基站接收机处完成SRS-Pos的检测，但这时会存在相位不连续的问题。此外，当将多个UE复用到相同的资源单元上传输SRS-Pos时，如果不同的UE被配置为不同的循环移位，在资源单元上不同UE的相位增量也是不同的，这就导致基站无法使用相同的相关流程来检测来自于多个UE的SRS-Pos。而对于SRS资源而言，由于其资源单元映射在各个符号上是相同的，因此不存在相位不连续的问题。

为了解决上述问题，3GPP在Release 16中曾讨论多种方案，但没有达成一致意见。这些方案的思路类似，都是引入与交错图案相关的循环移位，并在不同的符号上生成不同的循环移位调整，使得合并不同符号上的SRS-Pos资源单元后，SRS-Pos子载波之间的相位偏移量相同。

5.2.5　上行定位探测参考信号配置方案

1. 上行定位探测参考信号端口与带宽配置

如果支持多个端口发送SRS-Pos，在接收SRS-Pos时可能会有一定的分集增益。然而考虑到UE的发送功率限制，从总体性能上来看，并不一定能带来明显的增益。而且多个端口发送SRS-Pos会占用多个SRS-Pos资源。单端口发送SRS-Pos有利于提高SRS-Pos在基站接收机侧的功率谱密度，可以拓展SRS-Pos的覆盖范围并提高信号质量。因此，最终Release 16只支持单端口发送SRS-Pos。

SRS-Pos传输带宽的配置设计需要考虑很多因素，例如UE可用传输功率、激活的上行带宽部分（UL BWP）的带宽、资源使用情况和测量精度需求等。与NR SRS类似，SRS-Pos支持的最大带宽是272 PRB。SRS-Pos支持的最小带宽是4 PRB，带宽配置粒度是4 PRB。SRS-Pos带宽由高层参数freqHopping c-SRS配置，$c\text{-}SRS \in \{0,1,\cdots,63\}$，其中每个索引号代表一种SRS-Pos带宽配置。为了提升定位的准确性，往往需要选取较大的SRS-Pos带宽，以容纳较长的序列。

对于一个NR UE，每个服务TRP最大可以配置4个UL BWP，但在任一时刻只能激活1个UL BWP，UE只能在激活的UL BWP中传输SRS-Pos。

2. 上行定位探测参考信号资源类型配置

为了提高SRS-Pos配置和发送的灵活性，SRS-Pos支持由高层参数resourceType配置如下3种资源类型。

（1）周期性SRS-Pos（Periodic SRS-Pos）。

（2）半持续SRS-Pos（Semi-Persistent SRS-Pos）。

（3）非周期SRS-Pos（Aperiodic SRS-Pos）。

Multi-RTT定位需要同时配置相互匹配的DL PRS传输周期和SRS-Pos传输周期，以便支持UE由DL PRS测量UE收发时间差，同时支持基站由SRS-Pos测量gNB收发时间差。为了支持Multi-RTT定位，周期性SRS-Pos和半持续SRS-Pos所支持的周期值为NR SRS和DL PRS的周期值的并集。周期性SRS-Pos的周期配置由高层参数resourceType中的SRS-PeriodicityAndOffset-p配置。半持续SRS-Pos的周期配置由高层参数resourceType中的SRS-PeriodicityAndOffset-sp配置。

按照上述原则，周期性SRS-Pos和半持续SRS-Pos所支持的周期配置如表5-3所示，可配置的周期值与SCS的配置有关，而SRS-Pos资源在一个周期内以时隙为单位的偏移量可以是$\{0,1,\cdots,$周期值$-1\}$的任意数值。

表5-3 在不同子载波间隔设置下可配置的周期值

SCS	可配置的周期值（单位：时隙）
15 kHz	{1, 2, 4, 5, 8, 10, 16, 20, 32, 40, 64, 80, 160, 320, 640, 1280, 2560, 5120, 10 240}
30 kHz	{1, 2, 4, 5, 8, 10, 16, 20, 32, 40, 64, 80, 160, 320, 640, 1280, 2560, 5120, 10 240, 20 480}
60 kHz	{1, 2, 4, 5, 8, 10, 16, 20, 32, 40, 64, 80, 160, 320, 640, 1280, 2560, 5120, 10 240, 20 480, 40 960}
120 kHz	{1, 2, 4, 5, 8, 10, 16, 20, 32, 40, 64, 80, 160, 320, 640, 1280, 2560, 5120, 10 240, 20 480, 40 960, 81 920}

与周期性SRS-Pos相比，半持续SRS-Pos和非周期SRS-Pos仅在需要时传输，从而提高了资源使用效率，降低了UE的功耗，并且降低了定位时延。在发送SRS-Pos之前，服务小区须通过RRC信令向UE发送SRS-Pos的各项配置信息。对于周期SRS-Pos，UE在收到SRS-Pos的各项配置信息后即开始进行SRS-Pos传输；对于半持续SRS-Pos，服务小区可通过MAC-CE消息来动态地激活（Activate）或去激活（Deactivate）SRS-Pos传输。对于非周期SRS-Pos，服务小区则通过下行控制信息（DCI）触发每次的SRS-Pos传输。需要指出的是，UE是否支持非周期SRS-Pos传输取决于UE自身的能力。

3. 上行定位探测参考信号资源与资源集配置

在SRS-Pos配置中，由于SRS-Pos可能服务于多种定位方法，因此，需要将其用于测量包括UL RTOA、UL AoA、上行SRS RSRP和gNB收发时间差在内的多种测量量，并且还需要被多个TRP接收，所以对UE所能支持的SRS-Pos资源数量有一定的要求。但是，配置过多的SRS-Pos资源集或SRS-Pos资源会增加UE的复杂度。综合考虑，NR规定UE在每个UL BWP中最多可以配置16个SRS-Pos资源集，在每个SRS-Pos资源集中可以最多配置16个SRS-Pos资源，并且在每个UL BWP上的所有SRS-Pos资源集中最多可以配置64个SRS-Pos资源。

(((·))) 5.3 上行定位测量量

为了支持终端使用上行定位技术方法（UL-TDOA、UL-AoA等）完成定位，终端发送SRS-Pos，基站接收SRS-Pos并完成定位测量。在5G中新定义了一些上行定位测量量，用于基站将上述定位测量结果上报给定位服务器。

本节介绍了上行相对到达时间（UL RTOA）、上行定位探测参考信号接收功率、上行定位探测参考信号子径接收功率和上行到达角（UL-AoA）等上行定位的测量量，包括这些测量量的定义、取值范围、分辨率和质量指示等。

5.3.1　上行相对到达时间

UL RTOA定义为基站接收到的包含SRS的子帧开始时间相对于网络侧配置的参考时间的相对时间。UE发送的各个SRS资源均可以用于确定基站接收到的包含SRS的子帧开始时间。UL RTOA测量量参考点根据不同的基站类型分别定义（具体见TS 38.215）。

5.3.2　上行探测参考信号接收功率

上行探测参考信号接收功率（UL SRS RSRP）定义为承载探测参考信号（SRS）的资源单元的功率（单位为W）的线性平均值。UL SRS RSRP应在配置的测量时间内及对应的测量频率带宽内通过配置的资源单元进行测量。UL SRS RSRP的测量量参考点根据不同的基站类型分别定义（具体见TS 38.215）。如果基站使用接收机分集接收，并使用多个接收分支进行UL SRS RSRP测量，则上报的UL SRS RSRP值不低于任一接收分支所对应的UL SRS RSRP测量量。

类似于DL PRS RSRP，UL SRS RSRP可以用于获取上行角度信息，如UL-AoA，进行基于角度的定位；也可以用作一种测量质量指示，在UL TDOA定位或者在UL-AoA定位中与其他测量量共同上报。

5.3.3　上行探测参考信号子径接收功率

上行探测参考信号子径接收功率（UL SRS RSRPP）定义为在信道响应的第i条子径的延迟处配置进行测量的UL SRS的接收功率，其中，首径延迟处的UL SRS RSRPP是对应于第一条被检测到的子径的功率。UL SRS RSRPP的测量量参考点根据不同的基站类型分别定义（具体见TS 38.215）。

基站可以使用接收机分集进行UL SRS RSRPP测量，具体如下。

（1）基站上报的首径和其他附加子径的UL SRS RSRPP值应由应用于UL SRS RSRP测量的该基站的同一接收机分支所提供；

（2）基站上报的首径UL SRS RSRPP值不得低于该基站的任何单个接收机分集的首径UL SRS RSRPP，并且基站上报的其他附加子径的UL SRS RSRPP应由应用于首径UL SRS RSRPP的该基站的相同的接收机分支所提供。

5.3.4　上行到达角

在NR系统中，大规模天线的引入使得高精度的角度估计得以实现。考虑到基站侧使用二维天线阵列，Release 16中定义的UL AoA测量量包括A-AoA和Z-AoA。由于UE可以发送多个SRS资源，每个资源对应不同的发送波束，因此，可以针对每个SRS资源定义一个角度测量量，但这种方式增加了上报开销和计算复杂度，且对于提高定位精度的效果不明显，因此，Release 16中的UL-AoA针对每个UE定义。UL-AoA定义为相对于参考方向估计出的UE A-AoA和Z-AoA。角度信息既可以被定义为相对于天线阵列的角度，又可以被定义为相对于绝对地理方向的角度，在Release 16中支持两种参考方向的定义，可以由网络侧进行配置。

（1）参考方向由全局坐标系定义

- 对于A-AoA，参考方向为地理北方，逆时针方向角度为正；
- 对于Z-AoA，参考方向为垂直方向，$0°$指向垂直方向，$90°$指向水平方向。

（2）参考方向由信道模型中的局部坐标系定义

- 对于A-AoA，参考方向为局部坐标系的x轴方向，逆时针为正；
- 对于Z-AoA，参考方向为局部坐标系的z轴方向，$0°$指向z轴方向，$90°$指向x-y平面。

5.3.5　上行定位测量量的上报

当基站向定位服务器上报上述UL RTOA、UL SRS RSRP、UL SRS RSRPP及UL AoA等测量量的测量结果时，需要基于TS 38.133协议中定义的上报范围和上报映射表，对于UL SRS RSRP的上报，还需要满足对应的测量精度要求。

当基站向定位服务器上报上述UL RTOA、UL SRS RSRP、UL SRS RSRPP和UL-AoA等测量量时，基站还可同时上报以下信息。

（1）gNB的接收波束方向，用于确定UE的角度信息。此接收波束方向可以由DL PRS指示，即接收波束方向与DL PRS的发送波束方向相同。因此，基站可以上报用于确定测量量的接收波束方向所对应的DL PRS资源/资源集ID。LMF基于基站上报的有关接收波束方向信息，可以估算UE的角度信息，进一步提高定位性能。

（2）与测量量相关联的时间戳，包括系统帧号和对应于上报SCS的时隙号。用于指示此次上报测量量的有效时间。

当上报的UL-AoA为局部坐标系到达角时，基站需要同时上报将局部坐标系的角度转换为全局坐标系的天线阵列方向角$\{\alpha(\text{bearing angle}), \beta(\text{downtilt angle}), \gamma(\text{slant angle})\}$（其中，角度$\{\alpha, \beta, \gamma\}$的定义见TR 38.901）。

144

5.4　上行定位物理层过程

为了支持UE使用上行定位技术（UL-TDOA、UL-AoA等）完成定位，在5G中新定义了一些上行定位物理层过程，包括上行定位基本物理层过程和上行定位增强物理层过程。

本节首先介绍SRS-Pos定时提前调整、SRS-Pos功率控制与SRS-Pos波束管理等上行定位基本物理层过程。然后介绍上行到达时间差定位方法中的收发定时误差消除增强方案、上行到达角定位方法增强方案、上行定位方法中的多径/非视距处理增强方案等上行定位增强物理层过程。

5.4.1　上行定位探测参考信号定时提前调整

在NR中，UE上行发送定时信息通过调整定时提前（Timing Advance，TA）参数来控制，以确保各UE的所有上行信号到达同一小区的时间保持对齐，避免上行信号之间的相互干扰。在Release 16中，一个UE发送的 SRS-Pos可被多个小区接收，以支持NR多点定位。由于从该UE到这些小区的距离不同，从该UE到这些小区的到达时间与其他UE上行信号的到达时间也不同，这样SRS-Pos和其他UE的上行信号之间可能存在相互干扰。

对于SRS-Pos TA的计算方法，有如下两种可能的方案。

方案1：基于服务小区进行TA计算。

方案2：基于需要接收SRS-Pos的目标小区调整配置的TA向该邻小区发送SRS-Pos。

方案1是NR SRS所使用的方案，不需要对协议进行任何改动，但TA调整相对于较远的邻小区存在一定的偏差。方案2对NR SRS所使用的方案进行了改进，可以和邻小区的TA保持一致，然而，方案2也有一些实际问题，最主要的问题是UE发送给邻小区的SRS-Pos容易干扰到该UE服务小区的其他上行信号，并且由于UE距离服务小区更近一些，而且SRS-Pos通常是宽波束传输，难以在不影响服务小区的情况下精确地将SRS-Pos发送给较远的邻小区，因此，基于邻小区调整TA对服务小区的干扰可能非常严重。其次，由于UE上行功率的限制，距离UE很远的小区通常不会协助该UE进行上行定位。在典型的上行定位场景中，参与定位的小区与UE之间的距离相差不会太大，一般在CP范围以内，所以让UE基于邻小区调整TA的必要性和有益效果并不明显，反而会引发比较严重的问题，最终SRS-Pos采用了方案1进行TA计算，即基于服务小区进行TA计算。

5.4.2 上行定位探测参考信号的功率控制

对UE上行信号进行发射功率控制的目的是解决远近效应问题、降低上行信号间的干扰水平。一般UE上行信号（如SRS信号）只发给服务小区，因而上行信号功率控制通常不考虑邻小区。与其他上行信号不同的是，SRS-Pos的上行功率控制需要考虑各种定位应用场景。在定位过程中，SRS-Pos不仅要发给本小区基站，还需要发给邻小区基站。

Release 16 SRS-Pos功率控制基于测量接收SRS-Pos的目标小区的下行信号来估计路径损耗。该方案的优势是SRS-Pos的发射功率能依据预期发送的小区的路径损耗进行功率调整，从而保证SRS-Pos的发射功率合理而有效。该方案的缺点是复杂度较高，而且下行信号的测量准确度给SRS-Pos功率控制精度带来一定的限制。

NR SRS采用了开环和闭环功率控制方案，而SRS-Pos只支持开环功率控制。当UE被配置在服务小区c的载波f的激活上行BWPb上发送SRS-Pos资源集时，UE在SRS-Pos发送时机i根据式（5-6）计算SRS-Pos发射功率 $P_{\text{SRS},b,f,c}(i,q_s)$。

$$P_{\text{SRS},b,f,c}(i,q_s)=\min\left\{\begin{array}{l}P_{\text{CMAX},f,c}(i)\\P_{\text{O\_SRS},b,f,c}(q_s)+10\log_{10}\left(2^{\mu}\cdot M_{\text{SRS},b,f,c}(i)\right)+\alpha_{\text{SRS},b,f,c}(q_s)\cdot PL_{b,f,c}(q_d)\end{array}\right\}[\text{dBm}] \quad （5\text{-}6）$$

其中，

$P_{\text{CMAX},f,c}(i)$是指UE在SRS-Pos发送时机i，在服务小区c的载波f上配置的最大输出功率。

$P_{\text{O,SRS},b,f,c}(q_s)$是指在服务小区$c$的载波$f$的激活上行BWP$b$上的SRS-Pos资源集$q_s$的功率控制参数。

$M_{\text{SRS},b,f,c}(i)$是指用资源块数量表示的在SRS-Pos发送时机i、服务小区c的载波f的激活上行BWPb上的SRS-Pos的带宽。

μ是SCS指示，μ在SCS被配置为15kHz、30kHz、60kHz和120kHz时，分别为0、1、2和3。

$\alpha_{\text{SRS},b,f,c}(q_s)$是指服务小区$c$的载波$f$的激活上行BWP$b$上的SRS-Pos资源集" q_s "的路径损耗部分补偿因子，由高层参数alpha配置。

SRS-Pos资源集 q_s 由高层参数SRS-PosResourceSetId指示。

$PL_{b,f,c}(q_d)$是UE计算的下行路径损耗估计值，单位是dB。对于SRS-Pos资源集 q_s，该路径损耗由UE使用其服务小区或非服务小区的索引号为 q_d 的参考信号资源进行估计。与SRS-Pos资源集 q_s 相关联的参考信号资源的索引 q_d 的配置由pathloss-ReferenceRS-Pos提供。

在SRS-Pos功率控制中，用于估算下行路径损耗的关联参考信号资源可以是SSB或者DL-PRS资源。每个涉及的TRP（包括服务小区和邻小区）由高层向UE提供关联参考信号资源的时频资源占用信息和每个资源单元的能量（EPRE）功率配置信息等作为辅助信息。如果将SSB或DL-PRS作为路径损耗参考信号，通过RRC信令配置的信息如下所述。

（1）当SSB作为路径损耗参考信号时，需要配置小区标识号信息、SSB时频资源位置信息、SCS、SSB索引号信息、SSB功率信息。

（2）当DL-PRS作为路径损耗参考信号时，需要配置DL-PRS资源识别号信息、DL-PRS功率信息。

采用上述SRS-Pos功率控制方案的一个问题是，如果UE距离目标小区较远或干扰较强，UE可能无法根据所配置的SSB或DL-PRS成功地测量服务小区或邻小区的路径损耗$PL_{b,f,c}(q_d)$。在这种情况下，NR协议规定UE使用服务小区SSB中的参考信号资源作为路径损耗参考信号，也就是使用该SSB所包含的辅同步信号（SSS）作为路径损耗参考信号。

为了限制UE的测量复杂度，NR规定UE在其所配置的所有SRS资源集中能够最多同时保持4个路径损耗估计，以支持各种非定位用途的上行传输（如PUSCH/PUCCH/SRS等）。除此之外，NR还规定UE要能够额外同时保持N个不同的路径损耗估计（测量量）用于SRS-Pos功率控制，其中$N = \{0, 4, 8, 16\}$，而N的取值取决于UE能力。对于每个配置的SRS-Pos资源集，最多只能配置1个路径损耗参考。而且，UE同时保持的所有SRS-Pos资源集的不同的路径损耗参考的数量可以小于SRS-Pos资源集的数量。

5.4.3　上行定位探测参考信号波束管理

对于NR FR2，UE发送SRS-Pos时可以进行波束管理，而波束管理的关键是设置合适的波束方向，使得波束能够对准目标小区，以便目标小区能够正确地接收SRS-Pos，尤其当目标小区是邻小区时，波束对准尤为重要。

NR支持以下3种SRS-Pos波束管理方案。

方案1：配置SRS-Pos与其服务小区或邻小区的下行参考信号之间的空间关系。

方案2：SRS-Pos在多个SRS-Pos资源上进行发送波束扫描，不同的SRS-Pos资源配置不同的波束方向。

方案3：SRS-Pos在多个SRS-Pos资源上使用固定的发送波束方向，该方案适用于FR1和FR2。

以上3种上行发送波束管理方案各有应用场景。方案1适用于有上下行信道互易性的场景；方案2可以独立实施，适用于没有上下行信道互易性的场景；方案3适用于UE使用宽波束发送SRS-Pos的场景。在以上3种方案中，方案2的性能最好，但其缺点是存在较高的开销与较高的时延；方案3最简单，但不能保证性能；方案1介于方案2和方案3之间，在性能与开销之间取得了平衡。

按照方案1，UE可以基于目标小区下行信号的接收波束进行自身的SRS-Pos发送波束配置。图5-2给出了方案1中配置SRS-Pos与SSB之间的空间关系信息（Spatial RelationInfo）的示意图。图中UE在确定了下行SSB接收波束（SSB index = 2的SSB波束）之后，就能够根据下行接收波束确定上行SRS-Pos的发送波束。

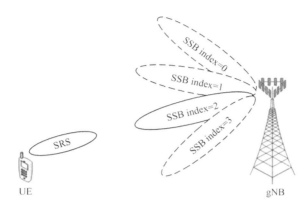

图5-2　配置SRS-Pos与SSB之间的空间关系示意图

方案1需要确定哪些下行参考信号可以作为SRS-Pos的空间关系信息，以及确定这些下行参考信号中哪些参数需要通知UE，以便UE根据下行参考信号确定上行SRS-Pos发送波束方向。

Release 16定义了如下可以被配置为UE发送SRS-Pos的空间关系信息的下行参考信号。

（1）对于UE的服务小区：下行参考信号SSB、CSI-RS或DL-PRS可以用作空间关系信息。

（2）对于UE的邻小区：下行参考信号SSB或DL-PRS可以用作空间关系信息。

由于将邻小区的CSI-RS用于RRM，其精度不足以用于波束关联，因此，邻小区的CSI-RS不能作为空间关系关联。除了所述下行参考信号，SRS或SRS-Pos也可以作为空间关系信息。

虽然多种参考信号都可以作为UE空间关系信息，但对于每个SRS-Pos资源，只能配置一个参考信号资源作为空间关系信息。

当将SSB、DL-PRS、SRS或SRS-Pos作为空间关系信息时，通过RRC信令配置的信息如下。

（1）当将SSB作为空间关系信息时，需要配置小区标识号信息、SSB时频资源位置信息、SCS信息、SSB索引号信息、SSB功率信息（可选）。

（2）当将DL-PRS作为空间关系信息时，需要配置DL-PRS资源识别号信息。

（3）当将SRS或SRS-Pos作为空间关系信息时，需要配置SRS或SRS-Pos资源识别号信息、UL BWP识别号信息、服务小区标识号信息。

5.4.4 上行收发定时误差影响消除

与DL-TDOA中的收发定时误差影响问题类似，在UL-TDOA方法中，也存在收发定时误差影响终端定位精度的问题。由于在UE发送SRS-Pos或TRP接收SRS-Pos时，使用不同的射频链，而每个射频链的定时误差不同，因此，该定时误差会影响UL-TDOA测量结果，从而影响终端定位精度。具体分析和说明如下。

对于UL-TDOA，假设UE、TRP1和TRP2有多条射频链，UE向TRP1和TRP2发送SRS-Pos，如图5-3所示。

TPR1测量获得的与UE之间的TOA如式（5-7）。

$$RTOA_{UE \to TRP1} = CE_{UE,BB} + TD_{UE,Txm} + Prop_{UE \to TRP1} + CE_{TRP1,BB} + TD_{TRP1,Rxi} + ME_{TPR1,Rx} \quad （5-7）$$

TPR2测量获得的与UE之间的TOA如式（5-8）。

$$RTOA_{UE \to TRP2} = CE_{UE,BB} + TD_{UE,Txn} + Prop_{UE \to TRP2} + CE_{TRP2,BB} + TD_{TRP2,Rxj} + ME_{TPR2,Rx} \quad （5-8）$$

其中：

$TD_{UE,Rxm}$ 与 $TD_{UE,Rxn}$ 分别表示当UE使用射频链（其索引分别为 m 和 n）发送SRS-Pos时从基带到天线的发送定时误差。

$Prop_{UE \to TRP1}$ 与 $Prop_{UE \to TRP2}$ 分别表示UE和TRP1/TRP2之间的空口传输时延。它们也是SRS-Pos在UE天线与TRP天线之间的空口传输时延。

$TD_{TRP1,Rxi}$ 与 $TD_{TRP2,Rxj}$ 分别表示当TRP1和TRP2接收SRS-Pos时从天线到基带的接收定时误差，射频链的索引分别为 i 和 j。

$CE_{TRP1,BB}$、$CE_{TRP2,BB}$ 及 $CE_{UE,BB}$ 分别表示TRP1、TRP2和UE的时钟的时间偏移。

$ME_{TRP1,Rx}$ 与 $ME_{TRP2,Rx}$ 分别表示TRP1和TRP2的测量误差。

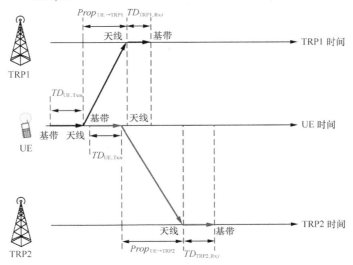

图5-3 UL-TDOA中的UE/gNB Rx/Tx定时误差

然后，TRP1和TRP2在它们的基带处测量$RTOA_{\text{UE}\rightarrow\text{TRP1}}$和$RTOA_{\text{UE}\rightarrow\text{TRP2}}$，并分别向定位服务器（LMF）报告。

由LMF计算的UL_TDOA如式（5-9）。

$$
\begin{aligned}
UL\_TDOA_{\text{UE}\rightarrow\text{TRP1,TRP2}}^{\text{BB}\rightarrow\text{BB}}\\
= RTOA_{\text{UE}\rightarrow\text{TRP1}} - RTOA_{\text{UE}\rightarrow\text{TRP2}}\\
= \left(TD_{\text{UE,Tx}m} - TD_{\text{UE,Tx}n}\right) + UL\_TDOA_{\text{UE}\rightarrow\text{TRP1,TRP2}}^{\text{Ant}\rightarrow\text{Ant}} + \left(TD_{\text{TRP1,Rx}i} - TD_{\text{TRP2,Rx}j}\right) + ER_{\text{sync,BB}}\\
= \left(TD_{\text{UE,Tx}m} - TD_{\text{UE,Tx}n}\right) + UL\_TDOA_{\text{UE}\rightarrow\text{TRP1,TRP2}}^{\text{Ant}\rightarrow\text{Ant}} + ER_{\text{sync,Ant}}
\end{aligned}
\tag{5-9}
$$

其中，

$ER_{\text{sync,Ant}} = \left(CE_{\text{TRP1,BB}} + TD_{\text{TRP1,Tx}i}\right) - \left(CE_{\text{TRP2,BB}} + TD_{\text{TRP2,Tx}j}\right)$ 是TRP1 Rx天线和TRP2 Rx天线之间的时间同步误差。

$ER_{\text{sync,BB}} = \left(CE_{\text{TRP1,BB}} - CE_{\text{TRP2,BB}}\right)$ 是TRP1时钟和TRP2时钟之间的时间偏移。

由LMF计算获得的UE的天线和TRP1/TRP2的天线（如在TS 38.215中定义的）之间的UL_TDOA如式（5-10）和式（5-11）。

$$
\begin{aligned}
UL\_TDOA_{\text{UE}\rightarrow\text{TRP1,TRP2}}^{\text{Ant}\rightarrow\text{Ant}} = UL\_TDOA_{\text{UE}\rightarrow\text{TRP1,TRP2}}^{\text{BB}\rightarrow\text{BB}} - \left(TD_{\text{UE,Tx}m} - TD_{\text{UE,Tx}n}\right) -\\
\left(TD_{\text{TRP1,Rx}i} - TD_{\text{TRP2,Rx}j}\right) - ER_{\text{sync,BB}}
\end{aligned}
\tag{5-10}
$$

或者

$$
UL\_TDOA_{\text{UE}\rightarrow\text{TRP1,TRP2}}^{\text{Ant}\rightarrow\text{Ant}} = UL\_TDOA_{\text{UE}\rightarrow\text{TRP1,TRP2}}^{\text{BB}\rightarrow\text{BB}} - \left(TD_{\text{UE,Tx}m} - TD_{\text{UE,Tx}n}\right) - ER_{\text{sync,Ant}}
\tag{5-11}
$$

如果UE使用相同的射频链分别向TRP1和TRP2发送SRS-Pos，即$m=n$，则式（5-10）和式（5-11）可以简化为式（5-12）和式（5-13）。

$$
UL\_TDOA_{\text{UE}\rightarrow\text{TRP1,TRP2}}^{\text{Ant}\rightarrow\text{Ant}} = UL\_TDOA_{\text{UE}\rightarrow\text{TRP1,TRP2}}^{\text{BB}\rightarrow\text{BB}} - \left(TD_{\text{TRP1,Rx}i} - TD_{\text{TRP2,Rx}j}\right) - ER_{\text{sync,BB}}
\tag{5-12}
$$

或者，

$$
UL\_TDOA_{\text{UE}\rightarrow\text{TRP1,TRP2}}^{\text{Ant}\rightarrow\text{Ant}} = UL\_TDOA_{\text{UE}\rightarrow\text{TRP1,TRP2}}^{\text{BB}\rightarrow\text{BB}} - ER_{\text{sync,Ant}}
\tag{5-13}
$$

如果LMF已知$TD_{\text{UE,Tx}m}$和$TD_{\text{UE,Tx}n}$或已知它们之间的差异，则LMF可以消除TRP Tx定时时延对UL_TDOA的影响（注意：在这种情况下，UL_TDOA仍然受$ER_{\text{sync,Ant}}$影响）。如果在TRP报告UL_RTOA测量时，$ER_{\text{sync,Ant}}$为零（即TRP之间是完美时间同步）或$ER_{\text{sync,Ant}}$能够被消除，那么TRP Rx定时误差和TRP的时钟时间偏移对UL_TDOA的影响也会被消除。

但是，在实际中很难测量并获取$TD_{\text{UE,Tx}m}$和$TD_{\text{UE,Tx}n}$的绝对数值或它们之间差异的绝对数值，因此，为了便于进行收发定时误差的消除，在5G Release 17标准中，引入了TEG的概念。一个TEG ID通常与一个射频链相关联，不同的射频链通常关联不同的TEG ID。属于同一TEG的任何一对定位参考信号资源之间的发送定时误差的差值均在事先约定好的范围内，例如该范围是Delta，那么上述发送定时误差之间的差值就可以被认为近似为Delta，从而有利于LMF消除上述发送定时误差对 UL_TDOA 的影响。例如，如果 $TD_{UE,Txm}$ 和 $TD_{UE,Txn}$ 都属于TEG#1，而TEG#1所对应的发送定时误差是1ns，那么可以认为 $TD_{UE,Txm} - TD_{UE,Txn} \leqslant 1ns$，这样LMF就可以使用该信息来消除发送定时误差。

具体来讲，用于UL-TDOA中的TEG包括接收定时误差组（Rx TEG）和发送定时误差组（Tx TEG），它们的定义如下。

Rx TEG：用于衡量接收定时误差值。它与从一个或多个接收到的定位参考信号资源获得的一个或多个定位测量量相关联。属于同一Rx TEG的任何一对定位测量量之间的接收定时误差的差值均在一定范围内。

Tx TEG：用于衡量发送定时误差值。它与一个或多个发送的定位参考信号资源相关联。属于同一Tx TEG的任何一对定位参考信号资源之间的发送定时误差的差值均在一定范围内。

对于一组（Group）多个定位测量量或一组多个定位参考信号资源，如果组内任意一对定位测量量或定位参考信号资源之间的定时误差差值均在一定范围内，则该组就是一个TEG，并与TEG ID关联。

对于UL-TDOA测量量，有如下3种方案可以帮助LMF消除收发定时误差对定位精度的影响。

方案1：TRP向LMF提供RTOA测量量与Rx TEG之间的关联关系，UE向LMF提供SRS-Pos资源与Tx TEG之间的关联信息。

方案2：UE向LMF提供每个Tx TEG的发送定时误差。

方案3：UE向LMF提供任意两个Tx TEG之间的发送定时误差的差值。

对于方案1，其应用场景是TRP/UE不知道每个TEG对应的定时误差或任意两个TEG之间的定时误差的差值，而仅知道RTOA测量量或SRS-Pos资源与Rx TEG或Tx TEG之间的关联信息。因此，TRP/UE只能向LMF提供RTOA测量量与TRP Rx TEG之间的关联信息或SRS-Pos资源与UE Tx TEG之间的关联信息。利用这些关联信息，LMF会获知与相同TRP Rx TEG相关联的RTOA测量量和与相同UE Tx TEG相关联的SRS-Pos资源，这些信息能够帮助LMF消除TRP和UE的收发定时误差对定位精度的影响。

对于方案2，UE知道每个Tx TEG对应的发送定时误差，但是在发送SRS-Pos资源时，UE不会对其进行调整。相反，UE向LMF提供这些发送定时误差信息，并由LMF调整或补偿SRS-Pos资源的发送定时误差。需要注意的是，只有UE的发送定时误差需要提供给LMF，在TRP上报UL RTOA测量量时，TRP接收定时误差可以由TRP直接补偿到上报的UL RTOA测量量中，因此TRP接收定时误差不需要单独提供给LMF。

对于方案3，UE知道任意两个Tx TEG之间的发送定时误差的差值，但是在发送

SRS-Pos资源时，UE不会对其进行调整。相反，UE向LMF提供这些发送定时误差信息，并由LMF调整或补偿SRS-Pos资源的发送定时误差的差值。需要注意的是，只有UE的发送定时误差的差值需要提供给LMF，当TRP上报UL RTOA测量量时，TRP接收定时误差的差值可以由TRP直接补偿到上报的UL RTOA测量量中，因此TRP接收定时误差的差值不需要单独提供给LMF。

由于方案1不要求TRP/UE上报每个TEG对应的定时误差或TEG之间的定时误差差值，而仅要求TRP/UE上报RTOA测量量或SRS-Pos资源与Rx TEG或Tx TEG之间的关联信息，因此，与方案2或方案3相比，方案1对TRP/UE的要求更低，方案1的应用场景与适用范围也更加广泛。最终UL-TDOA采用方案1进行收发定时误差消除，具体如下。

（1）如果TRP有多个TRP Rx TEG，当TRP向LMF上报RTOA测量量时，TRP可以向LMF提供RTOA测量量与TRP Rx TEG之间的关联信息。

（2）如果UE有多个UE Tx TEG，则支持UE依据其能力向LMF提供SRS-Pos资源与UE Tx TEG之间的关联信息。

5.4.5　UL-AoA定位技术的增强方案

在5G通信系统中，基站侧引入了大规模天线阵列，使得基站能够进行高精度的角度估计。基站采用了大规模天线阵列，就可以准确地估计接收信号的二维到达角AoA，但是高性能的AoA参数估计方法的庞大计算量限制了其在实际中的应用。另外，AoA估计容易受到NLOS径入射信号的影响，导致AoA估计精度降低。为了解决这两个问题，在5G标准中引入了辅助数据增强，即LMF向基站发送辅助数据，该辅助数据向基站指示了预期A-AoA和Z-AoA值，以及预期A-AoA和Z-AoA值的不确定性，基站使用该信息搜索UL A-AoA和Z-AoA，并确定测量的UL A-AoA和Z-AoA是对应于LOS径还是NLOS径，这样，LMF通过向基站提供辅助数据，就可以提升UL-AoA的定位精度。除了适用于UL-AoA定位技术，该辅助数据增强也适用于UL-TDOA定位技术和Multi-RTT定位技术。

在5G Release 16标准中，每个TRP为UE报告单个AoA。在NLOS的情况下，报告的AoA可能不是对应于LOS径的AoA，而是对应于NLOS径的AoA，这将降低定位精度。在没有附加信息的情况下，LMF很难分辨出与LOS径相对应的AoA测量量。如果可以将每个测量量与LOS/NLOS标识符和置信水平相关联，LMF将能够决定如何使用TRP报告的AoA来解算UE的位置，这有利于提高定位精度。另一个可能的增强是允许TRP上报与多条路径相关联的多个AoA测量量。基于这些丰富的角度测量量，LMF有可能使用先进的算法来实现更高的定位精度。5G支持每个SRS资源的第一个到达路径的多个UL AoA值的最大数量为8，这些UL AoA值由基站使用相同的时间戳上报给LMF。

基于相同的SRS资源，基站不仅能获得多个AoA测量量，同时也可获得UL RTOA、gNB收发时间差和UL SRS-RSRP等定位测量量。若基站不仅将获得的多个AoA测量量报告给LMF，还将获得的UL-RTOA、gNB收发时间差和UL SRS-RSRP等测量量报告给LMF，则LMF可以使用AoA测量量并结合UL RTOA、gNB收发时间差与UL SRS-RSRP等测量量一起进行定位，而先进的算法（例如人工智能或机器学习算法）可以有效利用这些测量量的组合来提高定位精度。5G支持以下方案。

（1）基站可以向LMF上报每个SRS-Pos资源或SRS-MIMO资源的第一个到达路径的一个UL-RTOA测量量和多个UL AoA测量量。

（2）基站可以向LMF上报每个SRS-Pos资源的第一个到达路径的一个gNB收发时间差测量量和多个UL AoA测量量。

同样，根据相同的SRS资源，基站不仅能获得传统的UL RSRP，还可获得第一条路径和附加路径的SRS接收信号功率。如果基站向LMF提供与每条路径相关的UL RSRP信息，则LMF可以使用更高级的算法来处理这些信息，获得更准确的位置。因此，在5G标准中引入了与路径有关的RSRP定义，即UL SRS RSRPP的定义，具体定义可以参考5.3.3节中的介绍。

另外，一个基站或TRP一般有多个接收天线，并且这些天线的天线参考点位置（ARP）可能不同。在5G Release 16标准中，没有将这些天线的ARP位置坐标上报给LMF，这可能会导致LMF在解算UE位置时出现定位误差。为了解决该问题，5G支持基站将gNB ARP位置信息与UL AoA一起向LMF上报。考虑到其他定位方法也有类似的问题，所以5G也支持基站将gNB ARP位置信息与其他定位测量量（UL RTOA、UL SRS RSRP、UL SRS RSRPP和gNB收发时间差）一起向LMF上报。

5.4.6 上行非视距/多径影响的消除

对于上行定位，TRP可以上报NLOS指示给LMF。NLOS指示的定义详见4.4.7节的描述。该NLOS指示可以与上行定位测量量（例如UL RTOA、UL SRS-RSRP和UL AoA）绑定，或者与某个TRP绑定。考虑到对开销和性能的折中，5G Release 17将NLOS指示设定为以0.1为颗粒度的软值（取值范围为[0, 0.1, …, 0.9, 1]）或硬值（取值范围为[0, 1]），其中，1对应LOS状态，0对应NLOS状态。软值相对于硬值来说对设备计算能力的要求更高，最终采用何种取决于UE能力。

多径定义参见4.4.7节中的描述。TRP可以上报最多8条附加径的UL AoA、UL-RTOA和UL SRS RSRPP测量量。

5.5　上行定位高层流程

本节首先介绍在上行定位技术（UL-AoA和UL-TDOA）中，终端如何与基站之间进行信令交互，完成上行定位资源的配置和终端上行定位信号的发送及提供收发定时误差消除的增强辅助信息；然后介绍基站如何与定位服务器通过信令NRPPa流程来实现上行定位信号的测量；最后介绍为了实现终端在RRC_INACTIVE状态下的上行定位，终端、基站和定位服务器间的交互流程。

5.5.1　终端与服务基站间的信令流程

上行定位技术中终端与服务基站之间的交互过程为RRC信令交互过程。

1. SRS-Pos配置/修改/释放流程

在上行定位技术中，网络侧通过RRC重配消息来配置/修改/释放UE侧的SRS-Pos。具体过程如图5-4所示。

图5-4　SRS-Pos配置/修改/释放过程

前提条件：终端的服务gNB收到了LMF发送的定位信息请求消息，指示配置SRS-Pos时，会配置/修改相应的定位参考信号给UE。当终端的服务gNB收到了LMF发送的SRS去激活请求，且指示释放SRS时，会释放相应的SRS-Pos配置。

步骤1：服务gNB向目标UE发送RRC重配消息，以配置/修改/释放相应的SRS-Pos配置。该RRC重配消息中包含要配置/修改/释放的SRS-Pos资源集标识、SRS-Pos资源标识、SRS-Pos资源的类型，以及具体的SRS-Pos资源配置参数。

步骤2：UE配置/修改/释放相应的SRS-Pos资源，并在成功应用相应的配置后，反馈RRC重配完成消息给服务gNB。

2. SRS-Pos激活/去激活流程

针对半持续SRS-Pos，在开始进行定位测量时，网络会发送MAC CE激活请求以激活SRS-Pos的传输，之后UE进行SRS-Pos资源的传输，直到定位结束，UE收到网络侧发送的MAC CE去激活请求时，才会停止相应的SRS-Pos的传输，具体过程如图5-5所示。

图5-5 半持续SRS-Pos激活/去激活过程

前提条件：终端的服务gNB收到了LMF发送的半持续SRS-Pos激活/去激活请求。

步骤1：服务gNB向目标UE发送半持续SRS-Pos激活请求MAC CE，请求激活目标UE的SRS-Pos传输。该激活MAC CE中包括要激活的SRS-Pos资源集的指示，并且可以包括要激活的半持续SRS-Pos资源的空间关系的指示信息。

步骤2：如果服务gNB收到了LMF发送的半持续SRS-Pos去激活请求，且指示去激活半持续SRS-Pos，则服务gNB会向UE发送相应的半持续SRS-Pos去激活请求MAC CE，以去激活UE侧的SRS-Pos传输。

针对非周期SRS-Pos，在开始定位测量时，网络会发送DCI激活指示以激活SRS-Pos的传输，且UE只会在收到激活请求时传输一次SRS-Pos资源，之后便停止SRS-Pos的传输，具体过程如图5-6所示。

图5-6 非周期SRS-Pos激活过程

前提条件：终端的服务gNB收到了LMF发送的非周期SRS-Pos激活请求。

步骤：服务gNB向目标UE发送指定的DCI来激活配置的非周期性UL SRS资源集。

3. UE定位辅助信息交互流程

UE定位辅助信息流程适用于UL-TDOA定位技术，用于UE提供UL SRS资源与UE发送TEG ID之间的关联关系，以使后续定位服务器在解算位置时能够依据相应的TEG来对时间测量量进行误差纠正，从而提高定位精度。

前提条件：UE的服务gNB已经收到了LMF通过NRPPa消息请求UE上报NR UL-TDOA定位的Tx TEG（如图5-7所示）。

图5-7　UE Tx TEG的RRC过程

步骤1：针对支持发送Tx TEG信息的UE，服务gNB可以向UE发送RRC重配（RRC Reconfiguration）消息，请求UE向服务gNB提供SRS-Pos资源与UE发送TEG ID之间的关联关系。进一步地，基于LMF请求，服务gNB还会指示UE单次上报Tx TEG信息，或周期性上报Tx TEG信息。

步骤2：在UE收到RRC重配消息后，UE向服务gNB发送相应的UE定位辅助信息（UE Positioning Assistance Info）消息用于上报UE Tx TEG信息。其中，如果步骤1要求周期性上报UE Tx TEG信息，则UE上报在上报周期内所有发生改变的UE Tx TEG。如果步骤1要求单次上报UE Tx TEG信息，则UE上报收到RRC重配消息后UE的所有Tx TEG。

5.5.2　基站与定位服务器间的信令流程

在上行定位技术中，NG-RAN与LMF之间的交互是通过NRPPa协议来实现的，主要包括NG-RAN与LMF之间的辅助数据交互流程、位置信息传输/辅助数据传输流程，以及定位激活/去激活流程。接下来，本节将针对NG-RAN与LMF之间的NRPPa交互过程进行介绍。

1. NG-RAN与LMF之间的辅助数据交互流程

在上行定位技术中，NG-RAN与LMF之间的辅助数据传输过程的主要目的是LMF

从目标UE的服务gNB获取SRS-Pos配置信息。下面对NG-RAN与LMF之间的辅助数据传输的具体流程进行介绍。

定位信息交互过程用于LMF向NG-RAN请求位置相关信息，具体交互流程如图5-8所示。

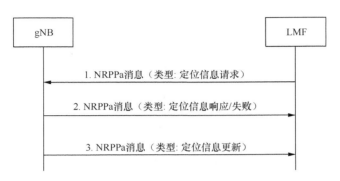

图5-8　定位信息交互过程

步骤1：LMF向目标UE的服务gNB发送NRPPa定位信息请求消息、请求UE的SRS-Pos配置信息、请求上报UE的Tx TEG信息，或向服务gNB推荐SRS-Pos相关的配置信息。如果消息包括推荐的SRS-Pos配置信息，则gNB在为UE配置UL SRS时应考虑此信息。

步骤2：如果服务gNB能够满足步骤1的请求，则反馈相应的NRPPa位置信息响应消息给LMF。若在步骤1中LMF请求配置SRS-Pos，则服务gNB确定要为UE配置SRS-Pos配置信息，并向LMF发送NRPPa定位信息响应消息，其中包括相应的SRS-Pos配置。若在步骤1中LMF请求获取UE的Tx TEG信息，则服务基站发起相应的RRC流程从UE处获取Tx TEG信息，并在NRPPa位置信息响应消息中上报从UE获取到的Tx TEG信息。如果服务gNB无法提供所请求的信息，则服务gNB返回一个失败消息，并指示失败的原因。

步骤3：如果在步骤1中请求的SRS-Pos持续时间内SRS-Pos配置发生变化，或Tx TEG发生变化，则gNB向LMF发送定位信息更新消息。该消息包含更新的SRS-Pos配置信息，或者SRS-Pos配置已经在UE中释放的指示，或者UE Tx TEG信息。

2. NG-RAN与LMF之间的位置信息传输/测量辅助数据传输过程

位置信息传输/测量辅助数据传输过程的目的是LMF向gNB请求定位测量，用于服务器解算UE的位置，并向gNB提供必要的测量相关的辅助信息，具体交互流程如图5-9所示。

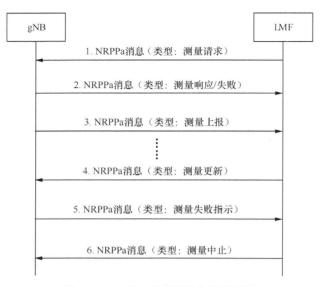

图5-9 LMF发起的位置信息传输过程

步骤1：LMF向选定的gNB发送NRPPa消息以请求测量信息。该消息包含gNB执行测量所需要的信息，如请求的测量量、上报类型、TRP标识和/或SRS配置信息等。

步骤2和步骤3：如果将步骤1中的上报特性设置为"按需"上报，则gNB获取请求的测量结果，并在测量响应消息中将测量结果返回给LMF。

如果将步骤1中的上报特性设置为"周期性"上报，则gNB会回复一个空的测量响应消息。之后，gNB进行测量，获取请求的测量量，并通过步骤3中的测量上报消息，周期性地上报相应的测量结果给LMF。

如果gNB不能配置任何一个步骤1中请求的测量量，则gNB返回一个失败消息，指示失败的原因。

步骤4：在步骤2之后的任何时间，LMF可以向gNB发送测量更新消息，向gNB提供更新的执行测量所需要的信息。当收到该消息后，gNB会使用更新后的测量信息进行测量。

步骤5：如果不能再将之前请求的测量上报给LMF，则gNB会发送测量失败指示消息，以通知LMF。

步骤6：当LMF想要中止正在进行的Multi-RTT测量时，它会向gNB发送测量中止消息。收到该消息后，gNB会停止相应的定位测量。

3. NG-RAN与LMF之间的SRS-Pos激活/去激活过程

此过程用于LMF请求激活或去激活目标UE的SRS-Pos，或请求释放该SRS-Pos配置，如图5-10所示。

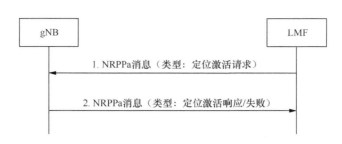

图5-10 SRS-Pos激活/去激活过程

步骤1：针对半持续SRS-Pos或非周期SRS-Pos，LMF向目标UE的服务gNB发送NRPPa定位激活请求消息，请求激活目标UE的SRS-Pos传输。对于半持续SRS-Pos，该消息包括要激活的SRS-Pos资源集的指示，并且可以包括指示要激活的半持续SRS-Pos资源的空间关系的信息。对于非周期性SRS-Pos，该消息可以包括非周期SRS-Pos资源触发列表，以指示要激活的SRS-Pos资源。

步骤2：对于半持续SRS-Pos，服务gNB可以通过发送半持续SRS-Pos激活/去激活MAC CE命令来激活配置的半持续SRS-Pos资源集。对于非周期SRS-Pos，服务gNB可以通过发送指定的DCI来激活配置的非周期SRS-Pos资源集，具体流程见5.5.1节。

如果SRS-Pos已按照步骤1中的请求成功激活，则gNB将NRPPa定位激活响应消息发送到LMF。服务gNB可以在发送给LMF的NRPPa定位激活响应消息中包含系统帧号和时隙号。如果服务gNB不能满足来自步骤1的请求，它会返回定位激活失败消息，指示失败的原因。

步骤3：如果之前激活的SRS-Pos应该被去激活，或者SRS-Pos传输应该被释放，则LMF向目标UE的服务gNB发送NRPPa定位去激活消息，请求去激活SRS-Pos资源集，或者释放所有SRS-Pos资源。该消息包括要停用的SRS-Pos资源集的指示，或释放所有SRS-Pos资源的指示。

5.5.3 非激活态上行定位技术的流程

在RRC_INACTIVE状态下，仅利用上行定位技术的定位流程如图5-11所示。

步骤1：执行3.4.2节中周期性的或触发的延迟5GC-MT-LR过程的步骤1～21（图3-10）。gNB发送携带挂起配置的RRC释放消息，使UE转换为RRC_INACTIVE状态。

步骤2：UE监测步骤1中请求的触发事件或周期性事件的发生。

步骤3：当监测到（或略早于）事件时，UE发送RRC恢复请求消息，同时发送上行信息传输消息，该消息中携带一个上行NAS消息，UE在上行NAS传输消息的负载容器中包含事件报告，并在上行NAS传输消息的附加信息中包含从步骤1接收到的延迟路由标识。

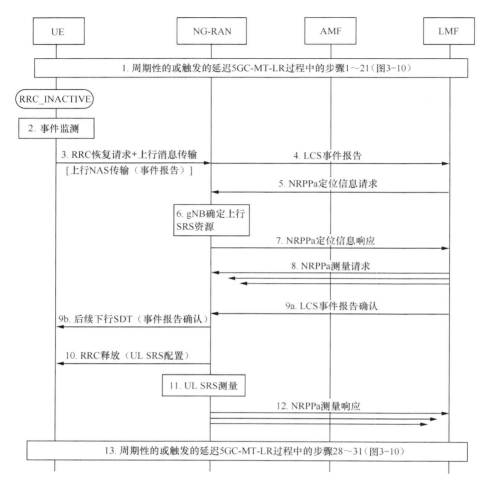

图5-11 RRC_INACTIVE状态下的仅利用上行定位技术的定位流程

当UE执行步骤3时，UE的服务gNB可能与将UE释放到RRC_INACTIVE状态的上一个服务gNB相同或不同。

步骤4：服务gNB通过NGAP上行NAS传输消息向服务AMF发送LCS事件报告。AMF通过上行NAS传输消息的附加信息单元中的延迟路由标识确定LMF，并通过触发Namf_Communication_N1MessageNotify服务操作向LMF转发LCS事件报告。AMF还包括负载容器类型和为延迟路由标识设置的关联标识符。

如果锚点gNB没有改变，服务基站将通过XnAP消息RRC TRANSFER把LCS事件报告转发给上次提供服务的gNB，即锚点gNB。后续的下行NAS消息（例如，LCS事件报告确认）也通过XnAP消息RRC TRANSFER由锚点gNB转发给服务gNB。

步骤5：LMF向服务gNB发送NRPPa定位信息请求消息，为目标UE请求SRS-Pos。

步骤6：服务gNB确定可用的SRS-Pos资源。

步骤7：服务gNB通过NRPPa定位信息响应消息向LMF提供SRS-Pos的配置信息。

步骤8：LMF向一组gNB发送NRPPa测量请求，并提供待测量的SRS-Pos配置。

步骤9a：LMF通过服务gNB发送LCS事件报告确认，服务gNB在步骤9b中通过后续的下行SDT向UE提供LCS事件报告确认。

步骤10：服务gNB发送RRC释放消息，使UE保持在RRC_INACTIVE状态，该消息中可能包含新的SRS-Pos配置。

步骤11：收到测量请求NRPPa消息的gNB对UE发送的SRS-Pos进行测量。

步骤12：相关gNB在完成SRS-Pos测量后，将上行测量结果以NRPPa测量响应消息的形式提供给LMF。

步骤13：执行3.4.2节中周期性或触发的延迟5GC-MT-LR过程的步骤28～31（图3-10）。

5.6　小结

本章首先描述了5G上行定位技术的SRS-Pos设计，包括SRS-Pos资源、SRS-Pos序列设计、SRS-Pos资源单元映射图案、SRS-Pos循环移位设计和SRS-Pos配置方案；然后描述了上行定位测量量，包括上行时间、上行功率和上行角度相关的测量量；接着介绍了上行定位物理层过程；最后介绍了上行定位高层流程。

参考文献

[1] 3GPP TS 38.211 V17.1.0. NR; Physical Channels and Modulation (Release 17)[R]. 2022.

[2] CATT. R1-2000540. Remaining Issues on UL SRS for NR Positioning[R]. 2020.

[3] 3GPP TS 38.215 V17.1.0. NR; Physical Layer Measurements (Release 17)[R]. 2022.

[4] 3GPP TR 38.901 V17.0.0. Study on Channel Model for Frequencies from 0.5 to 100 GHz (Release 17)[R]. 2022.

[5] 3GPP TS 38.305 V17.0.0. NG Radio Access Network (NG-RAN); Stage 2 Functional Specification of User Equipment (UE) Positioning in NG-RAN (Release 17)[R]. 2022.

[6] RAN1. R1- 2202849. Reply LS on Positioning Issues Needing Further Input[R]. 2022.

[7] 3GPP TS 38.133 V17.5.0. NR; Requirements for Support of Radio Resource Management (Release 17)[R]. 2022.

[8] 3GPP TS 38.213 V17.1.0. NR; Physical Layer Procedures for Control (Release 17)[R]. 2022.

[9] 3GPP TS 38.214 V17.1.0. NR; Physical Layer Procedures for Data (Release 17)[R]. 2022.

[10] CATT. R1-2100385. Discussion on Accuracy Improvements by Mitigating UE Rx/Tx Andor gNB Rx/Tx Timing Delays[R]. 2021.

[11] CATT. R1-2102635. Discussion on Accuracy Improvements by Mitigating UE Rx/Tx Andor gNB Rx/Tx Timing Delays[R].2021.

[12] CATT. R1-2104520. Discussion on Accuracy Improvements by Mitigating UE Rx/Tx Andor gNB Rx/Tx Timing Delays[R]. 2021.

[13] CATT. R1-2106971. Discussion on Mitigating UE and gNB Rx/Tx Timing Errors[R]. 2021.

[14] CATT. R1-2100386, Discussion on Accuracy Improvements for UL-AoA Positioning Solutions[R]. 2021.

[15] CATT. R1-2102636. Discussion on Accuracy Improvements for UL-AoA Positioning Solutions[R]. 2021.

[16] CATT. R1-2104521. Discussion on Accuracy Improvements for UL-AoA Positioning Solutions[R]. 2021.

[17] CATT. R1-2106972. Discussion on Enhancements for UL-AoA Positioning Method[R]. 2021.

[18] CATT. R1-2104524. Discussion on Potential Enhancements of Information Reporting from UE and gNB for Multipath/NLOS Mitigation[R]. 2021.

[19] CATT. R1-2106975. Discussion on Information Reporting from UE and gNB for Multipath/NLOS Mitigation[R]. 2021.

[20] CATT. R1-2109228. Further Discussion on Information Reporting from UE and gNB for Multipath/NLOS Mitigation[R]. 2021.

[21] CATT. R1-2111260. Remaining Issues on Information Reporting from UE and gNB for Multipath/NLOS Mitigation[R]. 2021.

第6章

5G上下行联合定位

技术

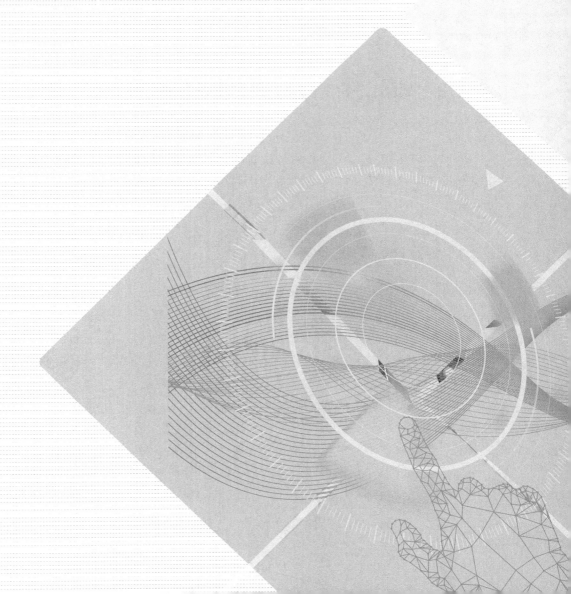

6.1 引言

相对于DL-TDOA和UL-TDOA，上下行联合定位技术的最主要优点是不要求各TRP之间时间完全同步，也不要求UE与TRP的时间精确同步。因为UE与某TRP之间的RTT可以根据该UE测量的UE Rx-Tx时间差$\left(t_{\text{UE}}^{\text{Rx}} - t_{\text{UE}}^{\text{Tx}}\right)$加上该TRP测量的gNB Rx-Tx时间差$\left(t_{\text{TRP}}^{\text{Rx}} - t_{\text{TRP}}^{\text{Tx}}\right)$获得，进而UE与该TRP之间的距离即可由1/2 RTT乘以光速得到。但上下行联合定位与单独上行/下行定位相比，所需要的无线时频资源和实现复杂度基本上相当于同时支持下行定位和上行定位。上下行联合定位技术所需要的定位参考信号具体参见4.2节的DL PRS和5.2节的SRS-Pos。

6.2 Multi-RTT定位的定位测量量

Multi-RTT定位技术采用的测量量为UE所测量的DL PRS的到达时间与UE发送的SRS-Pos时间差（被称为UE收发时间差），以及基站测量的来自UE的SRS-Pos的到达时间与基站发送DL PRS的时间差（被称为gNB收发时间差），下面分别进行介绍。

6.2.1 UE Rx-Tx时间差

UE Rx-Tx时间差定义为UE接收某一TRP的下行子帧接收时间与上行子帧发送时间之差。其中，下行子帧接收时间为UE检测到下行子帧的第一径接收时间，上行子帧发送时间为与所述下行子帧最临近的上行子帧的发送时间。与DL RSTD类似，每个TRP传输的多个DL PRS资源均可以用于确定此TRP的下行子帧的第一径接收时间。对于FR1，接收时间的参考点为UE接收天线的连接点，发送时间参考点为UE发送天线的连接点；对于FR2，接收时间的参考点是UE的接收天线，发送时间的参考点为UE的发送天线。

UE Rx-Tx时间差用于Multi-RTT定位技术。根据前述讨论，UE与每个TRP之间的RTT可由UE Rx-Tx时间差加上相应的TRP Rx-Tx时间差得到。在标准中，将TRP Rx-Tx时间差称为gNB Rx-Tx时间差。这种方式不需要多个TRP之间的严格时间同步，可以独立得到多个RTT测量量。

根据UE Rx-Tx时间差的定义，UE的接收时间根据DL PRS资源确定，而UE的发送时间由与此DL PRS资源所在的下行子帧最近的上行子帧确定。对于同一个TRP，根据UE能力，NR Release 16 UE可以被配置上报最多4个UE Rx-Tx时间差，其中每个UE Rx-Tx时间差由不同的DL PRS资源或资源集合确定。对于NR Release 17，根据UE能力，同一个TRP的每个UE接收定时误差组，UE可以被配置上报最多4个UE Rx-Tx时间差。所述的DL PRS资源或资源集合可以位于不同的定位频率层。

6.2.2 gNB Rx-Tx时间差

将gNB Rx-Tx时间差定义为TRP接收到的UE发送的包含SRS资源的上行子帧接收时间与该TRP的下行子帧发送时间之差。其中上行子帧接收时间为基站检测到的第一径接收时间，下行子帧为与该上行子帧最近的下行子帧。UE发送的多个SRS资源均可以用于确定基站接收到的包含SRS资源的子帧开始时间，每个基站可根据接收信号质量从中选择一个SRS资源用于确定gNB Rx-Tx时间差。上行子帧接收时间的参考点及下行子帧发送时间的参考点根据不同的基站类型分别定义。

(((•))) 6.3 上下行联合定位物理层过程

如前文所述，在5G中新定义了DL PRS和用于定位的SRS-Pos，UE和gNB为了使用上下行联合定位技术（Multi-RTT）完成定位，需要在上下行联合定位技术中同时使用DL PRS和SRS-Pos。

为了支持定位流程，在5G中新定义了一些下行定位物理层过程和上行定位物理层过程，这些物理层过程多数都可以应用到上下行联合定位技术中，包括下行测量过程、基站天线与波束信息上报过程、下行定位辅助数据、下行PRS波束管理过程、SRS-Pos定时提前调整、SRS-Pos功率控制、SRS-Pos波束管理等。

本节介绍上下行联合定位技术中的收发定时误差消除增强方案、上下行联合定位技术中的NLOS/多径处理增强方案等上下行联合定位物理层过程。

6.3.1 上下行联合收发定时误差消除增强方案

与DL-TDOA和UL-TDOA中的收发定时误差问题类似，在Multi-RTT中，也存在收发定时误差影响UE定位精度的问题。由于TRP发送DL PRS或接收SRS-Pos时，以及UE发送SRS-Pos或接收DL PRS时，使用了不同的射频链路，而每个射频链路的定时误差值不同，该定时误差值会影响时间差测量量的结果，从而影响UE定位精度。具体分析和说明如下。

对于Multi RTT定位方法，假设UE和TRP1有多条射频链路，UE从TRP1接收DL PRS，然后UE向TRP1发送SRS-Pos，如图6-1所示。

那么，TRP1测量获得的gNB Rx-Tx时间差测量量如式（6-1）。

$$\begin{aligned} gNB\_RX\_TX\_TimeDiff_{\text{TRP1}} = {} & TD_{\text{TRP1,Tx}i} + \\ & Prop_{\text{TRP1}\to\text{UE}} + TD_{\text{UE,Rx}m} + Proc_{\text{UE}} + TD_{\text{UE,Tx}n} + \\ & Prop_{\text{UE}\to\text{TRP1}} + TD_{\text{TRP1,Rx}j} + ME_{\text{TRP1,Rx}} \end{aligned} \tag{6-1}$$

UE测量获得的UE Rx-Tx时间差测量量如式（6-2）。

$$UE\_RX\_TX\_TimeDiff_{\text{UE}} = -Proc_{\text{UE}} + ME_{\text{UE,Rx}} \tag{6-2}$$

其中，

$TD_{\text{TRP1,Tx}i}$与$TD_{\text{TRP1,Rx}j}$分别表示TRP1使用索引号为i和j的射频链路发送DL PRS和接收SRS-Pos时，从基带到天线的发送和接收定时误差。

$Prop_{\text{TRP1}\to\text{UE}}$表示从TRP1到UE的空口传输时延。它也是DL PRS在TRP1天线和UE天线之间的空口传输时延。

$Prop_{\text{UE}\to\text{TRP1}}$表示从UE到TRP1的空口传输时延。它也是SRS-Pos在TRP1天线和UE天线之间的空口传输时延。

$TD_{\text{UE,Rx}m}$和$TD_{\text{UE,Tx}n}$表示UE分别使用索引为m和n的射频链路接收DL PRS和发送SRS-Pos时，从天线到基带的接收和发送定时误差。

$Proc_{\text{UE}}$表示UE的基带处理时延，即UE从基带接收到DL PRS到从基带发送出SRS-Pos之间的时延。

$ME_{\text{TRP1,Rx}}$和$ME_{\text{UE,Rx}}$分别表示TRP1和UE的测量误差。

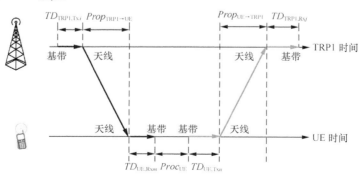

图6-1　Multi-RTT中UE/gNB Rx/Tx定时误差

然后，TRP1和UE在各自基带上分别测量 $gNB\_RX\_TX\_TimeDiff_{TR1}$ 和 $UE\_RX\_TX\_TimeDiff_{UE}$，并上报给LMF。

LMF计算的TOA如式（6-3）。

$$
\begin{aligned}
TOA_{\text{TRP1}\leftrightarrow\text{UE}}^{\text{BB}\leftrightarrow\text{BB}} &= 1/2\big(gNB\_RX\_TX\_TimeDiff_{\text{TRP1}} + UE\_RX\_TX\_TimeDiff_{\text{UE}}\big) \\
&= 1/2\begin{pmatrix} TD_{\text{TRP1,Tx}i} + Prop_{\text{TRP1}\rightarrow\text{UE}} + TD_{\text{UE,Rx}m} + Proc_{\text{UE}} \\ + TD_{\text{UE,Tx}n} + Prop_{\text{UE}\rightarrow\text{TRP1}} + TD_{\text{TRP1,Rx}j} \end{pmatrix} + 1/2\big(-Proc_{\text{UE}}\big) \\
&= 1/2\big(TD_{\text{TRP1,Tx}i} + Prop_{\text{TRP1}\rightarrow\text{UE}} + TD_{\text{UE,Rx}m} + TD_{\text{UE,Tx}n} + \\
& Prop_{\text{UE}\rightarrow\text{TRP1}} + TD_{\text{TRP1,Rx}j}\big)
\end{aligned}
\tag{6-3}
$$

一般来讲，如果 $Prop_{\text{TRP1}\rightarrow\text{UE}} = Prop_{\text{UE}\rightarrow\text{TRP1}} = TOA_{\text{TRP1}\leftrightarrow\text{UE}}^{\text{Ant}\leftrightarrow\text{Ant}}$，则：

$$
TOA_{\text{TRP1}\leftrightarrow\text{UE}}^{\text{BB}\leftrightarrow\text{BB}} = 1/2\big(TD_{\text{TRP1,Tx}i} + TD_{\text{TRP1,Rx}j}\big) + TOA_{\text{TRP1}\leftrightarrow\text{UE}}^{\text{Ant}\leftrightarrow\text{Ant}} + 1/2\big(TD_{\text{UE,Rx}m} + TD_{\text{UE,Tx}n}\big) \tag{6-4}
$$

根据TS 38.215中的定义，UE天线和TRP1天线之间的TOA（由LMF计算）如式（6-5）。

$$
TOA_{\text{TRP1}\leftrightarrow\text{UE}}^{\text{Ant}\leftrightarrow\text{Ant}} = TOA_{\text{TRP1}\leftrightarrow\text{UE}}^{\text{BB}\leftrightarrow\text{BB}} - 1/2\big(TD_{\text{TRP1,Tx}i} + TD_{\text{TRP1,Rx}j}\big) - 1/2\big(TD_{\text{UE,Rx}m} + TD_{\text{UE,Tx}n}\big) \tag{6-5}
$$

基于以上讨论，类似于DL-TDOA定位技术与UL-TDOA定位技术中引入的TEG解决方案，对于Multi-RTT定位技术，TRP1和UE也能够通过TEG相关的解决方案来消除收发定时误差的影响，具体描述如下。

为了更好地支持适用于Multi-RTT定位技术的TEG解决方案，新引入了专用于Multi-RTT定位技术的UE收发定时误差组（RxTx TEG）和TRP收发定时误差组（TRP RxTx TEG），它们分别与UE Rx-Tx时间差测量量和gNB Rx-Tx时间差测量量相关联，定义如下。

UE RxTx TEG：用于衡量接收定时误差值与发送定时误差值。与UE上报的一个或多个UE Rx-Tx时间差测量量相关联，这些测量量的"接收定时误差+发送定时误差"的差值在一定范围内。

TRP RxTx TEG：用于衡量接收定时误差值与发送定时误差值。与TRP上报的一个或多个gNB Rx-Tx时间差测量量相关联，这些测量量的"接收定时误差+发送定时误差"的差值在一定范围内。

根据以上定义的UE RxTx TEG与TRP RxTx TEG，以及在UL-TDOA定位技术中定义的UE Tx TEG，Multi-RTT采用了如下方案进行Rx-Tx定时误差消除。

（1）对于UE Rx-Tx时间差测量量，UE可以支持以下任一选项或同时支持以下两个选项。

选项1：UE向LMF上报UE RxTx TEG ID，以及可选地上报UE Tx TEG ID。

选项2：UE向LMF上报UE Rx TEG ID和UE Tx TEG ID。

（2）对于gNB Rx-Tx时间差测量量，gNB可支持以下任一选项或同时支持以下两个选项。

选项1：gNB向LMF上报TRP RxTx TEG ID，以及可选地上报TRP Tx TEG ID。

选项2：gNB向LMF上报TRP Rx TEG ID和TRP Tx TEG ID。

6.3.2　上下行NLOS/多径处理增强方案

对于Multi-RTT定位技术，UE和TRP支持分别上报NLOS指示给LMF。NLOS指示的定义参见4.4.7节的描述。对于UE，其上报的NLOS指示可以与UE Rx-Tx时间差关联，或与某个TRP关联。对于TRP，其上报的NLOS指示可以与gNB Rx-Tx时间差关联，或与某个TRP关联。考虑到信令开销，NLOS指示可以是以0.1为颗粒度的软值（取值范围是[0, 0.1, …, 0.9, 1]）或是0/1的硬值，其中，1对应LOS状态，0对应NLOS状态。软值相对于硬值来说，对于设备计算能力的要求更高，最终UE或TRP采用何种形式上报给定位服务器取决于UE或TRP的处理能力。

对于Multi-RTT定位技术，UE和TRP支持进行多径上报，UE和TRP可以分别上报最多8条附加径的测量量、测量时间和质量指示。多径的定义详见4.4.7节的描述。对于UE，这些附加径关联到UE Rx-Tx时间差。对于TRP，这些附加径关联到gNB Rx-Tx时间差。UE和TRP还可以根据自身能力分别上报首径及最多8条附加径的RSRPP，这些附加径分别关联到UE/gNB Rx-Tx时间差。

((•)) 6.4　上下行联合定位技术的高层流程

本节首先介绍上下行联合定位技术中，UE与基站之间、基站与定位服务器之间如何进行信令交互，完成SRS-Pos资源的配置和UE UL SRS的发送，以及DL PRS资源配置和收发信号时间差的测量，然后介绍基站如何与定位服务器通过信令流程来实现DL PRS发送和收发信号时间差的测量，最后介绍为了实现UE在RCR_INACTIVE状态下的上下行联合定位技术，UE、基站、定位服务器间应如何交互。

图6-2展示了由LMF发起的上下行联合定位位置信息传输过程在LMF、gNB和UE之间的消息传递过程。

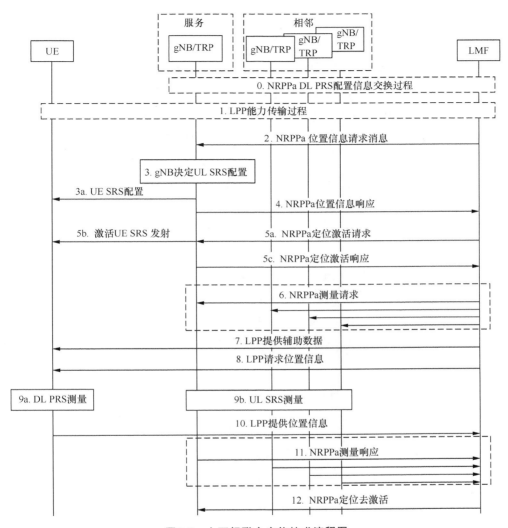

图6-2 上下行联合定位技术流程图

步骤0：LMF使用LMF和gNB之间的辅助数据传输过程来获取上下行联合定位技术所需要的TRP信息。

步骤1：LMF使用LPP能力传输过程来请求目标UE的定位能力。

步骤2：LMF向服务gNB发送NRPPa位置信息请求消息以请求目标UE的上行信息。

步骤3：服务gNB确定可用的UL SRS资源，并在步骤3a为目标UE配置UL SRS资源集。

步骤4：服务gNB在NRPPa位置信息响应消息中向LMF提供UL SRS配置信息，SRS配置是否早于DL PRS配置取决于实现。

步骤5a～步骤5c：在半持续或非周期SRS-Pos的情况下，LMF通过向目标UE的服务gNB发送NRPPa定位激活请求消息来请求激活SRS-Pos，然后gNB激活SRS-Pos传输并发送NRPPa定位激活响应消息。目标UE根据SRS-Pos资源配置和激活命令开始进行SRS-Pos传输。

步骤6：LMF在NRPPa测量请求消息中向选定的gNB提供上行信息。该信息包括使gNB/TRP能够执行上行测量所需的所有信息。

步骤7：LMF向目标UE发送该UE执行测量时必需的DL-PRS辅助数据。

步骤8：LMF向UE发送请求位置信息以获得目标UE Rx-Tx时间差测量结果。

步骤9a：目标UE执行步骤7提供的辅助数据中所有gNB的DL PRS测量。

步骤9b：每个在步骤6中被配置的gNB测量自己发送的DL PRS和接收目标UE的SRS-Pos收发时间差。

步骤10：目标UE通过LPP提供位置信息消息向LMF报告上下行联合定位的DL PRS测量结果。

步骤11：每个gNB通过NRPPa测量响应消息向LMF报告SRS-Pos测量结果。

步骤12：LMF向服务gNB发送NRPPa定位去激活消息。

步骤13：LMF从步骤10的UE报告中获取下行测量时间，从步骤11的gNB报告中获取相对应的上行测量时间，通过计算得到RTT，并解算目标UE的位置。

6.4.1 终端与定位服务器、服务基站间的信令流程

UE与定位服务器间的信令流程一共有3类信息交互，首先UE向定位服务器提供相关定位能力，然后通过辅助数据传输流程获取来自服务器的定位辅助数据，最后UE通过位置信息传输流程向服务器提供UE Rx-Tx时间差等测量量。

1. UE能力传输流程

终端将Multi-RTT定位技术的能力传递给定位服务器，具体过程参见3.4.3节。

2. 辅助数据传输流程

进行定位服务器和UE之间的辅助数据传输的目的是使LMF能够向UE提供定位所需要的辅助数据，或使UE能够主动向LMF请求定位需要的辅助数据。在上下行联合定位技术中，LMF发送给UE的辅助数据可能包括小区ID和PRS ID、候选NR TRP和参考TRP之间的时间关系、TRP对应的SSB信息和按需点播PRS相关配置。

（1）定位服务器发起的辅助数据传输过程

图6-3展示了在上下行联合定位的过程中由LMF发起的辅助数据传输过程。

图6-3 LMF发起的辅助数据传输过程

步骤：在LMF主动发起的辅助数据传输过程中，由LMF决定向UE提供辅助数据的类型，并向UE发送LPP提供辅助数据消息。这条消息可能携带任意上下行联合定位技术需要的辅助数据。

（2）UE发起的辅助数据传输过程

图6-4展示了在上下行联合定位的过程中由UE发起的辅助数据传输过程。

图6-4 UE发起的辅助数据传输过程

步骤1：在UE主动发起的辅助数据请求过程中，由UE决定请求的上下行联合定位的辅助数据类型（这种情况可能发生在当LMF提供的辅助数据不足以满足UE定位需求时）并向LMF发送LPP请求辅助数据消息。该请求消息会指示UE具体请求的辅助数据类型，还可以在请求辅助数据消息或者随后的定位流程提供的位置信息消息中提供UE的大致位置及服务小区和相邻小区的附加数据，这些额外提供的辅助数据可以帮助LMF提供适当的辅助数据。这些附加数据可以包括UE最后的已知位置、服务NG-RAN节点和相邻NG-RAN节点UE的小区ID，以及NR E-CID测量量。

步骤2：LMF在LPP提供辅助数据消息中提供UE所请求的辅助数据（如果在LMF处该辅助数据可用）。如果步骤1中UE请求的任何辅助数据在步骤2中没有提供，则UE将认为LMF不支持请求的辅助数据，或者当前在LMF中该辅助数据不可用。如果LMF不能提供在步骤1中UE请求的辅助数据，则在LPP提供辅助数据消息中返回任意可以提供的辅助数据的类型指示，该消息还包括未提供辅助数据的原因指示。

3. 位置信息传输流程

位置信息传输过程的目的是使LMF能够向UE请求定位测量信息，或者使UE能够主动向LMF提供定位测量量以使LMF进行位置解算。在上下行联合定位的方法中，UE可能通过位置信息传输过程向LMF发送测量DL PRS的资源和资源集ID、DL PRS接收功率、UE Rx-Tx时间差和对应的时间戳、UE收发定时误差组标识（UE RxTx TEG IDs）、UE接收定时误差组标识（UE Rx TEG IDs）、UE发送定时误差组标识（UE Tx TEG IDs）、UE测量的非视距/多径（LOS/NLOS）相关信息和首径接收功率。

（1）LMF发起的位置信息传输过程

图6-5展示了当LMF主动发起上下行联合定位技术的位置信息传输过程。

图6-5　LMF发起的位置信息传输过程

步骤1：LMF向UE发送LPP请求位置信息消息。该消息中包括对请求的上下行联合定位测量量的指示，也包括任何UE进行测量所需要的配置信息和响应时间。

步骤2：UE按照步骤1中的请求获得上下行联合定位测量量。然后在步骤1中提供的响应时间过去之前，UE向LMF发送LPP提供位置信息消息来上报获得的上下行联合定位测量量及其他可能提供的信息。如果UE无法执行LMF在步骤1中所请求的测量，或者在获得任何所请求的测量结果之前响应时间已经过去了，则UE返回可以在提供位置信息消息中提供的任何信息，还要指示未提供位置信息的原因。

（2）UE发起的位置信息传输过程

图6-6展示了UE在上下行联合定位技术中发起的位置信息传输过程。

图6-6　UE发起的位置信息传输过程

步骤：在UE发起的位置信息传输过程中，UE向LMF发送LPP提供位置信息消息。提供位置信息消息可以包括在UE处可用的任何上下行联合定位测量量和其他可能提供的信息。

6.4.2 基站与定位服务器间的信令流程

1. 定位服务器和基站之间的辅助数据传输流程

在上下行联合定位技术中，gNB可能向LMF提供gNB服务的TRP信息、gNB服务TRP的时间信息、gNB服务TRP的DL PRS的配置信息、TRP所属小区的SSB信息、gNB服务TRP的DL PRS资源的空间信息和TRP的地理坐标信息，以及服务基站为目标UE配置的SRS-Pos资源信息。LMF可能向gNB提供推荐的SRS-Pos资源配置。

图6-7展示了在上下行联合定位技术中从gNB到LMF的TRP信息交换操作。

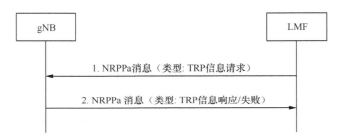

图6-7 LMF发起的TRP信息交换过程

步骤1：LMF决定需要的TRP配置信息（例如，作为周期性更新的一部分或由OAM触发），并向gNB发送NRPPa TRP信息请求消息。该请求包括对请求TRP配置信息类型的指示。

步骤2：gNB在NRPPa TRP信息响应消息中提供LMF所请求的TRP信息（如果该信息在gNB处可用）。如果gNB无法提供任何信息，它会返回一条TRP信息失败消息，并指示失败的原因。

图6-8展示了从服务gNB到LMF的上行信息的传递过程。

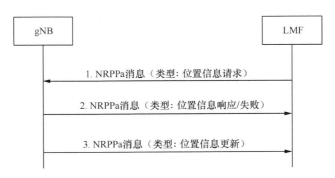

图6-8 LMF发起的上行信息请求过程

步骤1：LMF向目标UE的服务gNB发送NRPPa位置信息请求消息来请求UE的SRS-Pos配置信息。如果该消息包括请求的SRS-Pos传输特性，则gNB在为UE配置UL

SRS传输时应考虑此信息。

步骤2：服务gNB决定要为UE分配的SRS-Pos配置，并向LMF发送NRPPa位置信息响应消息来上报SRS-Pos配置。如果服务gNB无法提供所请求的信息，它会返回一个失败消息，指示失败的原因。

步骤3：如果在步骤1请求的SRS-Pos持续时间内SRS-Pos配置发生变化，则gNB向LMF发送位置信息更新消息，告知变化后的SRS配置或者告知该SRS配置已经在目标UE释放。

2．位置信息传输

位置信息传输过程的目的是使LMF能够向gNB请求定位测量，并向目标gNB提供必要的辅助数据。在上下行联合定位技术中，gNB可能通过位置信息传输过程向LMF上报gNB收发时间差和对应的测量时间戳、TRP定时误差消除相关信息、SRS-Pos接收功率、测量相关的波束信息。

图6-9展示了LMF和gNB之间的位置信息传输过程。

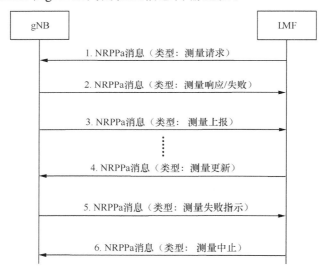

图6-9　LMF发起的位置信息传输过程

步骤1：LMF向选定的gNB发送NRPPa消息以请求上下行联合定位测量信息。该消息包含gNB执行测量时所需要的任何配置信息。

步骤2：如果将步骤1中的上报特性设置为"按需"，则gNB进行请求的测量并在测量响应消息中将测量结果返回给LMF。

如果将步骤1中的上报特性设置为"周期性"，则gNB会回复测量响应消息，但不在消息中包含任何测量量。然后gNB在步骤3中周期性地对上下行联合定位技术启动测量上报过程。

如果gNB在步骤1中无法接受测量请求消息，则gNB在步骤2中返回一个失败消息，指示失败的原因。

步骤3：测量响应消息包括基站测量的gNB Rx-Tx时间差、上行参考信号接收功率等信息。

步骤4：在步骤2之后的任何时间，LMF均可以向gNB发送测量更新消息，要求提供gNB执行测量所需要的更新信息。gNB在接收到消息后，会覆盖之前接收到的测量配置信息。

步骤5：如果之前请求的上下行联合定位测量不能再上报，则gNB通过发送测量失败指示消息通知LMF。

步骤6：当LMF想要中止正在进行的上下行联合定位测量时，它会向gNB发送测量中止消息。

3．定位激活/去激活过程

定位激活/去激活过程的目的是使LMF能够激活和去激活目标UE的SRS-Pos传输。图6-10展示了在LMF和gNB之间进行定位激活/去激活过程的信令流程。

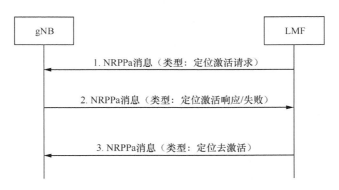

图6-10　定位激活/去激活过程

步骤1：LMF向目标UE的服务gNB发送NRPPa定位激活请求消息，请求目标UE的SRS-Pos激活。对于半持续SRS-Pos，该消息包括要激活的SRS-Pos资源集的指示，并且可以包括要激活的半持续SRS-Pos资源的空间关系的信息。对于非周期SRS-Pos，该消息可以包括非周期SRS-Pos激活资源列表。对于半持续SRS-Pos，服务gNB可以通过发送半持续SRS-Pos激活/去激活MAC CE命令来激活配置的半持续SRS-Pos资源集。对于非周期SRS-Pos，服务gNB可以通过发送DCI来激活配置的非周期SRS-Pos资源集。

步骤2：如果SRS-Pos已按照步骤1中的请求成功激活，则gNB将NRPPa定位激活响应消息发送到LMF。服务gNB可以在给LMF提供的NRPPa定位激活响应消息中携带系统帧号和时隙号。如果服务gNB不能满足来自步骤1的请求，它会返回定位激活失败消息，并指示失败的原因。

步骤3：如果之前激活的SRS-Pos被去激活，或者SRS-Pos传输被释放，则LMF向目标UE的服务gNB发送NRPPa定位去激活消息来请求去激活SRS-Pos资源集，或者释放所有SRS-Pos资源。该消息包括要停用的SRS-Pos资源集指示或释放所有SRS-Pos资源的指示。

6.4.3　RRC_INACTIVE状态的定位流程

RRC_INACTIVE状态下利用上下行联合定位技术定位的流程如图6-11所示。

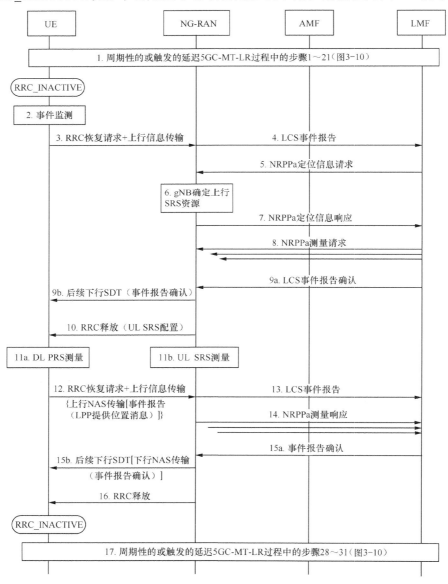

图6-11　RRC_INACTIVE状态下利用上下行联合定位技术定位的流程

步骤1：执行3.4.2节中周期性的或触发的延迟5GC-MT-LR过程中的步骤1～21（图3-10）。LMF可能执行3.4.2节的步骤15中的一个或多个定位过程，以请求和获得UE的定位能力或向目标UE提供任何必要的辅助数据。3.4.2节中的步骤16的LCS周期触发位置调用请求包括一个嵌入的LPP请求位置信息消息，该消息指示了每个位置事件报告允许的或需要的上下行联合定位测量。

服务gNB发送RRC释放消息，将UE释放到RRC_INACTIVE状态。

步骤2：UE监测到步骤1中请求的触发事件或周期性事件的发生。

步骤3：UE发送RRC恢复请求消息，同时发送RRC上行信息传输消息，在该上行信息传输消息中包含一个上行NAS传输消息，在上行NAS传输消息的负载容器中包含LCS事件报告（该LCS事件报告包含一个嵌入的LPP请求辅助数据消息，通过NR-Multi-RTT-Request Assistance Data信息单元，以及设置为'ul-srs'的nr-AdType请求配置SRS-Pos），并在上行NAS传输消息的附加信息中包含从步骤1接收到的延迟路由标识。

步骤4：服务gNB通过NGAP上行NAS传输消息向服务AMF发送LCS事件报告和LPP请求辅助数据消息。AMF通过上行NAS传输消息的附加信息单元中的延迟路由标识确定目标LMF，并通过触发Namf_Communication_N1MessageNotify服务操作向LMF转发LCS事件报告和嵌入的LPP消息。

步骤5：LMF向服务gNB发送NRPPa定位信息请求消息，为目标UE请求SRS-Pos。

步骤6：服务gNB确定可用的SRS-Pos资源。

步骤7：服务gNB通过NRPPa定位信息回复消息向LMF提供SRS-Pos的配置信息。

步骤8：LMF向一组目标gNB发送NRPPa测量请求，包含待检测的SRS-Pos配置。

步骤9：LMF向目标UE回复事件报告确认，通过基站转发。服务gNB通过后续下行SDT在步骤9b向UE转发事件报告确认。

步骤10：服务gNB发送RRC释放消息，使UE保持在RRC_INACTIVE状态。该消息中包含定位所需要的SRS-Pos资源配置。

步骤11：UE执行UE Rx-Tx时间差的测量，各配置的TRP执行gNB Rx-Tx时间差的测量。

步骤12：UE发送RRC恢复请求消息，同时发送RRC上行信息传输消息，在该上行信息传输消息中包含一个上行NAS传输消息，UE在该上行NAS传输消息的负载容器中包含LCS事件报告和LPP提供位置信息消息，以及在上行NAS传输消息的附加信息中包含从步骤1接收到的延迟路由标识。

步骤13：服务gNB通过NGAP上行NAS传输消息向服务AMF发送事件报告和LPP提供位置信息消息。AMF通过上行NAS传输消息的附加信息中的延迟路由标识确定LMF，并通过触发Namf_Communication_N1MessageNotify服务操作向LMF转发LCS事件报告和嵌入的LPP消息。AMF还包括负载容器类型和为延迟路由标识设置的关联标识符。

步骤14：gNB完成gNB Rx-Tx时间差测量后，gNB将测量结果通过NRPPa测量响应消息提供给LMF。

步骤15：所有LPP提供位置信息消息被接收后，LMF向服务gNB发送一个LCS事件报告确认。然后在步骤15b，服务gNB通过后续下行SDT向UE提供事件报告确认。

步骤16：服务gNB发送RRC释放消息，使UE保持在RRC_INACTIVE状态。

步骤17：执行3.4.2节中周期性或触发性的延迟5GC-MT-LR过程的步骤28～31（图3-10）。

((•)) 6.5　小结

本章首先描述了5G上下行联合定位技术所需要的测量量，包括UE侧的Rx-Tx时间差和基站侧的Rx-Tx时间差。然后介绍了上下行联合定位收发定时误差消除增强方案和多径/NLOS处理增强方案。最后介绍了实现上下行联合定位的基本方法和增强的RRC_INACTIVE状态下的定位，对应的高层信令过程，包括UE、基站、定位服务器之间的信令流程。

((•)) 参考文献

[1] 3GPP TS 38.215 V16.0.1. NR; Physical Layer Measurements (Release 16)[R]. 2020.

[2] 3GPP TS 38.305 V17.0.0. Stage 2; Functional Specification of User Equipment (UE) Positioning in NG-RAN (Release 17)[R]. 2021.

[3] 3GPP TS 23.273 V17.0.5. 5G System (5GS) Location Services (LCS); Stage 2 (Release 17)[R]. 2022.

[4] 3GPP TS 38.215 V17.1.0. Physical Layer Measurements; NR (Release 17)[R]. 2022.

[5] 3GPP TS 38.211 V17.1.0. NR; Physical Channels and Modulation (Release 17)[R]. 2022.

[6] CATT. R2-1908997. Summary of the Interface Requirements by gNB and UE in RAT-Dependent Positioning Methods[R]. 2019.

[7] CATT. R2-1912200. Discussion on Procedures in RAT-Dependent Positioning Methods[R]. 2019.

[8] 3GPP RAN2. R2-2203949. LS on Positioning in RRC_INACTIVE State[R]. 2022.

[9] CATT. R2-2200300. Discussion on LPP and RRC Signaling Impact of Mitigating UE and TRP RxTx Timing Delays[R]. 2022.

[10]3GPP RAN2. R2-2200092. LS on the Reporting of the Tx TEG Association Information[R]. 2022.

[11]CATT, CAICT, CMCC. R2-2203315. Introduction of R17 Positioning Enhancements in LPP[R]. 2022.

第7章

5G蜂窝网络和非蜂窝
网络的融合定位技术

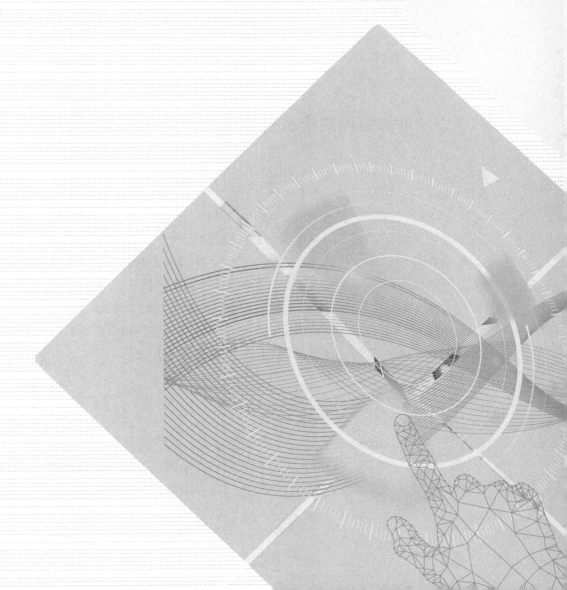

(••) 7.1 引言

　　虽然基于5G蜂窝网络的定位方法比基于蓝牙、无线局域网和UWB的定位方法等具有明显的优势，但是单一的5G蜂窝网络定位仍然存在盲区，多种定位方法的融合是解决无缝位置服务问题的重要手段。一方面，已经部署的基于蓝牙、Wi-Fi和UWB技术的定位网络可以与5G蜂窝网络融合，提供冗余观测信息，提高定位精度；另一方面，在5G蜂窝网络信号覆盖较差的室内区域，也可以通过部署蓝牙、Wi-Fi和UWB节点作为5G定位信号的补充，以提供连续的定位结果。

　　本章首先介绍A-GNSS、无线局域网、蓝牙和惯性导航等非5G蜂窝网络的定位技术，然后介绍5G定位技术与其他非蜂窝网络定位技术融合的定位技术，最后介绍5G辅助卫星的增强定位技术。

(••) 7.2 非蜂窝网络定位技术

　　非蜂窝网络定位技术主要包括A-GNSS、无线局域网、蓝牙和惯性导航等定位技术。A-GNSS定位算法主要解决传统GNSS中TTFF和弱信号下无法定位的问题，利用辅助信息来完成对导航电文的重建工作，恢复导航数据，然后采用互相关的方法对恢复的数据与接收的卫星信号进行处理，从而恢复并得到完整的卫星信号和信号的发射时刻，最后利用传统定位算法实现位置的解算。Wi-Fi定位算法主要包括基于TOA、AoA和TDOA的三角定位算法和位置指纹定位算法。蓝牙定位算法主要包括RSSI测距类算法、依赖特征匹配的指纹库定位算法和基于AoA的三角定位算法。惯性导航定位算法主要分为坐标系变换算法、速度更新算法和位置更新算法。

7.2.1 网络辅助的全球卫星导航系统

　　A-GNSS定位中的测距方式主要分为伪距测距和载波相位测距：伪距测距主要利用信号中的测量码来完成测距，其精度较低；而载波相位测距在整周模糊度解算精确的情况下可以达到厘米级。下面分别对伪距单点定位和载波相位定位进行介绍。

1. 伪距单点定位

伪距单点定位是利用伪距测量量，实现米级甚至分米级的绝对定位方法。目前被广泛应用于车辆、船舶等导航中。在GNSS中，卫星向地面发送的信号中包含用于测量星地之间距离的测距码。卫星和地面接收机在各自时钟的控制下，同步产生相同的测距码。地面接收机对接收到的卫星测距码进行平移，然后与自身产生的测距码进行相关计算，当自相关函数的值最大时，测距码的平移量即为所测得的码元差。根据码元宽度，将码元差转换为信号传输时延，然后乘以光速，即可得到距离观测量。由于受到卫星时钟、地面接收机时钟的误差及大气延迟误差的影响，测出的距离与实际的卫星到地面接收机的几何距离之间有一定差值，故称该测出的距离为伪距。伪距观测方程如式（7-1）。

$$\tilde{\rho}_k^p = \rho_k^p + \delta I_k^p + \delta T_k^p + c \cdot \delta t_k - c \cdot \delta t^p \tag{7-1}$$

其中，ρ_k^p 为卫星至观测点的几何距离，δt_k 为接收机的时钟差，δt^p 为卫星的时钟差，δI_k^p 为电离层误差，δT_k^p 为对流层误差，下标k表示接收机索引。星地几何距离包含卫星坐标和地面接收机坐标。将 ρ_k^p 在地面接收机近似坐标(x_{k0}, y_{k0}, z_{k0})的泰勒级数展开至一阶项，整理得伪距误差方程如式（7-2）。

$$v_k^p = l_{k0}^p \delta x_k + m_{k0}^p \delta y_k + n_{k0}^p \delta z_k + \delta t_k \cdot c - L_k^p \tag{7-2}$$

其中，已知项 $L_k^p = \hat{\rho}_k^p - m\rho_{k0}^p - \delta I_k^p - \delta T_k^p + c \cdot \delta t^p$，$\rho_{k0}^p = \sqrt{\left(x^p - x_{k0}\right)^2 + \left(y^p - y_{k0}\right)^2 + \left(z^p - z_{k0}\right)^2}$，$l_{k0}^p = -\dfrac{x^p - x_{k0}}{\rho_{k0}^p}$，$m_{k0}^p = -\dfrac{y^p - y_{k0}}{\rho_{k0}^p}$，$n_{k0}^p = -\dfrac{z^p - z_{k0}}{\rho_{k0}^p}$，方程右边含有4个待求未知数，即3个坐标改正数 $[\delta x_k \ \delta y_k \ \delta z_k]^{\mathrm{T}}$ 和1个地面接收机时钟偏差。

对于终端观测到的每一个卫星，可列一个伪距误差方程，假设同时观测到n颗卫星，则：

$$\begin{bmatrix} v_k^{p1} \\ v_k^{p2} \\ \vdots \\ v_k^{pn} \end{bmatrix} = \begin{bmatrix} l_{k0}^{p1} & m_{k0}^{p1} & n_{k0}^{p1} & 1 \\ l_{k0}^{p2} & m_{k0}^{p2} & n_{k0}^{p2} & 1 \\ \vdots & \vdots & \vdots & \vdots \\ l_{k0}^{pn} & m_{k0}^{pn} & n_{k0}^{pn} & 1 \end{bmatrix} \begin{bmatrix} \delta x_k \\ \delta y_k \\ \delta z_k \\ c \cdot \delta t_k \end{bmatrix} - \begin{bmatrix} L_{k0}^{p1} \\ L_{k0}^{p2} \\ \vdots \\ L_{k0}^{pn} \end{bmatrix} \tag{7-3}$$

当同时观测到的卫星达到4颗及以上数量时，利用最小二乘法，即可求解各未知数的估计值，如式（7-4）。

$$X = \left(B^{\mathrm{T}} B\right)^{-1} B^{\mathrm{T}} BL = \begin{pmatrix} \delta x_k \\ \delta y_k \\ \delta z_k \\ C \cdot \delta t_k \end{pmatrix} \tag{7-4}$$

其中，$\boldsymbol{B} = \begin{bmatrix} l_{k0}^{p1} & m_{k0}^{p1} & n_{k0}^{p1} & 1 \\ l_{k0}^{p2} & m_{k0}^{p2} & n_{k0}^{p2} & 1 \\ \vdots & \vdots & \vdots & \vdots \\ l_{k0}^{pn} & m_{k0}^{pn} & n_{k0}^{pn} & 1 \end{bmatrix}$，$\boldsymbol{L} = \begin{bmatrix} L_{k0}^{p1} \\ L_{k0}^{p2} \\ \vdots \\ L_{k0}^{pn} \end{bmatrix}$。

用解算得到的地面接收机坐标改正数修正地面接收机坐标近似值，可得地面接收机坐标值。

2. 载波相位定位

利用卫星信号的载波相位测量量进行室外定位的精度可以达到厘米级，常用于需要高精度定位的场合。接收机在进行相位观测时需要在内部复制一个与卫星发射信号同频、同相的连续信号，然后通过比较接收信号的相位和发射信号的相位得到相位差，并利用相位差和距离之间的关系达到测距的目的。由于载波具有周期性，因此整数波长部分无法直接观测到，便成为未知量，即整周模糊度。考虑环境误差，载波观测方程如式（7-5）。

$$\varphi_r^s t_r = \rho_r^s - \left(\delta t_r - \delta t^s\right)c + \lambda N_r^s - \delta I_r^s + \delta T_r^s + \varepsilon \tag{7-5}$$

其中，$\varphi_r^s(t_r)$ 表示在 t_r 时刻测量到的卫星信号相位值，ρ_r^s 表示卫星 s 与地面接收机 r 之间的物理距离，N_r^s 表示卫星 s 对地面接收机 r 的初始整周模糊度，其他符号依次表示地面接收机时钟偏差 δt_r、卫星时钟偏差 δt^s、电离层延时 δI_r^s、对流层延时 δT_r^s 和锁相环相位锁定误差 ε 等。

由于整周模糊度是未知的，因此，单纯地利用载波相位测量量无法进行绝对定位。差分卫星定位技术提供了很好的解决方案，不仅有助于进行整周模糊度的估算，还能够消除测量误差。当目标地面接收机与基准站的地理位置较近时，此时被称为短基线场景，可近似认为两者的卫星信号传播条件相同，环境因素对信号的影响也近似相同。假设基准站和流动接收机的编号分别为 $i1$ 和 $i2$，那么编号为 p 的卫星的载波相位测量量的单差值的近似表达如式（7-6）。

$$SD_{i1,i2}^p = \rho_{i2}^p - \rho_{i1}^p - \left(\delta t_{i2} - \delta t_{i1}\right)c + \lambda\left(N_{i2}^p - N_{i1}^p\right) + \varepsilon_{i2} - \varepsilon_{i1} \tag{7-6}$$

通过式（7-6）可以看到，除了基准站、目标地面接收机本身的时钟误差外，其他误差能够被近似消除。同样，对于编号为 q 的卫星也能够得到 $SD_{i1,i2}^q$，对这两个单差测量量进一步求差，即得到双差测量量，如式（7-7）。

$$DD_{i1,i2}^{pq} = \rho_{i1,i2}^{pq} + \lambda N_{i1,i2}^{pq} + \varepsilon_{i1,i2}^{pq} \tag{7-7}$$

其中，$(X)_{i1,i2}^{pq} = (X)_{i2}^q - (X)_{i1}^q - (X)_{i2}^p + (X)_{i1}^p$，$X = \rho$、$N$ 或 ε。通过式（7-7）可知，在双差测量量中，除了测量误差外几乎没有其他的误差项。

在短基线场景下，由于基准站与目标地面接收机之间的位置较近，且相对于卫星距离地面的高度可以忽略，因此在式（7-7）中可以直接以基准站的坐标值为展开点进行泰勒公式展开，仅保留一阶项就可达到线性化的目的。线性化完成后，便可以利用诸多基于线性化载波相位测量量的整周模糊度解算方法，如最小二乘模糊度解相关调整（LAMBDA）算法、快速模糊度解算法、优化楚列斯基（Cholesky）分解法等，以快速解算整周模糊度的值，然后通过此结果修正原测量量，从而得到与距离对应的无模糊度的载波相位值，进而可以进行精确到亚米级甚至厘米级的定位。在中长基线的情况下，接收机与参考站之间的距离较远，信号传播环境相关度不高，环境误差无法通过双差消除，在这种情况下，需要首先估计这些环境误差，再对整周模糊度进行解算，这个过程需要更多的冗余信息进行辅助。

在当前各种模糊度确定算法中，LAMBDA算法以其较好的性能和较为完善的理论体系，成为推荐采用的算法。具体步骤如下。

首先，载波相位观测方程的数学模型如式（7-8）。

$$y = Bb + Aa + e \tag{7-8}$$

其中，y表示包括载波相位在内的双差测量量矢量；a表示两卫星间的双差整周模糊度矢量；b表示与基站构成的基线矢量矩阵；A是双差整周模糊度矩阵的系数矩阵；B为原观测方程在线性化的过程中衍生的微分项矩阵；e表示观测过程中的噪声。

运用最小二乘法对式（7-8）求解，可得出a、b的浮点解及其协方差矩阵，如式（7-9）。

$$\begin{bmatrix} \hat{a} \\ \hat{b} \end{bmatrix}, \begin{bmatrix} Q_{\hat{a}} & Q_{\hat{a}b} \\ Q_{\hat{b}a} & Q_{\hat{b}} \end{bmatrix} \tag{7-9}$$

得到浮点解和协方差矩阵后，进行整周模糊度求解。

$$(\hat{a} - a)^{\mathrm{T}} Q_{\hat{a}}^{-1} (\hat{a} - a) \leqslant \chi^2 \tag{7-10}$$

由于浮点解及其协方差矩阵的相关性大，所构成的搜索空间形状狭长，搜索效率低，因此，需要在空间内进行模糊度搜索之前，对浮点解及其协方差矩阵进行Z变换，以使搜索空间较为规范，Z变换的转换公式如式（7-11）。

$$z = Z^{\mathrm{T}} a, \hat{z} = Z^{\mathrm{T}} \hat{a}, Q_{\hat{z}} = Z^{\mathrm{T}} Q_{\hat{a}} Z \tag{7-11}$$

其中，变换矩阵Z满足以下4个条件：（1）模糊度变换矩阵中的元素为整数；（2）变换前后的模糊度体积保持不变（网格点）；（3）变换后的模糊度方程之间的乘积减少；（4）变换后的协方差矩阵相关性减少。基于以上4个条件，通过一系列的高斯变换和置换过程构建Z变换矩阵后，式（7-10）的整数搜索经过式（7-11）变换得到式（7-12）。

$$(\hat{z} - z)^{\mathrm{T}} Q_{\hat{z}}^{-1} (\hat{z} - z) \leqslant \chi^2 \tag{7-12}$$

对模糊度协方差阵$Q_{\hat{a}}$和新空间中的协方差阵$Q_{\hat{z}}$分别进行楚列斯基分解，如式（7-13）。

$$Q_{\hat{a}} = L^{\mathrm{T}} D L, Q_{\hat{z}} = Z^{\mathrm{T}} Q_{\hat{a}} Z = Z^{\mathrm{T}} L^{\mathrm{T}} D L Z = \overline{L}^{\mathrm{T}} \overline{D} \overline{L} \qquad (7\text{-}13)$$

其中，L 和 $\overline{L}$ 为单位下三角阵；D 和 $\overline{D}$ 为对角矩阵。

接下来，在转换后的空间内进行模糊度搜索。将式（7-13）代入式（7-12），变形后得到式（7-14）。

$$\frac{\left(\overline{z}_1 - z_1\right)^2}{\overline{d}_1} + \frac{\left(\overline{z}_2 - z_2\right)^2}{\overline{d}_2} + \cdots + \frac{\left(\overline{z}_n - z_n\right)^2}{\overline{d}_n} \leqslant \chi^2 \qquad (7\text{-}14)$$

其中，$\overline{d}_n$ 是 $\overline{D}$ 矩阵中的元素，$\overline{z} = z - \overline{L}^{\mathrm{T}}(\hat{z} - z)$，其构成的搜索空间是一个 n 维的超椭球空间，式（7-15）给出了 z_i 的上下限，构成第 i 维的搜索空间。

$$\overline{z}_i - \overline{d}_i^{1/2}\left[\chi^2 - \sum_{j=i+1}^{n}\left(\hat{z}_j - z_j\right)^2 / \overline{d}_j\right]^{1/2} \leqslant z_i \leqslant \overline{z}_i + \overline{d}_i^{1/2}\left[\chi^2 - \sum_{j=i+1}^{n}\left(\hat{z}_j - z_j\right)^2 / \overline{d}_j\right]^{1/2} \qquad (7\text{-}15)$$

在此搜索空间内按从大到小的顺序排列整数，再进行搜索，每次只验证一个整数。如果第 i 维空间的 z_i 确定，继续搜索第 $i-1$ 维中的 z_{i-1}；否则重新搜索第 $i+1$ 维中的 z_{i+1}，而后重新在第 i 维空间中搜索 z_i。经历上述搜索过程后，如果在第1维空间中搜索到了相关整数，则可确定一个整周模糊度的矢量解。

7.2.2 无线局域网定位

基于无线局域网的室内定位技术是当前室内定位的常用技术之一，具有部署简单、易于实现、抗干扰能力强且定位精度高等优势。目前，基于无线局域网的定位系统常采用基于位置指纹的定位方法。基于位置指纹算法的无线局域网室内定位可分为两个阶段：离线阶段和在线阶段，其系统架构如图7-1所示。

在离线阶段，采集指纹数据和建立指纹数据库，即将不同的指纹数据以记录的形式保存在数据库中，形成离线指纹数据库。根据实际需求，在室内空间按一定的距离间隔划分 m 个标记位置，记录这 m 个标记位置的坐标为 $\mathbf{Loc}_i = (Loc_1, Loc_2, \cdots, Loc_m)$，$i = 1, 2, \cdots, m$，假设终端在第 i 个标记位置采集到 n 组RSS，记为 $\mathbf{RSS}_{ij} = (RSS_{i1}, RSS_{i2}, \cdots, RSS_{in})$，$j = 1, 2, \cdots, n$，终端设备检测到 H 个接入点，最后将 $\mathbf{RSS}_{ij}$ 与标记位置的坐标 Loc_i 保存为完整记录，建立离线指纹数据库，即 $\mathbf{x}_{ij} = (\mathbf{RSS}_{ij}, Loc_i) = (x_{ij,1}, x_{ij,2}, \cdots, x_{ij,H})$，$i = 1, 2, \cdots m$，$j = 1, 2, \cdots, n$。然后，在在线定位阶段，对终端接收到的RSS实时数据 $\mathbf{rss}_j = (rss_1, rss_2, \cdots, rss_n)$ 与离线指纹数据库中 $\mathbf{x}_{ij}$ 记录的RSS信息进行相似度计算，即通过匹配算法，选出相似度最高的位置作为当前移动终端的位置。

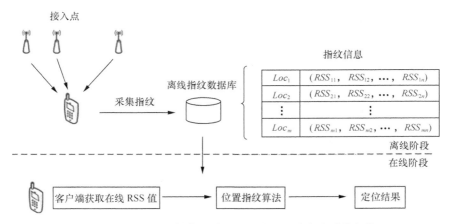

图7-1　基于位置指纹算法的无线局域网室内定位系统架构

7.2.3　蓝牙定位

由于蓝牙设备具有体积较小、易集成在多种终端设备上、功耗低等特点，蓝牙定位技术在各种室内定位中应用广泛。以基于RSSI测距的蓝牙定位技术为例，可以将信号传播模型简写如下。

$$RSSI = A - 10n \cdot \lg d \tag{7-16}$$

其中，$RSSI$表示接收信号强度；A表示距离蓝牙信号1m处的信号强度；n表示路径损耗因子，即在特定环境下的衰减速率，它的大小与天气、湿度等环境有关，可通过经验值或根据实际环境测算以获取环境变量；d表示接收端与蓝牙信号之间的距离。通过蓝牙信号的RSSI，根据式（7-16）得到蓝牙发射装置与待测点之间的距离，即 $d = 10^{\wedge}(A - RSSI)/10n$。

假设某个待测点获得了到m个蓝牙发射装置的距离 $d_i(i=1,2,\cdots,m)$，则可根据式（7-17）计算距离。

$$(x_s - x_i)^2 + (y_s - y_i)^2 = d_i^2 \tag{7-17}$$

其中，(x_s, y_s)表示待求点坐标；(x_i, y_i)表示第i个蓝牙发射装置的位置坐标，可利用2.4.1节中的最小二乘算法求解出待测点的坐标。

7.2.4　惯性导航定位

智能终端通常自带惯性测量单元（IMU），包括加速度传感器和陀螺仪。利用IMU提供的测量量，终端可以不依靠外部信息，进行自主式惯性导航定位，也可与其他定位方式相结合，进行组合惯性导航定位。

惯性导航算法主要包括3个相互关联的部分,即姿态解算、速度解算和位置解算(如图7-2所示)。

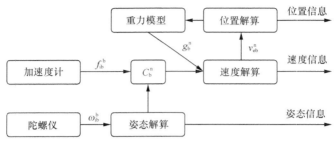

图7-2　惯性导航定位系统示意图

在本节中,上、下标符号b、n、e、i分别代表终端载体坐标系(body frame)、北东地导航坐标系(north-east-down navigation frame)、地球坐标系(earth-center-earth-fixed frame)和惯性坐标系(inertial frame)。

(1)惯性坐标系(i-frame)是原点位于地球中心、相对于固定恒星不旋转的右手正交坐标系,惯性坐标系的Z轴与地球的极轴重合。

(2)地球坐标系(e-frame)是原点位于地球中心、轴相对于地球固定的右手正交坐标系。地球坐标系的X轴位于本初子午线平面与地球赤道平面的交点上。Z轴与地球的极轴重合。

(3)北东地导航坐标系(n-frame)是一个局部地理坐标系,其原点位于导航系统的位置。北东地导航坐标系的X、Y、Z轴分别与北、东和局部垂直(向下)的方向对齐。

(4)终端载体坐标系(b-frame)的原点在载体中心,X轴指向载体的正右方、Y轴指向载体的正前方、Z轴指向载体的正上方。3个轴满足右手定律。

姿态解算的目的是利用陀螺仪提供的测量量(终端载体坐标系相对惯性坐标系的旋转角速率 $\boldsymbol{\omega}_{ib}^{b} = \begin{bmatrix} \omega_x, \omega_y, \omega_z \end{bmatrix}^{T}$)来解算载体坐标系与导航坐标系之间的角度关系。惯性导航的姿态解算方法主要有3种。方法1:先用陀螺仪测量量解算载体姿态角,然后利用载体姿态角得到载体坐标系与导航坐标系之间的方向余弦矩阵;方法2:先用陀螺仪测量量解算载体坐标系与导航坐标系之间的方向余弦矩阵,然后解算载体姿态角;方法3:用四元数(quaternion)形式代表载体姿态,先用陀螺仪测量量进行四元数解算,然后由四元数计算载体姿态角和方向余弦矩阵。下面简单介绍前两种方法(四元数算法可参见文献[15])。

方法1:为简单起见,假设忽略载体运动导致的导航坐标系相对地球坐标系的旋转角速率和地球自转导致的地球坐标系相对惯性坐标系的旋转角速率,则可用以下微分方程式解算载体姿态角(包括航向角 ψ 、俯仰角 θ 和横滚角 ϕ)。

$$\dot{\phi} = \left(\omega_y \sin\phi + \omega_z \cos\phi\right)\tan\theta + \omega_x$$
$$\dot{\theta} = \omega_y \cos\phi - \omega_z \sin\phi \qquad\qquad (7\text{-}18)$$
$$\dot{\psi} = \left(\omega_y \sin\phi + \omega_z \cos\phi\right)\sec\theta$$

其中，$\{\omega_x, \omega_y, \omega_z\}^T$ 为陀螺仪提供的载体坐标系相对惯性坐标系的旋转角速率。得到航向角 ψ、俯仰角 θ 和横滚角 ϕ 后，可得载体坐标系与导航坐标系之间的方向余弦矩阵 $\boldsymbol{C}_b^n$，如式（7-19）。

$$\boldsymbol{C}_b^n = \begin{bmatrix} \cos\theta\cos\psi & -\cos\phi\sin\psi + \sin\phi\sin\theta\cos\psi & \sin\phi\sin\psi + \cos\phi\sin\theta\cos\psi \\ \cos\theta\sin\psi & \cos\phi\cos\psi + \sin\phi\sin\theta\sin\psi & -\sin\phi\cos\psi + \cos\phi\sin\theta\sin\psi \\ -\sin\theta & \sin\phi\cos\theta & \cos\phi\cos\theta \end{bmatrix} \quad (7\text{-}19)$$

这种方法的优点是计算简单。然而，其使用受到一定限制，因为当 $\theta = \pm 90°$ 时，航向角 ψ 的解变得不确定。

方法2：通过以下微分方程式解算载体坐标系与导航坐标系之间的方向余弦矩阵，如式（7-20）。

$$\dot{\boldsymbol{C}}_{eb}^n = \boldsymbol{C}_b^n \boldsymbol{\Omega}_{ib}^b - \left(\boldsymbol{\Omega}_{ie}^n + 2\boldsymbol{\Omega}_{en}^n\right) C_b^n \qquad (7\text{-}20)$$

其中，$\boldsymbol{\Omega}_{en}^n$ 是导航坐标系相对于地理坐标系旋转速率 $\omega_{en}^n = \left[\dot{\lambda}\cos(L), -\dot{L}, -\dot{\lambda}\sin(L)\right]^T$ 的反对称矩阵，$\boldsymbol{\Omega}_{ie}^n$ 是地理坐标系相对于惯性坐标系旋转速率 $\omega_{ie}^n = \left[\omega_{ie}\cos(L), 0, -\omega_{ie}\sin(L)\right]^T$ 的反对称矩阵，L 和 λ 分别为载体位置的纬度和经度，ω_{ie} 为地球自转角速率 $\left(\omega_{ie} = 7.292\,115\times10^{-5}\,\text{rad/s}\right)$。在得到 $\boldsymbol{C}_b^n$ 后，可以由式（7-19）得到航向角 ψ、俯仰角 θ 和横滚角 ϕ。

利用加速度传感器测量量，可通过以下微分方程式解算载体相对地理坐标系的速度向量 $\boldsymbol{v}_{eb}^n$，如式（7-21）。

$$\dot{\boldsymbol{v}}_{eb}^n = \boldsymbol{C}_b^n \boldsymbol{f}_{ib}^b + \boldsymbol{g}_b^n - \left(\boldsymbol{\Omega}_{en}^n + 2\boldsymbol{\Omega}_{ie}^n\right)\boldsymbol{v}_{eb}^n \qquad (7\text{-}21)$$

其中，$\boldsymbol{v}_{eb}^n = \left[v_E^n, v_N^n, v_D^n\right]^T$ 代表了速度在北东地导航坐标系中的3个分量。$\boldsymbol{f}_{ib}^b = \left[f_x^b, f_y^b, f_z^b\right]^T$ 是由加速度传感器提供的载体相对惯性坐标系加速度向量，$\boldsymbol{g}_b^n$ 是载体所在位置的重力向量，可根据重力模型来取值。

利用速度向量 $\boldsymbol{v}_{eb}^n$，可通过以下微分方程式解算载体在地理坐标系中的位置（分别为载体位置的纬度 L、经度 λ 和高度 h），如式（7-22）。

$$\dot{L} = \frac{v_N^n}{R_N + h}, R_N = \frac{a}{\sqrt{1 - e^2 \sin^2 L}}$$

$$\dot{\lambda} = \frac{v_E^n}{(R_E + h)\cos L}, \quad R_E = \frac{a(1 - e^2)}{\sqrt{(1 - e^2 \sin^2 L)^3}} \tag{7-22}$$

$$\dot{h} = -v_D^n$$

其中，a 为地球椭球赤道半径 $(a = 6\,378\,137.0\,\text{km})$，$e$ 为椭圆形的主要偏心率 $(e^2 = 0.006\,694\,379\,99)$。

基于上述分析可知，在惯性导航定位中，姿态、速度和位置都是通过微分方程式解算的，从而需要有姿态、速度和位置的初始值。初始位置一般可由外部信息提供。在载体静止的状态下，可将初始速度设为零。初始姿态可由惯性导航系统利用地球重力和地球自转的信息，通过惯性导航自对准得到。详细的惯性导航自对准过程可参见参考文献[15]。

((·)) 7.3 5G融合定位技术

前面章节介绍了基于5G蜂窝网络的融合定位技术，例如，UL-TDOA+UL-AoA、DL-TDOA+DL-AoD等。5G蜂窝网络的定位技术还可以和其他非5G蜂窝网络定位技术组合起来，构造融合的定位技术。下面介绍典型的5G+A-GNSS+惯性导航的多源融合定位技术。

单一的室内外定位技术往往存在信息缺乏和技术手段单一的缺陷，难以满足当前城市区域室内外无缝高精度定位的需求，面临以下3个关键问题：（1）室外GNSS卫星信号受阻及定位误差修正不充分；（2）室内信标源集成度不足；（3）室内外无缝连续定位能力不足。5G网络的高精度定位+A-GNSS+惯性导航的融合能够提供室内外无缝切换和连续定位的高精度定位服务，将产生巨大的增量效应，使定位导航的产业化走向位置服务的商业化。

5G+A-GNSS+惯性导航的融合定位技术是通过构建以5G+A-GNSS+惯性导航为核心的多体制协同定位方案，解决单一传感器定位信息缺乏、定位源离散、定位时空障碍等问题，使与场景适配的多种传感器、多种定位技术进行紧密有效的协作，合理选择最佳配置，并在云平台增强信息的支持下，通过多源信息的自适应融合，实现终端的高精度位置估计。其中，A-GNSS定位本质上属于几何距离后方交会，位置已知的卫星作为分布在全球上空的参考点，采用无线电波向地面用户广播测距信号，用户在精细地处理各类误差后，利用距离后方交会的原理实现分米到厘米级精度的动态定位。5G定位则通过通信链路将基站位置传递给用户设备。惯性导航则是建立在牛顿力学框架下且以刚体力学为基础的一种定位、定姿技术，通过加速度传感器和陀螺仪来感知物体相对于惯性系的空间变化。其中，平动和转动分别描述了物体的位置变化和姿态变化。A-GNSS/5G定位和惯性导航是刻画物体空间位置变化的两种典型技术，存在天然的优势互补，前者具有几何意义下的运行学属性，而后者具有物理意义下动力学属性，这种属性由最优估计中的观测方程和状态方程进行精确的描述，从而实现三者的最优融合。其他多源传感器的融合都是以该组合为基础进行扩展的。

7.4　5G辅助卫星的增强定位

GNSS可以提供具有全球或区域覆盖的自主地理空间定位。当5G网络协助终端进行辅助卫星增强定位时，具有如下4个好处。

第一，缩短了终端的GNSS启动和获取时间。可以缩小搜索窗口，且能显著加快测量的速度。

第二，提升终端的GNSS灵敏度。定位辅助消息通过NG-RAN播发，即使当终端的GNSS接收机无法解调卫星信号时，它也仍然可以在低信噪比情况下正常运行。

第三，与独立的GNSS相比，终端消耗更小的功率。这是因为终端的全球卫星导航系统接收机可以在不需要时处于空闲模式，在需要时又能够快速启动，从而减少耗电。

第四，终端有更高的定位精度。高精度定位辅助信息，如实时动态定位校正参数和GNSS物理模型通过5G网络提供，因此UE可以使用这些信息，结合伪距和载波相位测量量完成高精度位置解算。

7.4.1　辅助卫星定位系统

在3GPP规范中，术语GNSS适用于涵盖全球、区域和增强的卫星系统，包括如下系统。

（1）全球覆盖的中国北斗导航卫星系统（BDS）。

（2）全球覆盖的全球定位系统（GPS）。

（3）全球覆盖的欧盟建立和管理的伽利略导航卫星系统（Galileo）。

（4）全球覆盖的俄罗斯格洛纳斯导航卫星系统（GLONASS）。

（5）区域覆盖的星基增强系统（SBAS），包括美国的广域增强系统（WAAS）、欧洲星基增强系统（EGNOS）、日本星基增强系统（MSAS）和印度星基增强系统（GAGAN）。

（6）区域覆盖的日本准天顶导航卫星系统（QZSS）;

每个GNSS都可以单独使用或与其他GNSS组合使用，GNSS包括区域导航系统和增强系统。当组合使用时，导航卫星信号的有效数量将增加，这样可以带来如下好处。

（1）额外的卫星可以提高（特定位置的卫星的）可用性，并提高在卫星信号可能被遮挡的区域（例如城市、峡谷）内工作的能力。

（2）额外的卫星和信号可以通过额外的测量提高定位可靠性，虽然数据冗余会增加，但有助于识别任何测量异常问题。

（3）借助现代化卫星改进了几何分布的测量和测距信号，因此，额外的卫星和信号可以提高准确性。

网络辅助的A-GNSS支持如下两种模式。

（1）终端辅助（UE-assisted）定位模式：终端执行GNSS测量（伪距、伪多普勒、载波相位范围等）并将这些测量结果发送到进行位置解算的定位服务器处，终端可以使用来自其他（非GNSS）源的额外测量来辅助定位。

（2）基于终端（UE-based）自主解算位置模式：终端执行GNSS测量并解算自己的位置，可以使用来自其他（非GNSS）源的额外测量和来自定位服务器的辅助数据。

7.4.2　辅助卫星定位数据

A-GNSS需要定位服务器发送辅助数据，用于终端完成卫星定位或卫星增强定位。网络发送的具体辅助数据内容根据终端是处于终端辅助定位模式还是基于终端自主解算位置模式而有所不同。定位服务器发送的辅助数据大致可以分为以下3类。

第1类，辅助测量的辅助数据。例如参考时间、可见卫星列表、卫星信号多普勒、码相、多普勒和码相搜索窗口，如表7-1所示。

表7-1　辅助测量的辅助数据说明

参数名称	参数说明
参考时间	参考时间辅助数据为GNSS接收机提供粗略或精细的GNSS时间信息。特定的GNSS系统时间（例如GPS、Galileo、GLONASS、BDS系统时间）应用GNSS ID指示

续表

参数名称	参数说明
GNSS 时间偏移	GNSS时间偏移辅助数据为GNSS接收机提供不同GNSS时间之间的同步参数
实时完好性	实时完好性辅助数据向GNSS接收机提供有关GNSS星座的健康状态的信息
数据位	数据位辅助数据向GNSS接收机提供有关GNSS卫星在特定时间传输的数据位或符号信息。该信息可以被UE用于灵敏度辅助和时间恢复
获取辅助信息	获取辅助信息为GNSS接收机提供有关可见卫星、参考时间、预期码相位、预期多普勒、搜索窗口（码相位和多普勒的不确定性）和GNSS信号的其他信息以实现对GNSS信号的快速获取
协调世界时模型	协调世界时模型辅助数据为GNSS接收机提供GNSS系统时间与通用协调世界时相关联所需要的参数。不同GNSS使用不同的模型参数和格式

第2类，用于位置计算的辅助数据。例如来自GNSS参考接收机或接收机网络的参考时间、参考位置、卫星星历、时钟校正、代码和载波相位测量，如表7-2所示。

表7-2　用于位置计算的辅助数据说明

参数名称	参数说明
参考位置	参考位置辅助数据向GNSS接收机提供其位置的先验估计（例如，通过Cell-ID、OTDOA定位方法等获得）及其不确定性
地球方向参数	地球方向参数辅助数据为GNSS接收机提供构建GPS指定的地心地固坐标系（ECEF）到地心惯性坐标系（ECI）转换所需要的参数
星历和时钟模型	星历和时钟模型辅助数据为GNSS接收机提供计算GNSS卫星位置和时钟偏移的参数。不同的导航系统使用不同的模型参数和格式
历书	历书辅助数据为GNSS接收机提供参数以粗略计算GNSS卫星位置和时钟偏移。各种卫星导航系统使用不同的模型参数和格式

第3类，提高位置精度的数据。例如卫星编码偏差、卫星轨道改正、卫星时钟改正、大气模型、RTK残差和梯度，如表7-3所示。

表7-3　提高位置精度的辅助数据说明

参数名称	参数说明
电离层模型	电离层模型辅助数据通过为GNSS接收机提供参数来模拟GNSS信号通过电离层的传播延迟。定位服务器可以提供由GPS、Galileo、QZSS和BDS指定的电离层模型参数
GNSS 差分校正	GNSS差分校正辅助数据为GNSS接收机提供伪距和伪距率校正，以减小GNSS接收机测量中的偏差
实时动态（RTK）定位参考站信息	实时动态定位参考站信息为GNSS接收机提供参考站安装天线的天线参考点的地心地固坐标，以及测量标石上方天线参考点的高度。此外，此辅助数据还提供有关安装在参考站点的天线类型的信息
RTK 定位辅助站数据	RTK定位辅助站数据为GNSS接收机提供辅助数据中所有辅助参考站的位置。将这些值表示为相对于主参考站并基于1980大地参考坐标系（GRS80）椭球的相对大地的坐标

续表

参数名称	参数说明
RTK 定位测量量	RTK定位测量量为GNSS接收机提供每个GNSS信号在参考站生成的所有主要测量量[伪距、相位距、相位距率（多普勒）和载噪比]
RTK 定位通用观测信息	RTK定位通用观测信息为GNSS接收机提供适用于任何导航系统的通用信息
GLONASS RTK 定位偏差信息	GLONASS RTK定位偏差信息为GNSS接收机提供旨在补偿由参考接收机码相偏差引入的一阶频率间相位范围偏差的信息。此信息仅适用于GLONASS频分多址（FDMA）接入信号
RTK 定位主差分校正	RTK定位主差分校正为GNSS接收机提供有关主参考站与其辅助参考站之间生成的电离层（色散）和几何（非色散）校正的信息
RTK 定位残余误差	RTK定位残余误差为GNSS接收机提供网络误差模型，这些模型是为网络RTK技术中传播的内插校正生成的。当在RTK网络中有足够的冗余时，位置服务器进程可以提供对剩余插值误差的估计
RTK 定位面积校正参数梯度	RTK定位面积校正参数梯度为GNSS接收机提供观测空间中几何（对流层和卫星轨道）和电离层信号分量的水平梯度。该梯度信息通常应该在10～60s传输一次
状态空间表达域校正	状态空间表达（SSR）域校正为GNSS接收机提供径向、沿轨道和跨轨道分量中的轨道校正参数。将这些轨道校正参数用于计算卫星位置校正，并与根据广播星历计算的卫星位置相结合
SSR 时钟校正	SSR时钟校正为GNSS接收机提供参数以进行广播卫星时钟的GNSS卫星时钟校正
SSR 码间偏差	SSR码间偏差为GNSS接收机提供必须添加到相应代码信号的伪距测量中才能获得校正伪距的代码偏差。SSR代码偏差包含绝对值，也可以通过将偏差之一设置为零来替代使用差分代码偏差。UE可以始终如一地使用为其发送码偏的信号。UE在没有从辅助数据消息中检索到相应的代码偏差的情况下使用信号是不可靠的
SSR 相位偏差	SSR相位偏差为GNSS接收机提供GNSS信号相位偏差，该相位偏差被添加到相应信号的载波相位测量中以获得校正的相位范围，还提供了用于在相位偏差不连续时对事件进行计数的指示器，并且提供了一个可选指示器来指示每个信号是否支持固定、宽通道固定或浮动精密单点定位-RTK（PPP-RTK）定位模式
SSR 倾向电离层总电子含量校正	SSR倾向电离层总电子含量校正为GNSS接收机提供参数，基于每颗卫星的可变阶多项式计算电离层倾斜延迟校正，并应用于代码和相位测量中
SSR 网格校正	SSR网格校正使用一系列校正点为GNSS接收机提供STEC残差和对流层延迟，并表示为静水力和湿垂直延迟
SSR 用户范围精度	SSR用户范围精度（URA）为接收机提供有关每颗卫星的估计校正精度的信息
SSR 校正点	SSR校正点提供校正点坐标列表或校正点数组，SSR网格校正对其有效

((•)) 7.5 小结

业界研究表明，单一的定位技术无法解决无缝位置服务的问题，联合多种定位技术的融合定位方法是解决无缝位置服务问题的重要手段。例如，已经部署的基于A-GNSS、蓝牙、无线局域网和UWB等技术的定位网络可以与5G蜂窝网络进行融合，相互提供冗余观测信息，提高定位的精度。

本章首先介绍了A-GNSS、无线局域网、蓝牙和惯性导航等非蜂窝网络定位的方法，然后介绍了5G蜂窝网络定位方法与其他非蜂窝网络定位方法融合的定位方法，最后介绍5G辅助卫星的增强定位系统和定位数据。

(((•))) 参考文献

[1] 郭凯，李金乾，马琛. QZSS 对 GPS 伪距单点定位精度影响分析[J]. 测绘与空间地理信息，2022: (045-003).

[2] Xu G. GPS: Theory, Algorithms and Applications[C]// Springer Publishing Company, Incorporated. Springer Publishing Company, Incorporated, 2004.

[3] Teunissen P, Jonge P, Tiberius C. The Least-squares Ambiguity Decorrelation Adjustment: its Performance on Short GPS Baselines and Short Observation Spans[J]. Journal of Geodesy, 1997, 71(10):589-602.

[4] Frei E, Beutler G. Rapid Static Positioning based on the Fast Ambiguity Resolution Approach FARA: Theory and First Results[J]. Manuscripta Geodaetica, 1990.

[5] Euler H J, Landau H. Fast GPS Ambiguity Resolution on-the-fly for Real-time Application[J]. Proc of Sixth International Geodetic Symposium on Satellite Positioning, 1992.

[6] Takasu T, Yasuda A. Kalman-Filter-based Integer Ambiguity Resolution Strategy for Long-Baseline RTK with Ionosphere and Troposphere Estimation[C]// Proceedings of the 23rd International Technical Meeting of the Satellite Division of The Institute of Navigation (ION GNSS 2010). 2010.

[7] Dekkiche H, Kahlouche S, Abbas H. Differential Ionosphere Modelling for Single-reference Long-baseline GPS Kinematic Positioning[J]. Earth Planets & Space, 2010, 62(12):915-922.

[8] Teunissen P. A New Method for Fast Carrier Phase Ambiguity Estimation[C]// Position Location & Navigation Symposium. IEEE, 1994.

[9] 邹龙宽，李英祥. 基于 LAMBDA 算法搜索空间的研究[J]. 地理空间信息，2018, 16(12):4.

[10] 史琳. GPS 整周模糊度及其在姿态测量中的应用研究[D]. 武汉理工大学，2008.

[11] Teunissen P. Least-squares Estimation of the Integer GPS Ambiguities. Invited Lecture, Section IV, Theory and Methodology. 1993.

[12] Duan Y, Lam K Y, Lee V, et al. Data Rate Fingerprinting: a WLAN-based Indoor Positioning Technique for Passive Localization[J]. IEEE Sensors Journal, 2019:1.

[13] Khoshgoftaar T M, Pandya A S, Lanning D L. Application of Neural Networks for Predicting Program Faults[J]. Annals of Software Engineering, 1995, 1(1): 141-154.

[14] 邹继龙. 基于 RSSI 的室内定位算法研究与实现[D]. 东北大学，2014.

[15] Titterton D, Weston J. Strapdown Inertial Navigation Technology Strapdown Navigation System Computation[J]. 2004.

[16] Agency M. World Geodetic System 1984: Its Definition and Relationships with Local Geodetic Systems[J]. 1987.

[17] 王映民，孙韶辉. 5G 移动通信系统设计与标准详解[M]. 北京：人民邮电出版社，2020.

[18] 邓中亮，王翰华，刘京融. 通信导航融合定位技术发展综述[J]. 导航定位与授时，2022(009-002).

[19] Chai M, Li C, Huang H. A New Indoor Positioning Algorithm of Cellular and Wi-Fi Networks[J]. Journal of Navigation, 2019, 73(3):1-21.

[20] Yin L, Ni Q, Deng Z. A GNSS/5G Integrated Positioning Methodology in D2D Communication Networks[J]. IEEE Journal on Selected Areas in Communications, 2018, 36(2):351-362.

[21] Ren B, Fang R Y, Ren X T, et al. Progress of 3GPP Rel-17 Standards on New Radio (NR) Positioning[C]// Eleventh International Conference on Indoor Positioning and Indoor Navigation (IPIN), [S.l.:s.n.], 2021.

[22] 3GPP TS 22.261 V18.5.0. Service Requirements for the 5G System; Stage 1 (Release 18)[R]. 2021.

[23] 3GPP TS 38.305 V17.0.0. Stage 2 Functional Specification of User Equipment (UE) Positioning in NG-RAN (Release 17)[R]. 2022.

[24] 3GPP TS 37.355 V17.0.0. LTE Positioning Protocol (LPP) (Release 17)[R]. 2022.

[25] RTCM 10402.3 V2.3. RTCM Recommended Standards for Differential GNSS Service[R], 2001.

[26] CATT, CAICT, Huawei. R2-2005893. Update B1I Signal ICD File to v3.0 in BDS System in A-GNSS[R]. 2021.

[27] CATT, CAICT, CMCC. R2-2002121. Introduction of B1C Signal in BDS System in A-GNSS[R]. 2020.

[28] CATT, CAICT, CMCC. R2-2000240. Introduction of B1C Signal in BDS System in A-GNSS[R]. 2020.

[29] CATT, CAICT, CMCC. R2-2000238. Introduction of B1C Signal in BDS System in A-GNSS[R]. 2020.

[30] CATT, CAICT, CMCC. R2-2204097. Introduction of B2a and B3I Signal in BDS System and GNSS Positioning Integrity[R]. 2022.

[31] CATT, CAICT, CMCC. R2-2203609. Introduction of B2a and B3I Signal in BDS System in A-GNSS[R]. 2022.

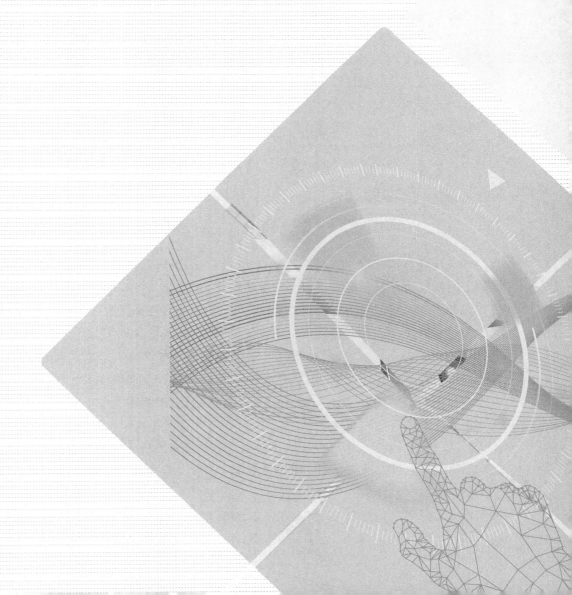

第8章

5G NR载波相位定位

技术

8.1 引言

载波相位定位（CPP）技术的核心思想在于信号的载波相位信息包含了信号接收机与信号发射机之间的距离信息，可以用于精确地解算终端位置。载波相位定位技术已经被广泛地应用于GNSS，可以获得厘米级甚至毫米级的定位精度。卫星定位的主要局限是在室内和建筑物密集的城市峡谷地带，终端往往难以接收到卫星信号。由于蜂窝网络信号功率高、不受电离层/对流层时延等天气干扰的影响，并且蜂窝网络对参考信号发送有控制权，基于蜂窝信号的载波相位定位不受限于室外环境，相比基于卫星的载波相位定位，可能获得相似的定位精度和更低的定位时延。

到目前为止，蜂窝移动通信系统尚不支持基于蜂窝网络信号的载波相位定位技术。为了满足5G系统对高精度定位的需求，3GPP从2022年5月开始在Release 18定位增强研究项目中研究5G NR载波相位定位技术。本章的8.2节介绍基本原理，8.3节介绍信号模型，8.4节介绍关键技术，8.5节介绍NR载波相位定位对3GPP协议的影响，8.6节介绍性能评估结果。

8.2 基本原理

5G NR载波相位定位技术的基本原理是通过测量5G NR信号的载波相位变化，获取传输时延或者距离信息，进行高精度终端定位。3GPP Release 18研究5G NR载波相位定位技术的主要动机是该技术方案能够利用5G NR信号以厘米级的精度确定UE位置，并且能够工作在难以接收到卫星信号的室内环境中。相对于传统的基于时间测量量的UL-TDOA、DL-TDOA定位技术，载波相位定位技术并不一定需要使用超大带宽就能够取得厘米级定位精度（见8.6节），并且能够与其他定位技术共享相同的定位参考信号（见8.5.1节）。因此，5G NR载波相位定位技术能在提高定位精度的同时，有效地提高无线资源的利用率。

图8-1以上行定位为例，给出了5G NR载波相位定位技术示意图。在上行定位中，UE发送SRS-Pos以支持相邻的gNB/TRP获得上行定位测量量，包括UL-RTOA和载波相位测量量。用于发送SRS-Pos的上行时间和频率资源由网络为每个UE配置。gNB/TRP将获得的上行定位测量量上报给LMF。LMF在解算载波相位整周模糊度之后，解算出

UE的位置。在LOS信道环境中，如果忽略多径的影响，去除整周模糊度后的载波相位测量误差一般小于载波波长的10%（例如当载波频率为2GHz时，载波相位测量误差小于1.5cm），远小于UL-RTOA测量量的误差。因此，5G NR载波相位定位技术能够获得厘米级的定位精度。

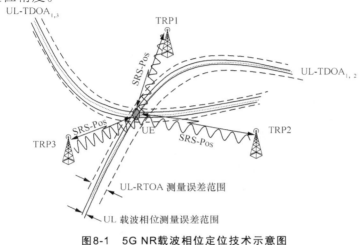

图8-1　5G NR载波相位定位技术示意图

(·) 8.3　信号模型

假设初始时间同步和频率同步之后，接收机和发射机之间的定时偏差为Δt，载波频率偏差是Δf，并且用$\delta f = \Delta f / \Delta f_{SCS}$表示归一化的频率偏差，接收机和发射机之间的初始相位偏移为$\Delta \varphi$。5G NR是正交频分复用（OFDM）系统，其信号模型可由式（8-1）表示。

$$y_n^m = e^{j\theta_n^m} \sum_{l=0}^{L-1} h_l e^{-j\phi_l} x_{n-l}^m + w_n^m \tag{8-1}$$

其中，x_n^m和y_n^m分别表示某时隙中发射机发送的和接收机接收的第m个OFDM符号的第n（$n=0, 1, \cdots, N-1$）个样本，N为一个OFDM符号的样本个数。h_l和ϕ_l分别是第l条多径分量的功率衰减系数和相位偏移，L为多径分量的个数。w_n^m表示AWGN噪声。θ_n^m表示δf导致的时隙中第m个OFDM符号的第n个样本的相位旋转（从时隙的开始时间计算），如式（8-2）。

$$\theta_n^m = 2\pi\left(mN + \sum_{i=0}^{m} N_g^i + n\right)\delta f / N = \theta^{m,1} + \theta_n^{m,2}$$

$$\theta^{m,1} = 2\pi\delta f\left(mN + \sum_{i=0}^{m} N_g^i\right)/N; \theta_n^{m,2} = 2\pi n\delta f / N \qquad （8-2）$$

其中，N_g^i 是第 i 个OFDM符号的循环前缀（CP）长度，$\theta^{m,1}$ 对于第 m 个OFDM符号的所有 N 个样本是相同的，而 $\theta_n^{m,2}$ 随第 m 个OFDM符号的样值点序号 n 线性增加。由于OFDM解调操作通常是依次执行每个OFDM符号的，大多数文献一般只讨论归一化频率偏差 δf 在一个OFDM符号持续时间内对解调的影响。针对5G NR载波相位定位，定位测量量通常通过多个OFDM符号获得，需要考虑 δf 对多个OFDM符号的累积影响。式（8-2）给出了一个时隙中每个OFDM符号的 δf 累积影响。

对式（8-1）两侧进行DFT操作，可得第 m 个OFDM符号内的频域接收符号 $R_k^m, k \in (0,1,\cdots,N-1)$。针对频域接收信号 R_k^m 进行最小二乘信道估计，可获得最小二乘准则下的频域信道响应（CFR）估计值 $\tilde{H}_k^m$，其表达式如式（8-3）。

$$\tilde{H}_k^m = \frac{R_k^m}{X_k^m} = \frac{\sin(\pi\delta f)}{N\sin\left(\dfrac{\pi\delta f}{N}\right)} e^{j\theta^{m,1}} e^{j\pi\delta f(N-1/N)} e^{-j2\pi(f_c+k\Delta f_{SCS})\Delta t} e^{j\Delta\varphi} H_k^m + \frac{ICI_k^m}{X_k^m} + \frac{W_k^m}{X_k^m} \qquad （8-3）$$

其中，R_k^m 表示第 m 个OFDM符号、第 k 个子载波上的接收符号，X_k^m 表示第 m 个OFDM符号、第 k 个子载波上的调制符号，$W_k \sim \mathcal{CN}(0,\sigma^2)$ 表示均值为0、方差为 σ^2 的复高斯分布的噪声。ICI_k^m 表示子载波间干扰（ICI），如式（8-4）。

$$ICI_k^m = e^{j\theta^{m,1}} e^{j\pi\delta f(N-1)/N} \sum_{i=0,i\neq k}^{N-1} \frac{\sin(\pi\delta f)}{N\sin(\pi(k-i+\delta f)/N)} H_i^m X_i^m e^{-j\pi(i-k)/N} \qquad （8-4）$$

其中，H_k^m 表示第 m 个OFDM符号、第 k 个子载波上的理想CFR，如式（8-5）。

$$H_k^m = \sum_{l=0}^{L-1} h_l e^{-j\phi_l} e^{-2\pi k\tau_l/T} = \sum_{l=0}^{L-1} h_l e^{-j2\pi(f_c+k\Delta f_{SCS})\tau_l} e^{-j\phi_l^*} \qquad （8-5）$$

其中，h_l、ϕ_l 和 τ_l 分别是准静态信道中第 l 条多径分量的功率衰减系数、初始相移和传输时延分量。第 l 条多径传输时延分量 τ_l 的单位是s。相位偏移 ϕ_l 包含自由空间传输引起的分量 $2\pi f_c\tau_l$ 和在信道中其他相位噪声引起的分量 ϕ_l^*，ϕ_l^* 与初始相位噪声相关。ϕ_l 可以由式（8-6）表示。

$$\phi_l = 2\pi f_c\tau_l + \phi_l^* \qquad （8-6）$$

针对单径LOS信道，忽略ICI，由式（8-3）可得载波相位测量量如式（8-7）。

$$\theta_k^m = 2\pi\delta f\left(mN + \sum_{i=0}^{m}N_g^i\right)/N + \pi\delta f\left(N - \frac{1}{N}\right) - 2\pi\left(f_c + k\Delta f_{SCS}\right)\left(\Delta t + \tau_0\right) + \Delta\varphi \qquad （8\text{-}7）$$

由式（8-7）可知载波相位测量量中除了包含关注的自由空间传输时延 τ_0，还包含定时偏差 Δt、频率偏差 δf 及相位偏差 $\Delta\varphi$ 等非理想因素的影响。

((•)) 8.4　关键技术

5G NR载波相位定位涉及以下4个算法：（1）载波相位测量算法；（2）初始时偏/相偏消除算法；（3）UE位置解算算法（包含整周模糊度求解）；（4）多径信道影响消除算法。

8.4.1　测量算法

基于蜂窝网络的载波相位定位技术的目标是将UL-TDOA、DL-TDOA定位技术的定位精度提升 1 ~ 2个量级，达到厘米级甚至毫米级。为此，首先需要获得精确的载波相位测量量。

定位参考信号的载波相位测量包括时域和频域两种方法。时域估计载波相位测量量的方法：根据式（8-3），针对频域接收信号 R_k^m 进行最小二乘信道估计，获得最小二乘准则下的CFR估计值 $\tilde{H}_k^m$，针对CFR估计值 $\tilde{H}_k^m$ 进行IDFT变换，得到时域冲激响应（CIR）$\tilde{h}_n^m$；然后基于一定的准则从CIR中判断出第一路径 $\tilde{h}_1^m$，并且计算相位，得到载波相位测量量。

针对频域估计载波相位测量量，本节提出了一种基于锁相环（PLL）的载波相位测量算法。PLL的输出相位包含定时偏差、频率偏差、相位噪声和基站到UE的信号传输时延等在内的载波相位测量量。由于定位所需要的信息隐含在载波相位中，高精度的载波相位测量量是提高定位精度的前提，因此需要尽可能地减小定时偏差、频率偏差和相位噪声带来的影响。下面将详细介绍基于锁相环的载波相位测量算法。

1. 基于锁相环的载波相位测量算法

由式（8-7）可知，载波相位测量量中除了包含关注的自由空间传输时延 τ_0，还包含定时偏差 Δt、频率偏差 δf 及相位偏差 $\Delta\varphi$ 等非理想因素。由于 τ_0 和 Δt 针对载波相位的作用相同，为了简化描述，本节用Δt表示空口传输时延和定时偏差的累加值。在同一个OFDM符号内，Δt造成的相位偏移随子载波数的增加呈线性变化，该相位变化仅体现在频域相位上。对于不同符号的相同子载波，δf造成的相位偏移随符号数的增加呈线性变化，该相位变化仅体现在时域相位上。根据滤波器传递函数的形式，可将PLL分为一阶、二阶甚至更高阶。在利用一阶PLL进行相位跟踪时，线性变化的相位偏移量对应于PLL输出相位曲线的斜率，可据此计算Δt和δf的估计值。$\Delta \varphi$为加在时域的固定相偏，可根据时域PLL环路输出的相位曲线的截距进行估计。需要注意的是，一阶PLL跟踪线性变化的相位时，在估计值与真实值之间会存在固定相位偏移量gap，在估计$\Delta \varphi$时需要对该相位偏移量进行修正。

PLL环路结构包括内环鉴相器（PED）、内环拟合模块、内环滤波器动态调整参数模块α_f、外环滤波器动态调整参数模块α_t及内、外环滤波器模块$\dfrac{1}{1-z^{-1}}$，PLL环路结构如图8-2所示。

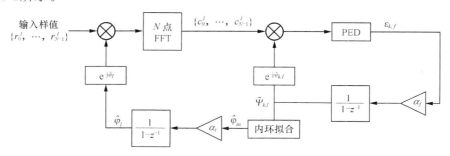

图8-2　PLL环路结构

其中，所涉及的主要变量定义如下。

r_i^l：第l个OFDM符号中的第i个时域采样数据，$i=0,\cdots,N-1$。

c_k^l：第l个OFDM符号FFT后的第k个子载波所携带数据，$k=0,\cdots,N-1$。

$\varepsilon_{k,f}$：PED输出，表示第k个子载波与滤波器模块$\dfrac{1}{1-z^{-1}}$第$k-1$次输出之间的相位差，当内环相位锁定后，该值保持不变。

$\hat{\Psi}_{k,l}$：内环输出，由前k个子载波对应的内环滤波器输出累加得到，并用来对第$k+1$个子载波的相位进行修正。内环锁定后，该值随子载波数的增加呈线性变化。对一个OFDM符号内所得N个$\hat{\Psi}_{k,l}\left(k=0,\cdots,N-1\right)$进行曲线拟合，可得到时延估计值$\Delta \hat{t}$和内环输送到外环的相位$\hat{\varphi}_{in}^l$。

$\hat{\varphi}_{in}^l$：通过对第l个OFDM符号产生的$\hat{\Psi}_{k,l}\left(k=0,\cdots,N-1\right)$进行曲线拟合得到，物理意义与PED输出的$\varepsilon_{k,f}$类似，表示第$l$个OFDM符号与外环第$l-1$次输出之间的相位差的估计值。

$\hat{\varphi}_l$：外环输出，由前l个OFDM符号对应的外环滤波器输出累加得到，作为外环输出的跟踪相位，并用来对第 $l+1$ 个OFDM符号的相位进行修正。外环锁定后，该值随符号数的增加呈线性变化。对连续多个 $\hat{\varphi}_l$ 值进行拟合可得到归一化频偏 δf 的估计值。

α_f：内环滤波器参数。

α_t：外环滤波器参数。

利用PLL进行载波相位测量的流程如下。

步骤1：接收信号的第 l 个OFDM符号 $\boldsymbol{r}_l$（包含 N 个采样点的一维序列）由外环输出 $\hat{\varphi}_l$ 进行修正，后经 N 点FFT变换转换为频域数据 $\boldsymbol{c}_l$，进入内环，如式（8-8）。

$$c_l = FFT\left(\boldsymbol{r}_l \cdot \mathrm{e}^{-\mathrm{j}\hat{\varphi}_l}\right) \tag{8-8}$$

步骤2：$\boldsymbol{c}_l$ 经内环输出 $\hat{\Psi}_{k,l}$ 修正，进入PED。PED输出为相位残差 $\varepsilon_{k,f}$，由对第 k 个子载波上修正后的频域数据 $c_{k,l}$ 与由第 k 个子载波上已知定位参考信号（例如 $PRS_{k,l}$）进行共轭相乘得到，如式（8-9）。

$$\mathrm{angle}\left(\left(c_{k,l} \cdot \mathrm{e}^{-\mathrm{j}\hat{\Psi}_{k,l}}\right)^* \cdot PRS_{k,l}\right) \tag{8-9}$$

步骤3：$\varepsilon_{k,f}$ 经内环滤波器后，得到内环输出相位 $\hat{\Psi}_{k,l}$，如式（8-10）。

$$\hat{\Psi}_{k,l} = \begin{cases} \alpha_f \varepsilon_{k,f} & ,k=0 \\ \hat{\Psi}_{k-1,l} + \alpha_f \varepsilon_{k,f} & ,k=1,2,\cdots,N-1 \end{cases} \tag{8-10}$$

步骤4：内环将 N 个频域数据处理完毕后，可得到对应于每个子载波的相位输出 $\hat{\boldsymbol{\Psi}}_l = \left\{\hat{\Psi}_{0,l},\cdots,\hat{\Psi}_{N-1,l}\right\}$，其中包含时延信息，对 $\hat{\boldsymbol{\Psi}}_l$ 相位曲线进行拟合，可得到时延估计值 $\Delta\hat{t}$ 及内环输送到外环的相位 $\hat{\varphi}_{in}^l$。具体实现为将内环相位曲线分段拟合（polyfit），段与段之间可重叠，得到一组曲线斜率的估计值。利用聚类（clustering）的思想，根据精度要求设置一个类的半径 e_{dt}，利用 e_{dt} 对该组斜率估计值进行分类，找出所含元素数量最多的类，取其平均值作为该符号内的时延估计值 $\Delta\hat{t}$，如式（8-11）。

$$\mathrm{mean}\left(\mathrm{clustering}\left\{\mathrm{polyfit}\left(\hat{\Psi}_l^{\mathrm{seg}}\right)\right\}\right) \tag{8-11}$$

其中，$\hat{\Psi}_l^{\mathrm{seg}}$ 表示对向量 $\hat{\boldsymbol{\Psi}}_l$ 的所有分段集。内环拟合后，将对应于第一个实际使用的子载波相位的纵轴截距作为内环输送到外环的相位 $\hat{\varphi}_{in}^l$。

需要注意的是，在内环拟合过程中可能存在较大的抖动现象，故加入以下数据筛选机制，即将相邻子载波间的相位差 $\Delta\Psi_{k,l}$ 与相邻子载波估计相位差 $\Delta\hat{\Psi}_{k,l}$（由所有子载波相位进行时延估计值 $\Delta\hat{t}$ 计算得出）进行对比，若 $\mathrm{abs}\left(\Delta\Psi_{k,l}-\Delta\hat{\Psi}_{k,l}\right)>1.5\,\mathrm{rad}$，则认为在第 k 个子载波处发生较大波动，只取前 $k-1$ 个子载波数据进行分段拟合。

步骤5：$\hat{\varphi}_{in}^l$ 经外环滤波器后，得到外环输出相位 $\hat{\varphi}_l$，如式（8-12）。

$$\hat{\varphi}_l = \begin{cases} \alpha_t \hat{\varphi}_{in}^l & ,l = 1 \\ \hat{\varphi}_{l-1} + \alpha_t \hat{\varphi}_{in}^l & ,l = 2,3,\cdots \end{cases} \quad (8\text{-}12)$$

步骤6：连续多个OFDM符号进入环路后，相对应地可得到多个$\hat{\varphi}_l$，在相邻符号的输出相位差中包含频偏信息，利用外环输出相位计算频偏估计值。具体实现为将输出相位分为两部分：稳定跟踪前和稳定跟踪后。对于稳定跟踪前的符号，由于其处于正在跟踪的阶段，输出相位存在较大误差，故用外环滤波器输出$\alpha_t \hat{\varphi}_{in}^l$作为该符号内频偏造成的相偏；对于稳定跟踪后的符号，此时的相位输出是较为准确的，考虑到在跟踪过程中引入的噪声和相邻符号频偏变化范围较小等因素，可用相邻4个OFDM符号的输出相位平均值作为该符号内发生的频偏造成的相偏估计值。

步骤7：得到外环输出相位$\{\hat{\varphi}_l | l = 1,\cdots\}$后，如上文所述，一阶PLL估计线性变化的相位时会存在一个固定的相差gap，需要计算gap值并在输出相位上对其进行补偿。由于内外环均采用一阶PLL，故均存在相差，分别用gap_1、gap_2表示。而外环输出相位值与内环输出结果有关，因此gap_2的值与gap_1的值有关。对gap_1、gap_2的分析及推导如下。

- 内环估计的是频域相位的线性变化。考虑到理想跟踪情况，内环锁定后，输出相位的阶跃量应与频域上相邻子载波间相位的变化量相同，如式（8-13）。

$$\alpha_f \varepsilon_{k,f} = 2\pi f_{scs} \Delta t \quad (8\text{-}13)$$

$\varepsilon_{k,f} = \Psi_{k,l} - \hat{\Psi}_{k-1,l}$为PED输出的第$k$个子载波的相位与内环第$k-1$次相位输出之间的差值，而内环PLL存在的固定相差$gap_1$应为第$k$个子载波的相位与内环对应第$k$次相位输出之间的差值，如式（8-14）。

$$gap_1 = \Psi_{k,l} - \hat{\Psi}_{k,l} = \Psi_{k,l} - \left(\hat{\Psi}_{k-1,l} + \alpha_f \varepsilon_{k,f}\right) = \left(1 - \alpha_f\right)\varepsilon_{k,f} \quad (8\text{-}14)$$

联立上述两式，可得内环产生的固定相差表达式。

$$gap_1 = \frac{1 - \alpha_f}{\alpha_f} 2\pi f_{scs} \Delta t \quad (8\text{-}15)$$

- 外环估计的是时域相位的线性变化。与内环解算过程相同，外环锁定后，输出相位的阶跃量与时域上相邻OFDM符号间相位的变化量相同，如式（8-16）。

$$\alpha_t \hat{\varphi}_{in}^l = \frac{2\pi \delta f N_s}{N} \quad (8\text{-}16)$$

其中，$\varphi_{in}^l = \varphi_l - \hat{\varphi}_{l-1}$表示第$l$个OFDM符号的相位与第$l-1$个符号对应的相位输出之间的差值。考虑到内环$gap_1$的存在，$\varphi_{in}^l = \hat{\varphi}_{in}^l + gap_1$。外环PLL产生的固定相差为第$l$个OFDM符号的相位与对应外环第$l$次相位输出之间的差值，如式（8-17）。

$$gap_2 = \varphi_l - \hat{\varphi}_l = \varphi_l - \left(\hat{\varphi}_{l-1} + \alpha_t \hat{\varphi}_{in}^l \right)$$
$$= \varphi_{in}^l - \alpha_t \hat{\varphi}_{in}^l \qquad (8\text{-}17)$$
$$= \hat{\varphi}_{in}^l + gap_1 - \alpha_t \hat{\varphi}_{in}^l$$

由此可得外环PLL的固定相差如式（8-18）。

$$gap_2 = \frac{1-\alpha_t}{\alpha_t} \frac{2\pi \delta f N_s}{N} + gap_1 \qquad (8\text{-}18)$$

因此，PLL模块最终输出的载波相位测量量如式（8-19）。

$$\varphi_l = \hat{\varphi}_l + gap_2 \qquad (8\text{-}19)$$

2. 非连续信号的载波相位预测算法

对于5G时分双工（TDD）方式，上行、下行信号都是分段发送的。对于5G频分双工（FDD）方式，5G Release 16的上行、下行定位参考信号也是阶段性发送的。定位信号的不连续性导致PLL每间隔一段时间就要重新进行锁相，然后进行相位测量。在对PLL进行重新锁相时，将初始相位测量量限制在 $[-\pi, \pi]$。然而，在相邻两段定位信号之间实际的载波相位变化可能会有很大的变化，如果超过这个范围，则会产生整周模糊度偏移量 ΔN。为了获取实际的相位测量量，需要对该部分偏移进行估计和补偿。

以5G TDD方式为例，假设下行定位信号的传输时间为5ms，且上、下行传输间隔也为5ms。利用相邻两段定位下行信号的频偏估计值，可对在两段定位下行信号间隔中的频偏进行线性估计，从而计算出两段定位下行信号间隔内载波相位的变化量，进而估计PLL重新锁定下行信号时，整周模糊度的偏移量 ΔN，具体实现如下。假设接收到的两段相邻下行信号分别为s1和s3，其频偏估计值分别为 $\delta \hat{f}_1$ 和 $\delta \hat{f}_3$，s2中间间隔时间段为5ms。根据3GPP对UE性能的要求，将可能发生的归一化频偏 δf 的上下界分别定为 ±0.05。于是，5ms（70个OFDM符号）内可能发生的相位跳变量的范围为 $\pm 0.05 \times 70 \times 2\pi \times (N + N_{CP}) / N = \pm 28 \text{ rad}$，约为4.5个整周，因此限定PLL在s3段重新锁定下行信号时，ΔN 发生的整周跳变量范围为 $[-4,4]$。将PLL在s3段重新锁定下行信号时的载波相位估计值以 2π 为单位上下平移，能够得到9条相互平行的曲线。假设s2段下行信号频偏保持不变，则可得到9个 δf_2 的估计值，从中选取使 $\delta \hat{f}_1$、$\delta \hat{f}_2$、$\delta \hat{f}_3$ 三者方差最小的作为 δf_2 的估计值，数学表达式如式（8-20）。

$$\delta \hat{f}_2 = \arg\min_{\delta \hat{f}_{2,i}} \sqrt{\left| \delta \hat{f}_1 - \delta \hat{f}_{2,i} \right|^2 + \left| \delta \hat{f}_3 - \delta \hat{f}_{2,i} \right|^2} \qquad (8\text{-}20)$$

图8-3所示为非连续信号的整周模糊度估计方法的示意图，其中，粗实线为PLL输出结果，浅色虚线为几种可能的s2段相位值，灰色实线为s2段载波相位估计值，点划线表示修复整数模糊度后的s3段载波相位值，将s3点划线相对于s3粗实线的相位偏差量除以 2π，即可得到s3段相对于s1段整周模糊度的偏移量 ΔN。

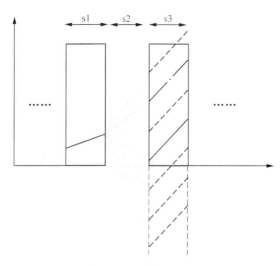

图8-3　非连续信号的整周模糊度估计方法的示意图

8.4.2　初始时偏/相偏消除算法

由式（8-7）可知，在期望的载波相位测量量中除了包含关注的自由空间传输分量 τ_0，还包含定时偏差、频率偏差及相位偏差等非理想因素。因此，无法直接从载波相位测量量中提取距离信息，需要进一步处理。此外，UE在获得载波相位测量量的同时，还可以获取到达时间（TOA）测量量。典型的TOA测量算法有自适应门限法、互相关法、MUSIC算法等。定时偏差与相位偏差对TOA测量量和载波相位测量量的影响是相同的，本节将介绍基于参考UE的初始时偏/相偏消除算法。

根据参考文献[10]可知，在不考虑非直射径、存在定时偏差与相位偏差的情况下，可以将TOA测量量 $T_a^i(t)$ 和载波相位测量量 $\varphi_a^i(t)$ 表示为式（8-21）。

$$T_a^i(t) = r_a^i(t) + c\left(\delta t^i(t) - \delta t_a(t)\right) + w_{a,T}^i(t)$$
$$\varphi_a^i(t) = r_a^i(t) + c\left(\delta t^i(t) - \delta t_a(t)\right) + \lambda\left(\varphi^i(0) - \varphi_a(0) - N_a^i\right) + w_{a,\varphi}^i(t)$$

（8-21）

其中，$r_a^i(t)$ 是发射机 a 到接收机 i 的距离，c 是光速，$\delta t^i(t)$ 是接收机 i 侧的定时偏差，$\delta t_a(t)$ 是发射机 a 侧的定时偏差，$w_{a,T}^i(t)$ 与 $w_{a,\varphi}^i(t)$ 分别是TOA与载波相位的测量误差，λ 是载波波长，$\varphi^i(0)$ 是接收机 i 侧的初始相位，$\varphi_a(0)$ 是发射机 a 侧的初始相位，N_a^i 为未知的整周模糊度。进一步地，可以引入接收机 j 构成单差分TOA测量量 $T_a^{ij}(t) = T_a^i(t) - T_a^j(t)$ 和单差分载波相位测量量 $\varphi_a^{ij}(t) = \varphi_a^i(t) - \varphi_a^j(t)$，可以将单差分测量方程表示为式（8-22）。

$$T_a^{ij}(t) = r_a^{ij}(t) + c\delta t^{ij}(t) + w_{a,T}^{ij}(t)$$
$$\varphi_a^{ij}(t) = r_a^{ij}(t) + c\delta t^{ij}(t) + \lambda\left(\varphi^{ij}(0) - N_a^{ij}\right) + w_{a,\varphi}^{ij}(t)$$

（8-22）

对比式（8-21）与式（8-22）可知，单差分操作可以消除发射机l侧的共同误差，例如定时偏差$\delta t_l(t)$。双差分测量量可以由两个单差分测量量进行差分操作获得。在式（8-22）的基础上进一步引入发射机b，考虑接收机i和接收机j，以及发射机a和发射机b之间的双差分操作，双差分测量方程可以表示为式（8-23）。

$$T_{ab}^{ij}(t) = r_{ab}^{ij}(t) + w_{ab,T}^{ij}(t)$$
$$\varphi_{ab}^{ij}(t) = r_{ab}^{ij}(t) - \lambda N_{ab}^{ij} + w_{ab,\varphi}^{ij}(t) \tag{8-23}$$

由式（8-22）与式（8-23）可知，双差分操作不仅消除了发射机l侧的定时偏差$\delta t_l(t)$，还消除了接收机侧的定时偏差$\delta t^{ij}(t)$，以及初始相位偏差。

在已知参考UE位置的情况下，可以将双差分测量量进一步恢复为单差分测量量，然后进行UE位置解算，具体算法可参见8.4.3节。

8.4.3 UE位置解算算法

1. 单样本UE位置解算算法

载波相位定位技术能获取高精度定位结果的前提是获取高精度的相位值，而获取高精度相位值不可或缺的则是正确地确定载波相位整周模糊度。为了避免时变信道导致的周跳影响，研究者们提出了基于单一测量时间，即单历元的解算整周模糊度方法，该方法通过构造先验条件来约束、固定及求解整周模糊度。

一般采用三频相位测量量在单一测量时间内获得更多的信息，其主要思想是通过逐级固定超宽巷（EWL）、宽巷（WL）和窄巷（NL）组合模糊度，进而解算出原始频点的整周模糊度。

采用三频相位测量量的单历元解算整周模糊度可以将所有接收机在3个载波频率获得的双差分相位测量量合在一起，解算相位测量量的整周模糊度，也可以分别针对某一对接收机和某一对发射机之间的3个载波频率获得的双差相位测量量，解算相位测量量的整周模糊度。由于第二种方法的实现相对比较简单，且在GNSS载波相位定位的文献中比较常见，因此，下面重点介绍第二种方法。

不失一般性，假定通过3个频率为f_i（$i=1,2,3$）的载波信号获取双差分相位测量量：

$$\varphi_i = r - \lambda_i N_i + w_{\varphi_i} \ , (i=1,2,3) \tag{8-24}$$

其中，φ_i为双差分相位测量量（单位为m），r为双差几何距离，λ_i为波长，N_i为双差分相位测量量的整周模糊度，w_{φ_i}为双差分相位测量量的测量误差，则可用以下方式组合新的虚拟双差分相位组合测量量。

$$\varphi_{ijk} \equiv \frac{if_1\varphi_1 + jf_2\varphi_2 + kf_3\varphi_3}{if_1 + jf_2 + kf_3} \qquad (8\text{-}25)$$

其中，组合系数 i、j、k 为任意整数，对应的组合后双差分相位组合测量量 φ_{ijk} 的整周模糊度 N_{ijk}、频率 f_{ijk}、波长 λ_{ijk} 和测量误差 $w_{\varphi_{ijk}}$ 分别如式（8-26）~式（8-29）。

$$N_{ijk} = i \cdot N_1 + j \cdot N_2 + k \cdot N_3 \qquad (8\text{-}26)$$

$$f_{ijk} = i \cdot f_1 + j \cdot f_2 + k \cdot f_3 \qquad (8\text{-}27)$$

$$\lambda_{ijk} = \frac{\lambda_1 \cdot \lambda_2 \cdot \lambda_3}{i \cdot \lambda_2 \cdot \lambda_3 + j \cdot \lambda_1 \cdot \lambda_3 + k \cdot \lambda_1 \cdot \lambda_2} \qquad (8\text{-}28)$$

$$w_{\varphi_{ijk}} = \frac{if_1 w_{\varphi_1} + jf_2 w_{\varphi_2} + kf_3 w_{\varphi_3}}{f_{ijk}} \qquad (8\text{-}29)$$

根据波长 λ_{ijk} 可确定组合后双差分相位组合测量量 φ_{ijk} 属于EWL、WL或NL。一般而言，EWL组合的 $\lambda_{ijk} \gg \max(\lambda_1, \lambda_2, \lambda_3)$，WL组合的 $\lambda_{ijk} > \max(\lambda_1, \lambda_2, \lambda_3)$，而NL组合的 $\lambda_{ijk} < \min\{\lambda_1, \lambda_2, \lambda_3\}$。

假设各个载波上的测量量误差 w_{φ_i} 的均方差相同，即 $\sigma_{\varphi_1}^2 = \sigma_{\varphi_2}^2 = \sigma_{\varphi_3}^2 \equiv \sigma_\varphi^2$，根据误差传播定律，组合测量量误差 $w_{\varphi_{ijk}}$ 的均方差如式（8-30）。

$$\begin{aligned}
\sigma_{\varphi_{ijk}} &= \frac{\sqrt{(i \cdot f_1)^2 \sigma_{\varphi_1}^2 + (j \cdot f_2)^2 \sigma_{\varphi_2}^2 + (k \cdot f_3)^2 \sigma_{\varphi_3}^2}}{f_{ijk}} \\
&= \frac{\sqrt{(i \cdot f_1)^2 + (j \cdot f_2)^2 + (k \cdot f_3)^2}}{f_{ijk}} \cdot \sigma_\varphi \equiv \mu_{ijk} \cdot \sigma_\varphi
\end{aligned} \qquad (8\text{-}30)$$

其中，μ_{ijk} 为噪声因子。

由式（8-28）和式（8-30）可知，不同 i、j、k 组合对应不同的波长 λ_{ijk} 和产生不同的误差均方差 $\sigma_{\varphi_{ijk}}$。一般而言，波长 λ_{ijk} 越长，正确解算出 N_{ijk} 的可能性越高，而 $\sigma_{\varphi_{ijk}}$ 越大，正确解算出 N_{ijk} 的可能性越小。在实际应用中，需要综合考虑波长 λ_{ijk} 和 $\sigma_{\varphi_{ijk}}$，合适地选取 i、j、k 组合。

不失一般性，基于三频解算整周模糊度算法模型如式（8-31）。

$$\begin{bmatrix} T_1 \\ T_2 \\ T_3 \\ \varphi_{(i_1,j_1,k_1)} \\ \varphi_{(i_2,j_2,k_2)} \\ \varphi_{(i_3,j_3,k_3)} \end{bmatrix} = \begin{bmatrix} 1 & 0 & 0 & 0 \\ 1 & 0 & 0 & 0 \\ 1 & 0 & 0 & 0 \\ 1 & -\lambda_{(i_1,j_1,k_1)} & 0 & 0 \\ 1 & 0 & -\lambda_{(i_2,j_2,k_2)} & 0 \\ 1 & 0 & 0 & -\lambda_{(i_3,j_3,k_3)} \end{bmatrix} \begin{bmatrix} r \\ N_{(i_1,j_1,k_1)} \\ N_{(i_2,j_2,k_2)} \\ N_{(i_3,j_3,k_3)} \end{bmatrix} + \begin{bmatrix} w_{T_1} \\ w_{T_2} \\ w_{T_3} \\ w_{\varphi_{(i_1,j_1,k_1)}} \\ w_{\varphi_{(i_2,j_2,k_2)}} \\ w_{\varphi_{(i_3,j_3,k3)}} \end{bmatrix} \qquad (8\text{-}31)$$

其中，T_i 和 w_{T_i} $(i=1,2,3)$ 为对应于载频 f_i 的双差分TOA测量量和测量误差，等号的左边可以表示为

$$L = \begin{bmatrix} 1 & 0 & 0 & 0 & 0 & 0 \\ 0 & 1 & 0 & 0 & 0 & 0 \\ 0 & 0 & 1 & 0 & 0 & 0 \\ 0 & 0 & 0 & \dfrac{i_1\lambda_{(i_1,j_1,k_1)}}{\lambda_1} & \dfrac{j_1\lambda_{(i_1,j_1,k_1)}}{\lambda_2} & \dfrac{k_1\lambda_{(i_1,j_1,k_1)}}{\lambda_3} \\ 0 & 0 & 0 & \dfrac{i_2\lambda_{(i_2,j_2,k_2)}}{\lambda_1} & \dfrac{j_2\lambda_{(i_2,j_2,k_2)}}{\lambda_2} & \dfrac{k_2\lambda_{(i_2,j_2,k_2)}}{\lambda_3} \\ 0 & 0 & 0 & \dfrac{i_3\lambda_{(i_3,j_3,k_3)}}{\lambda_1} & \dfrac{j_3\lambda_{(i_3,j_3,k_3)}}{\lambda_2} & \dfrac{k_3\lambda_{(i_3,j_3,k_3)}}{\lambda_3} \end{bmatrix} \begin{bmatrix} T_1 \\ T_2 \\ T_3 \\ \varphi_1 \\ \varphi_2 \\ \varphi_3 \end{bmatrix} = CL_0 \quad (8\text{-}32)$$

根据最小二乘准则求解式（8-32），即可解得方程对应的双差几何距离 r 和各组合整周模糊度浮点解及组合整周模糊度浮点解的协方差矩阵。

当观察到某个 i、j、k 组合（例如 i_1、j_1、k_1）的整周模糊度均方差 $\sigma_{N_{(i_1,j_1,k_1)}}$ 小于某一阈值（例如 0.5 周）时，可在通过取整直接固定其模糊度 $\hat{N}_{(i_1,j_1,k_1)}$ 之后将 $\hat{N}_{(i_1,j_1,k_1)}$ 代入式（8-31），得式（8-33）。

$$\begin{bmatrix} \varphi_{(i_1,j_1,k_1)} + \lambda_{(i_1,j_1,k_1)}\hat{N}_{(i_1,j_1,k_1)} \\ \varphi_{(i_2,j_2,k_2)} \\ \varphi_{(i_3,j_3,k_3)} \end{bmatrix} = \begin{bmatrix} 1 & 0 & 0 \\ 1 & -\lambda_{(i_2,j_2,k_2)} & 0 \\ 1 & 0 & -\lambda_{(i_3,j_3,k_3)} \end{bmatrix} \begin{bmatrix} r \\ N_{(i_2,j_2,k_2)} \\ N_{(i_3,j_3,k_3)} \end{bmatrix} + \begin{bmatrix} w_{\varphi_{(i_1,j_1,k_1)}} \\ w_{\varphi_{(i_2,j_2,k_2)}} \\ w_{\varphi_{(i_3,j_3,k_3)}} \end{bmatrix} \quad (8\text{-}33)$$

同理，再通过计算式（8-33），以及新的协方差矩阵，求得其余 i、j、k 组合的整周模糊度。待所有组合下的整周模糊度均求解完毕，将其代入式（8-26），即可解算出各载波相位的原始频点的整周模糊度。

需要注意的是，若均方差 $\sigma_{N_{(i,j,k)}}$ 大于或等于阈值，则无法通过单历元取整的方式固定观测量模糊度，需要采用其他方法。因此，需要选取合适的 i、j、k 组合，使对应组合下的整周模糊度均方差满足直接取整固定的条件。

利用上述方法，可在单一测量时间内求解出双差分整周模糊度，从而得到精确的双差分载波相位值。进一步，通过多样本UE位置解算算法中所述的操作将双差分载波相位值恢复成的单差分TOA测量量代入Chan定位算法，解算出UE位置。

2. 多样本UE位置解算算法

前面介绍的单样本载波相位定位方法利用单一测量时间，通过多个预定频率的载波相位测量量来解算整周模糊度和距离，以及确定UE位置。其优点是仅利用单一测量时间的载波相位测量量就能够确定整周模糊度和UE的位置。其局限性体现在需要提供多个预定频率的载波相位测量量。如果系统无法提供多个预定频率的载波相位测量量，

则一般难以实现单样本定位。

多样本载波相位定位利用在多个测量时间上所得的载波相位测量量来解算整周模糊度以确定或跟踪UE位置。实现多样本载波相位定位可以有不同的方法，下面给出一种基于扩展卡尔曼滤波（EKF）的载波相位定位方法。该方法可以用于接收机提供单个频率的载波相位测量量的情况，也能用于多个接收机提供多个频率的载波相位测量量的情况。

方案的基本思想是首先建立包括未知的整周模糊度和UE位置的EKF状态方程和测量方程，然后利用EKF估计算法来估计浮点整周模糊度，接着利用整周模糊度解算方法（例如，LAMBDA算法）解算出整周模糊度，最后，利用确定整周模糊度后的载波相位测量量来解算出UE位置。在以下讨论中，假设EKF测量方程的测量量为双差分载波相位测量量和双差分TOA的测量量。利用双差分测量量的好处是双差分操作可以消除基站与UE、基站与基站间的时偏和频偏对定位测量量的影响，从而在EKF状态变量设计时可以不包括时偏和频偏变量。图8-4所示为利用EKF算法进行上行载波相位定位的示意图。

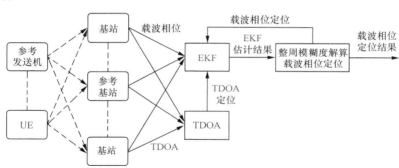

图8-4　利用EKF算法进行上行载波相位定位的示意图

一个完整的EKF应用通常包括状态变量的设计、状态方程及测量方程的建立，以及时间更新和测量更新算法。由于篇幅限制，下面仅针对5G NR载波相位定位中的状态变量设计、状态方程和测量方程进行详细说明，经典的EKF算法可以参见参考文献[13]。

对于载波相位定位，EKF状态变量可包括用户位置、速度及载波相位定位所特有的未知变量，例如整周模糊度（IA）。假设输入EKF是双差分操作后的载波相位测量量和TDOA测量量，由于通过双差分操作消除了基站与UE、基站与基站间的时偏和频偏对定位测量量的影响，因此EKF的状态变量可包括用户位置、用户速度和双差整周模糊度。若以第j个基站为参考基站，EKF的状态变量$\boldsymbol{x}$可以表示为式（8-34）。

$$\boldsymbol{x} = \left[x, y, z, v_x, v_y, v_z, N_{ab}^{1j}, \cdots, N_{ab}^{(j-1)j}, N_{ab}^{(j+1)j} \cdots, N_{ab}^{mj} \right]^{\mathrm{T}} \triangleq \left[\boldsymbol{r}, \boldsymbol{v}, \boldsymbol{x}_N \right]^{\mathrm{T}} \quad （8-34）$$

其中，$r = [x, y, z]$为三维的用户位置，$v = [v_x, v_y, v_z]$为三维的用户速度，$x_N = \left[N_{ab}^{1j}, \cdots, N_{ab}^{(j-1)j}, N_{ab}^{(j+1)j} \cdots, N_{ab}^{mj} \right]$为未知的以$j$为参考基站的双差整周模糊度。$m$为参与定位的总基站个数。在接收机持续锁定载波信号、不存在周跳的情况下，整周模糊度应为一个未知常数。因此，EKF状态方程如式（8-35）～式（8-37）。

$$x(k+1) = F(k)x(k) + w_x(k) \tag{8-35}$$

$$F = \begin{bmatrix} I(3\times 3) & F_{12} & 0 \\ 0 & I(3\times 3) & 0 \\ 0 & 0 & I(m-1\times m-1) \end{bmatrix}, \quad F_{12} = \begin{bmatrix} \Delta T & 0 & 0 \\ 0 & \Delta T & 0 \\ 0 & 0 & \Delta T \end{bmatrix} \tag{8-36}$$

$$\mathrm{E}[w_x] = 0, \quad Q = \mathrm{E}[w_x w_x^{\mathrm{T}}] = \mathrm{diag}(Q_r, Q_v, Q_N) \tag{8-37}$$

其中，I为单位矩阵，0为全零矩阵或全零向量，ΔT为EKF的运算时间间隔，w_x为噪声向量，$Q_r = \mathrm{diag}\{\sigma_x^2, \sigma_y^2, \sigma_z^2\}$、$Q_v = \mathrm{diag}\{\sigma_{v_x}^2, \sigma_{v_y}^2, \sigma_{v_z}^2\}$和$Q_N = \mathrm{diag}\{\sigma_{N_{ab}^{1j}}^2, \cdots, \sigma_{N_{ab}^{(j-1)j}}^2, \sigma_{N_{ab}^{(j+1)j}}^2, \cdots, \sigma_{N_{ab}^{mj}}^2\}$分别为对应于距离、速度和双差整周状态变量的协方差矩阵。

通过对TOA和载波相位测量量进行双差分处理，可以得到如下双差分测量方程，如式（8-38）和式（8-39）。

$$T_{ab}^{ij} = r_{ab}^{ij} + w_{ab,T}^{ij}, \quad (i = 1, \cdots, m; i \neq j) \tag{8-38}$$

$$\varphi_{ab}^{ij} = r_{ab}^{ij} - \lambda N_{ab}^{ij} + w_{ab,\varphi}^{ij}, \quad (i = 1, \cdots, m; i \neq j) \tag{8-39}$$

其中，T_{ab}^{ij}、φ_{ab}^{ij}、r_{ab}^{ij}和N_{ab}^{ij}分别表示双差分TOA测量量、双差分载波相位测量量、双差分几何距离和双差整周模糊度，下标a代表目标UE，下标b代表参考UE，上标j代表参考基站，上标i（$i \neq j$）代表非参考基站，$w_{ab,T}^{ij}$和$w_{ab,\varphi}^{ij}$分别代表双差分TOA值和双差分载波相位值的测量误差。

考虑到$r_{ab}^{ij} = r_a^{ij} - r_b^{ij}$，式（8-38）和式（8-39）经过变换后，得到如下方程式。

$$T_{ab}^{ij} + r_b^{ij} = r_a^{ij} + w_{ab,T}^{ij}, \quad (i = 1, \cdots, m; i \neq j) \tag{8-40}$$

$$\varphi_{ab}^{ij} + r_b^{ij} = r_a^{ij} - \lambda N_{ab}^{ij} + w_{ab,\varphi}^{ij}, \quad (i = 1, \cdots, m; i \neq j) \tag{8-41}$$

于是，根据双差分后的TOA测量量和载波相位测量量可以构造以下EKF测量方程。

$$z(k+1) = h(x(k+1)) + w_z(k+1) \tag{8-42}$$

$$z(k+1) = \begin{bmatrix} T(k+1) \\ \varphi(k+1) \end{bmatrix}, \quad w_z(k+1) = \begin{bmatrix} w_T(k+1) \\ w_\varphi(k+1) \end{bmatrix}$$

$$
T(k+1) = \begin{bmatrix} \hat{T}_r^{1j}(k+1) \\ \vdots \\ \hat{T}_r^{(j-1)j}(k+1) \\ \hat{T}_r^{(j+1)j}(k+1) \\ \vdots \\ \hat{T}_r^{mj}(k+1) \end{bmatrix}, \quad \varphi(k+1) = \begin{bmatrix} \hat{\varphi}_r^{1j}(k+1) \\ \vdots \\ \hat{\varphi}_r^{(j-1)j}(k+1) \\ \hat{\varphi}_r^{(j+1)j}(k+1) \\ \vdots \\ \hat{\varphi}_r^{mj}(k+1) \end{bmatrix} \tag{8-43}
$$

$$
\hat{T}_r^{ij} = T_{ab}^{ij} + r_b^{ij}, (i=1,\cdots,m; i \neq j) \tag{8-44}
$$

$$
\hat{\varphi}_r^{ij} = \varphi_{ab}^{ij} + r_b^{ij}, (i=1,\cdots,m; i \neq j) \tag{8-45}
$$

$$
w_T(k+1) = \begin{bmatrix} w_{ab,T}^{1j}(k+1) \\ \vdots \\ w_{ab,T}^{(j-1)j}(k+1) \\ w_{ab,T}^{(j+1)j}(k+1) \\ \vdots \\ w_{ab,T}^{mj}(k+1) \end{bmatrix}, \quad w_\varphi(k+1) = \begin{bmatrix} w_{ab,\varphi}^{1j}(k+1) \\ \vdots \\ w_{ab,\varphi}^{(j-1)j}(k+1) \\ w_{ab,\varphi}^{(j+1)j}(k+1) \\ \vdots \\ w_{ab,\varphi}^{mj}(k+1) \end{bmatrix}
$$

$$
\mathrm{E}[w_z] = 0, \boldsymbol{R} = \mathrm{E}[w_z w_z^{\mathrm{T}}] = \begin{bmatrix} \boldsymbol{R_T} & 0 \\ 0 & \boldsymbol{R_\varphi} \end{bmatrix} \tag{8-46}
$$

其中，$z(k+1)$ 为输入EKF的测量量，$w_z(k+1)$ 为EKF测量量的测量误差，即TOA和载波相位的双差分测量量的测量误差。$\boldsymbol{R_T}$ 及 $\boldsymbol{R_\varphi}$ 分别为双差分TOA和载波相位的测量量误差的协方差矩阵。$h(\boldsymbol{x}(k+1))$ 是状态向量和测量向量之间的非线性函数，具体表示如式（8-47）～式（8-49）。

$$
h(x(k+1)) = \begin{bmatrix} h(\boldsymbol{x}(k+1))_T \\ h(\boldsymbol{x}(k+1))_\varphi \end{bmatrix} \tag{8-47}
$$

$$
h(x(k+1))_T = \begin{bmatrix} r_a^{1j} \\ \vdots \\ r_a^{(j-1)j} \\ r_a^{(j+1)j} \\ \vdots \\ r_a^{mj} \end{bmatrix}, \quad h(x(k+1))_\varphi = \begin{bmatrix} r_a^{1j} \\ \vdots \\ r_a^{(j-1)j} \\ r_a^{(j+1)j} \\ \vdots \\ r_a^{mj} \end{bmatrix} - \lambda \begin{bmatrix} N_{ab}^{1j} \\ \vdots \\ N_{ab}^{(j-1)j} \\ N_{ab}^{(j+1)j} \\ \vdots \\ N_{ab}^{mj} \end{bmatrix} \tag{8-48}
$$

$$r_a^{ij} = \sqrt{\left(x_i - x(k+1)\right)^2 + \left(y_i - y(k+1)\right)^2 + \left(z_i - z(k+1)\right)^2} - \qquad (8\text{-}49)$$
$$\sqrt{\left(x_j - x(k+1)\right)^2 + \left(y_j - y(k+1)\right)^2 + \left(z_j - z(k+1)\right)^2}$$

后续可以对测量方程进行线性化，得到的线性化方程如式（8-50）~式（8-54）。

$$z(k+1) = H\left(x(k+1|k)\right)x(k+1) + w_z(k+1) \qquad (8\text{-}50)$$

$$H\left(x(k+1|k)\right) = \frac{\partial h}{\partial x}\Big|_{x(k+1|k)} = \begin{bmatrix} \dfrac{\partial h_T}{\partial x}\Big|_{x(k+1|k)} \\[2ex] \dfrac{\partial h_\varphi}{\partial x}\Big|_{x(k+1|k)} \end{bmatrix} \qquad (8\text{-}51)$$

$$\frac{\partial h_T}{\partial x}\Big|_{x(k+1|k)} = \begin{bmatrix} A & \mathbf{0}\left((m-1)\times 3\right) & \mathbf{0}\left((m-1)\times(m-1)\right) \end{bmatrix} \qquad (8\text{-}52)$$

$$A = \begin{bmatrix} \dfrac{\partial r_a^{1j}}{\partial x}\Big|_{x(k+1|k)} & \dfrac{r_a^{1j}}{\partial y}\Big|_{x(k+1|k)} & \dfrac{\partial r_a^{1j}}{\partial z}\Big|_{x(k+1|k)} \\[1ex] \vdots & \vdots & \vdots \\[1ex] \dfrac{\partial r_a^{(j-1)j}}{\partial x}\Big|_{x(k+1|k)} & \dfrac{\partial r_a^{(j-1)j}}{\partial y}\Big|_{x(k+1|k)} & \dfrac{\partial r_a^{(j-1)j}}{\partial z}\Big|_{x(k+1|k)} \\[1ex] \dfrac{\partial r_a^{(j+1)j}}{\partial x}\Big|_{x(k+1|k)} & \dfrac{\partial r_a^{(j+1)j}}{\partial y}\Big|_{x(k+1|k)} & \dfrac{\partial r_a^{(j+1)j}}{\partial z}\Big|_{x(k+1|k)} \\[1ex] \vdots & \vdots & \vdots \\[1ex] \dfrac{\partial r_a^{mj}}{\partial x}\Big|_{x(k+1|k)} & \dfrac{r_a^{mj}}{\partial y}\Big|_{x(k+1|k)} & \dfrac{\partial r_a^{mj}}{\partial z}\Big|_{x(k+1|k)} \end{bmatrix} \qquad (8\text{-}53)$$

$$\frac{\partial h_\varphi}{\partial x}\Big|_{x(k+1|k)} = \begin{bmatrix} A & \mathbf{0}\left((m-1)\times 3\right) & -\lambda I\left((m-1)\times(m-1)\right) \end{bmatrix} \qquad (8\text{-}54)$$

状态方程和测量方程建立后，可以使用经典的EKF算法进行状态更新和测量更新，具体可以参见参考文献[13]。

接下来，将EKF迭代更新后的$k+1$时刻的状态变量中的浮点双差整周值 $N_{\text{float}} = \left[N_{ab}^{1j}, \cdots, N_{ab}^{(j-1)j}, N_{ab}^{(j+1)j} \cdots, N_{ab}^{mj}\right]^{\mathrm{T}}$ 及其对应的协方差矩阵输入LAMBDA算法，进行整周模糊度搜索，得到整数双差整周模糊度值 $N_{\text{integer}} = \left[N_{ab(\text{integer})}^{1j}, \cdots, N_{ab(\text{integer})}^{(j-1)j},\right.$ $\left. N_{ab(\text{integer})}^{(j+1)j} \cdots, N_{ab(\text{integer})}^{mj}\right]^{\mathrm{T}}$。利用上述整数双差整周模糊度值 N_{integer} 及EKF载波相位测量量 $\varphi(k+1)$[见式（8.43）]，按照式（8-55）构造单差分距离值 $\widehat{r_a^{ij}}(k+1)$。

$$\widehat{\boldsymbol{r}_a^{ij}}\left(k+1\right)=\varphi\left(k+1\right)+\lambda\times\boldsymbol{N}_{\text{integer}}=\begin{bmatrix}\hat{\varphi}_r^{1j}\left(k+1\right)\\\vdots\\\hat{\varphi}_r^{(j-1)j}\left(k+1\right)\\\hat{\varphi}_r^{(j+1)j}\left(k+1\right)\\\vdots\\\hat{\varphi}_r^{mj}\left(k+1\right)\end{bmatrix}+\lambda\times\begin{bmatrix}N_{ab(\text{integer})}^{1j}\\\vdots\\N_{ab(\text{integer})}^{(j-1)j}\\N_{ab(\text{integer})}^{(j+1)j}\\\vdots\\N_{ab(\text{integer})}^{mj}\end{bmatrix}\qquad（8\text{-}55）$$

将式（8-55）中的单差分距离值 $\widehat{\boldsymbol{r}_a^{ij}}\left(k+1\right)$ 作为Chan定位算法的输入，可确定 $k+1$ 时刻的用户位置，并且可将该位置坐标作为下次EKF算法迭代过程中对应状态变量 $[x,y,z]^{\mathrm{T}}$ 的初始值。

8.4.4 多径信道影响消除算法

本节首先分析多径信道对载波相位定位的影响，然而给出消除多径信道对载波相位定位影响的方法。

1. 多径信道对载波相位定位的影响

载波相位定位技术通常被用于支持需要厘米级或更高定位精度的定位应用，需要消除各种误差的影响。当接收机接收定位参考信号时，除了接收发送天线到接收天线的视距信号（LOS RS）之外，还有可能接收到从周围物体反射的定位参考信号，它们通常被称为多路径信号。多路径信号的时延大于LOS RS的时延会引起较大的测量误差。载波相位定位的关键之一是消除多径信道对载波相位定位技术的影响。由于多径信道对于各发射机和接收机之间测量量误差的影响通常是不相关的，因此，多径信道引起的测量误差一般无法通过差分技术消除。

假设LOS RS为 $A\sin\left(2\pi f_{\text{c}}t\right)=A\sin\left(\omega_{\text{c}}t\right)$，其中，$A$ 为信号幅度，f_{c} 为载频频率。经过多径信道之后，接收信号则为 $\alpha A\sin\left(\omega_{\text{c}}\left(t+\Delta\right)\right)=\alpha A\sin\left(\omega_{\text{c}}t+\phi_0\right)$，其中，$\alpha$ 为多径衰减系数，Δ 为反射/折射引起的多径信道的传输时延，$\phi_0=\text{mod}\left(2\pi f_{\text{c}}\Delta,2\pi\right)$ 为载波信号周期中多径引起的相移。一个简单的多径信道对载波相位定位技术的影响示例如图8-5所示。其中，$\Delta=d\cos\left(\theta\right)/c$，$d$ 是天线位置与其像点之间的距离，c 是光速，θ 是仰角。接收机接收到的信号是LOS信号和反射信号的叠加，如式（8-56）。

$$\begin{aligned}y\left(t\right)&=A\sin\left(\omega_{\text{c}}t\right)+\alpha A\sin\left(\omega_{\text{c}}\left(t+\Delta\right)\right)\\&=A\sin\left(\omega_{\text{c}}t\right)+\alpha A\sin\left(\omega_{\text{c}}t+\phi_0\right)\\&=\alpha'A\sin\left(\omega_{\text{c}}t+\phi_{\text{err}}\right)\end{aligned}\qquad（8\text{-}56）$$

其中，

$$\alpha' = \sqrt{1 + 2\alpha\cos\phi_0 + \alpha^2}$$
$$\phi_{err} = \tan^{-1}\left(\frac{\alpha\sin(\phi_0)}{1 + \alpha\cos(\phi_0)}\right) \qquad (8\text{-}57)$$

在式（8-56）中，ϕ_{err}代表接收信号中因多径信道引起的载波相位误差。对于任何给定的反射系数α值，可以通过使得ϕ_{err}对ϕ_0的导数为0来获得ϕ_{err}的最大值。对于最大反射系数$\alpha = 1$，多径信道带来的载波相位测量量误差的理论最大值为$\phi_{err} = \pi/2$（弧度）。若以传输距离为单位，则载波相位测量量误差最大值为$\max(\phi_{err})\lambda/(2\pi) = 0.25\lambda$。在实际场景下，反射系数通常小于最大反射系数。因此，多径信道带来的载波相位测量量误差通常小于最大理论值。

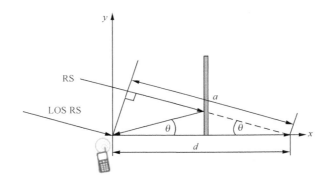

图8-5 多径信道对载波相位定位技术的影响示例

2. 消除多径信道对载波相位定位影响的方法

载波相位定位技术的关键之一是减少或消除多径信道对载波相位定位技术的影响。多年以来，针对如何消除或者减少多径信道对载波相位定位的影响，已经提出了不同的方法，但大多数方法都是为GNSS载波相位定位而开发的。与GNSS载波相位定位主要应用于室外场景不同，5G NR载波相位定位主要应用于室内场景，且与GNSS信号不同，5G NR采用OFDM信号。因此，多径信道对5G NR载波相位定位的影响与多径信道对GNSS载波相位定位的影响不一定相同，适用于GNSS载波相位定位的多径信道影响消除方法有可能不适合5G NR载波相位定位。于是，有必要在已有的多径信道影响消除方法的基础上进一步研究适合于5G NR载波相位定位的多径信道影响消除的方法。在研究5G NR载波相位定位技术的过程中，3GPP讨论了多径信道对载波相位定位的影响，并决定在Release 18中评估多径信道对载波相位定位的影响，并研究消除多径信道影响的方法。

消除多径信道对定位测量量影响的方法大致可分为以下三类：

（1）基于天线设计的方法。

（2）基于接收机信号处理的方法。

（3）基于测量数据处理的方法。

基于天线设计的多径信道影响消除方法包括在扼流圈（choke ring）天线上放置交叉偶极子（crossed dipoles）或贴片（patch）元件、采用定向阵列天线和双极化天线技术等。这些方法能有效地抑制多径效应，其代价是增加了天线硬件的成本。

基于接收机信号处理的多径信道影响消除方法有"窄相关器"时延锁定环（NELC）、多径估计时延锁定环（MEDLL）等。NELC是较简单有效的接收信号处理技术。该技术利用多径影响在相关函数峰值区域附近失真较小的现象，同时跟踪略提前于峰值和略延迟于峰值两个时间点的相关函数，使得相关函数峰值在两个时间点之间，抑制多径效应的影响。在保证相关函数峰值在两个时间点之间的前提下，两个时间点之间的时间窗越窄，抑制多径信道效应的效果越好。NELC的主要缺点是在低信噪比信号场景下，难以确保相关函数峰值在窄时间窗之内。MEDLL是基于最大似然估计的抑制多径效应的方法。MEDLL通过找到一组与各路径匹配的，具有特定幅度、相位和时延的参考相关函数，准确地拟合输入信号。这种方法可以将一条反射径的窄相关器性能提高高达90%。但是，MEDLL对短时延多径信道误差的抑制效果不好，并且信号处理复杂度远高于NELC。参考文献[20]中提出了两步算法来降低多径信道引入的误差：首先粗略确定LOS径的传输时延，然后使用早先确定的粗略时延估计载波相位，通过先进的数据处理和定位算法减轻多径信道对定位解决方案的影响。多径信道对载波相位测量量的影响还可以通过使用高级算法处理获得的测量结果来减轻。

除了利用天线技术和信号处理技术消除多径信道对载波相位测量量的影响外，还可以利用先进的数字信号处理算法所接收的相位测量量，减轻或消除多径信道对定位解算的影响。例如，基于信噪比的多径估计技术根据载波相位多径信道误差和多径信道影响下信噪比的关系，估计多径信噪比的幅度和相位，进而计算和去除载波相位的多径误差。还有一种方法是通过使用相邻的多天线（参考天线和辅助天线）的相位测量量，估计载波相位的多径误差，其基本原理是根据相邻天线的各种误差的强相关性，对各天线的载波相位测量量进行差分操作，非多径误差（例如时钟误差）的影响在差分操作后消除。差分操作后的测量量直接与载波相位多径误差和天线之间的实际位置相关。利用已知的天线之间的几何位置和差分测量量可以估计出各天线的载波相位多径误差。

8.5　5G NR载波相位定位对3GPP协议的影响

8.5.1　载波相位定位参考信号

1. Release 16 PRS/SRS

3GPP在Release 16中引入了支持5G NR定位的PRS/SRS。3GPP Release 18 定位研究项目首先需要研究是否能直接重用Release 16 PRS/SRS来支持5G NR载波相位定位，或需要引入新的定位参考信号来支持5G NR载波相位定位。以下通过比较由NR PRS/SRS信号获取的载波相位测量量与从北斗B1C和GPS L1信号获取的载波相位测量量来分析Release 16 PRS/SRS是否能支持5G NR载波相位定位。

（1）信号特性和接收功率。北斗B1C和GPS L1定位信号都是单个载波上调制伪随机序列的信号。GNSS通常将指标设计为整个载频带宽的定位信号目标接收功率不低于−130dBm。例如北斗B1C MEO和GPS L1信号到达地面接收机的卫星信号功率电平为−128.5dBm。由于GNSS定位信号很弱，GNSS接收机需要通过长时间跟踪（例如，几十秒到几分钟），才能锁定载波信号，获取载波相位测量量。与GNSS不同，5G NR是多载波OFDM系统，其信号为多个子载波上调制的数据序列。5G NR系统中的单个子载波带宽的信号功率一般不小于−100dBm，远大于GNSS信号在整个载频带宽上的功率。为了支持5G通信功能，5G NR要求信号接收功率的强度能够支持接收机在接收到单个OFDM符号信号之后，就能解调出该OFDM符号中的每个子载波所携带的数据信息，即信号接收功率强度能支持接收机在接收单个OFDM符号信号之后，获取该OFDM符号中每个承载定位参考信号的子载波的相位信息。针对FR1，NR PRS/SRS的发送载波带宽最大为100MHz，包含很多子载波。于是，利用Release 16 PRS/SRS应能获取支持5G NR载波相位定位所需要的载波相位测量量，且获取载波相位测量量的时间会远远地小于GNSS获取载波相位测量量的时间。此外，在锁相环失锁的情况下，5G NR接收机锁相环能够快速完成载波相位的重新锁定；而GNSS接收机则需要一段时间才能重新锁定载波相位。

（2）信号连续性。载波相位定位要求解算出载波相位测量量对应的整周模糊度，一般需要连续跟踪载波相位的变化。然而，NR PRS/SRS是非连续信号。于是，利用NR PRS/SRS来支持载波相位定位需要解决信号非连续所带来的问题。至少有以下两种解决方法。方法一是利用先进的滤波和预测算法，由非连续信号所获取的载波相位测量量重构出连续载波相位测量量（具体方法可参见8.4.1节）；方法二是通过利用多载波获取的载波相位测量量和先进的整周模糊度算法，由单个时间点所测量的多载波相位测量量解算出整周模糊度（具体方法可参见8.4.3节）。

根据以上分析，Release 16的PRS/SRS应能够直接用来支持5G NR载波相位定位。利用Release 16 PRS/SRS支持5G NR载波相位定位的明显优点是不需要专为5G NR载波相位定位引入新的NR定位参考信号，对3GPP协议标准的影响较小。

综合考虑5G NR载波相位定位性能和时间频率资源的使用率，在支持Release 16 NR定位时，Release 16 PRS/SRS通常配置为较大带宽（协议标准限制5G PRS带宽不小于24个PRB，SRS带宽不小于5MHz）。为了更有效地支持5G NR载波相位定位，可以考虑在现有Release 16 PRS/SRS配置的基础上进行一些增强。例如，支持更窄带宽（＜24个PRB）和/或更短周期（＜4ms）传输Release 16 PRS，这样可以最大限度地减少载波相位定位对无线通信的时间和频率资源的使用及减少Release 16 PRS的非连续性。

2. 连续载波相位定位信号

以上分析并不意味着Release 16 PRS/SRS是支持5G NR载波相位定位的最佳信号。Release 18定位研究不排除在必要时引入新的载波相位定位信号的可能性。下面介绍参考文献[26]提出的载波相位定位参考信号（C-PRS）的设计方案。

首先，参考文献[26]提出C-PRS可以是在预定义或可配置的载波频率上发送的纯正弦波信号。若C-PRS是纯正弦信号，每个C-PRS占用带宽会非常小，即C-PRS信号之间的间隔（SCS_c）可以非常小，远远小于用于数据通信的子载波间隔（SCS_d）。SCS_c的设计主要取决于发射机和接收机在发射和接收纯正弦信号时，各种非线性误差因素对信号带宽的影响。由于C-PRS为纯正弦信号，带宽非常小，不会对相邻载波造成信道间干扰，因此，C-PRS的传输甚至可以在载波边缘或载波的保护频带进行，如图8-6所示，基本不占用无线通信的时间和频率资源。

若考虑到区分相邻小区C-PRS信号的需要，也可以考虑如同GNSS一样，将代表小区ID的伪随机序列调制在正弦信号上。这时，C-PRS的带宽将主要取决于伪随机序列的长度。

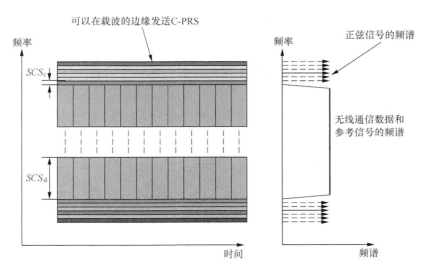

图8-6 传输C-PRS的频谱示意图

8.5.2 载波相位测量量

1. 非差分载波相位测量量

与其他NR定位方法类似,支持5G NR载波相位定位的方法需要在3GPP协议中定义上行和下行载波相位测量量。假设接收机a通过其接收天线A_a,接收由发射机b,通过其发送天线A_b发送的频率为f_c的载波信号,在某个接收时刻t获取了载波相位测量量$\theta(a,b,A_a,A_b,t,f_c)$,则所获得的载波相位测量量$\theta$是从发送天线$A_b$的坐标参考点到接收天线$A_a$之间信号传输时延和载波频率的函数。若忽略各种载波相位测量量的测量误差,载波相位测量量如式(8-58)。

$$\theta(a,b,A_a,A_b,t,f_c) = d_{ab} + \lambda N \qquad (8\text{-}58)$$

其中,d_{ab}为接收天线A_a到发送天线A_b之间的直线距离,λ为载波频率f_c所对应的载波波长,N为未知的整周模糊度。

假设考虑到主要测量误差的影响,则载波相位测量量如式(8-59)。

$$\theta(a,b,A_a,A_b,t,f_c) = d_{ab} + \lambda N + c(\delta t_b - \delta t_a) + w_{ab} \qquad (8\text{-}59)$$

其中,c为光速,δt_b和δt_a分别是接收机和发射机的时钟偏移量,w_{ab}为载波相位测量误差,包含了多径信道引入的测量误差和载波相位噪声。

2. 差分载波相位测量量

基于前面介绍的载波相位测量量，可以为不同的定位方法需求构造出不同的差分载波相位测量量。3GPP讨论的与载波相位有关的候选测量量包括以下几种。

（1）不同发射机和/或不同接收机之间的差分载波相位测量量

假设 $\theta\left(a_i, b_j\right), i=1,2, j=1,2$ 分别为在发射机 a_i 和接收机 b_j 之间的载波相位测量量，则由这些测量量可以构造以下单差分载波相位测量量，以消除发射机或接收机的时钟偏移量，如式（8-60）和式（8-61）。

$$\Delta \theta_i = \theta\left(a_i, b_1\right) - \theta\left(a_i, b_2\right) \qquad (8\text{-}60)$$

$$\Delta \theta_j = \theta\left(a_1, b_j\right) - \theta\left(a_2, b_j\right) \qquad (8\text{-}61)$$

对单差分载波相位测量量进一步进行差分，即构成了双差分载波相位测量量。该双差分载波相位测量量同时消除了发射机和接收机的时钟偏移量的影响，是GNSS载波相位定位的常用方法（见8.4.2节）。

（2）不同发送天线和/或不同接收天线之间的差分载波相位测量量

假设 $\theta\left(A_{a_i}, A_b\right), i=1,2$ 分别为同一个发射机 a 的两个发送天线 $\{A_{a_1}, A_{a_2}\}$ 到接收天线 A_b 之间的两个载波相位测量量，则由两个载波相位测量量可以构造以下单差分载波相位测量量，如式（8-62）。

$$\Delta \theta_{a_1, a_2} = \theta\left(A_{a_1}, A_b\right) - \theta\left(A_{a_2}, A_b\right) = d_{a_1 b} - d_{a_2 b} \qquad (8\text{-}62)$$

其中，$\Delta \theta$ 与两个发送天线 $\{A_{a_1}, A_{a_2}\}$ 到接收天线 A_b 之间的距离之差相关。根据已知的两个发送天线 $\{A_{a_1}, A_{a_2}\}$ 的相对位置和 $\Delta \theta_{a_1, a_2}$，可以计算出信号的离开角度；类似地，通过两个接收天线接收同一个发送天线所获得的两个载波相位测量量之差，可以计算信号的到达角度。虽然3GPP没有定义这类差分载波相位测量量，但利用这类差分载波相位测量量来估计Release 16所定义的UL-AoA是基站常用的一种实现方法。

（3）不同子载波频率 $\{f_1, f_2\}$ 上的载波相位测量量的差值

假设 $\theta\left(f_i\right), i=1,2$ 分别为同一对发送天线 和接收天线之间的两个不同子载波相位测量量，则由两个测量量可以构造以下单差分载波相位测量量，如式（8-63）。

$$\Delta \theta\left(f_1, f_2\right) = \theta\left(f_1\right) - \theta\left(f_2\right) \approx 2\pi\left(f_1 - f_2\right)\tau_0 \qquad (8\text{-}63)$$

其中，τ_0 为信号从发送天线到接收天线的传输时延。于是，利用这类载波相位测量量的差值可以直接推导出发送天线 x_a 和接收天线 y_b 之间的传输时延或距离。

3. 载波相位测量量的质量指示

除了载波相位测量量和差分载波相位测量量外，为了保证载波相位的定位性能，

与支持其他定位方法一样，5G NR载波相位定位方法应该也支持UE/TRP提供与载波相位测量量有关的测量质量指示，例如LOS/NLOS指标、莱斯因子、SINR和载波相位测量量方差等。测量质量指示可以是这些指示中的一项或多项指示的组合。

8.5.3　物理层过程

1. 消除自动时间调整/自动频率调整的影响

3GPP Release 17协议允许UE进行自动时间调整（ATA）和自动频率调整（AFA），但不支持UE向网络侧上报ATA和AFA，因此网络（基站和LMF）并不知道UE何时进行ATA和AFA，也不知道ATA和AFA的取值大小。对于DL-TDOA、UL-TDOA和Multi-RTT定位方法，如果在进行定位测量时UE进行ATA/AFA操作，则有可能引入较大的测量误差。同样，对于5G NR载波相位定位，UE的ATA和AFA操作会导致载波相位测量出现周跳，无法得到准确的载波相位测量，从而降低载波相位定位的精度。

下面给出消除ATA/AFA影响的3种解决方案。

（1）UE将进行ATA和/或AFA的时间预先上报给网络侧。若UE在进行ATA和/或AFA之前将这些信息上报给网络侧，gNB就有可能避免在UE进行ATA和/或AFA时进行载波相位测量，减小测量误差。

（2）UE将在进行ATA和/或AFA之后，马上将UE在进行ATA和/或AFA的时间上报给网络侧。这时，LMF可以对在UE进行ATA和/或AFA的时间所获得的载波相位测量量进行适当的处理（例如，简单的方法是不用这些载波相位测量量进行定位解算），减小定位误差。

（3）网络为UE预配置ATA和/或AFA的有效时间窗。这样，gNB就有可能避免在UE进行ATA和/或AFA的时间进行载波相位测量，减小测量误差。

2. 载波相位测量量的平滑时延测量量

在GNSS定位中，常利用GNSS载波相位测量量的线性或非线性平滑GNSS伪距测量量来提高定位精度。这种方法的主要优点是不需要解算载波相位测量量的整周模糊度，因而常用于未能解算整周模糊度之前的定位解算。利用同样的方法，5G NR载波相位测量量可用于平滑时延测量量（例如，RSTD、UL RTOA和UE/基站收发时间差），以提高DL-TDOA、UL-TDOA和Multi-RTT的定位精度。平滑算法的一般表达式如式（8-64）。

$$y(k) = f\left(y_m(k), y_m(k-1), \cdots, \phi_m(k), \phi_m(k-1), \cdots, y(k-1), y(k-2), \cdots\right) \quad (8\text{-}64)$$

其中，$y_m(k)$ 和 $y(k)$ 分别为在 $t=t_k$ 时平滑前的原始时间测量量和平滑后的时间测量量，$\phi_m(k)$ 为载波相位测量量。线性平滑算法的一般表达式如式（8-65）。

$$
\begin{aligned}
y(k) = &\, a_0 y_m(k) + a_1 y_m(k-1) + a_2 y_m(k-2) + \cdots + a_{M-1} y_m(k-M+1) + \\
&\, b_0 \phi_m(k) + b_1 \phi_m(k-1) + b_2 \phi_m(k-2) + \cdots + b_2 \phi_m(k-M+1)
\end{aligned}
\qquad (8\text{-}65)
$$

其中，$\{a_0, a_1, \cdots, a_{M-1}\}$ 和 $\{b_0, b_1, \cdots, b_{M-1}\}$ 为平滑参数。线性平滑算法的性能和实现的复杂度与平滑参数的个数和参数值密切相关。

Hatch平滑算法是一种简单和有效的线性平滑算法，常用于GNSS载波相位测量量的平滑伪距测量。Hatch平滑算法一般表达式如式（8-66）。

$$
y(k) = w_0 y_m(k) + (1 - w_o)\big(y(k-1) + (\phi_m(k) - \phi_m(k-1))\big) \qquad (8\text{-}66)
$$

Hatch平滑算法只有一个平滑参数 w_0（$0 < w_0 < 1$），实现简单。在经典Hatch平滑算法中，$w_0 = 1/k$。可以将Hatch平滑算法看成由两步组成。第一步是使用前一时刻的平滑量 $y(k-1)$ 加上载波相位的增量 $(\phi_m(k) - \phi_m(k-1))$ 来预测时刻 k 的测量量。在这一步中，假设载波相位测量量的整周模糊度不变。于是，在计算 $(\phi_m(k) - \phi_m(k-1))$ 时不需要知道整周模糊度，且 $(\phi_m(k) - \phi_m(k-1))$ 精确地代表被测量量由 $k-1$ 到 k 的变化。第二步是对预测的测量量和实际测量量 $y_m(k)$ 进行加权组合，得到时刻 k 的平滑测量量 $y(k)$。值得一提的是，虽然Hatch平滑算法只有一个平滑参数，若将式（8-66）展开，可以看到平滑值 $y(k)$ 实际上是时刻 k 和时刻 k 之前的所有测量量 $\{y_m(k), y_m(k-1), \cdots, \phi_m(k), \phi_m(k-1), \cdots\}$ 的线性组合。

自从Hatch平滑算法被提出以后，不断有文献对经典Hatch算法进行改进（例如，参考文献[29]）。3GPP Release 17协议已经支持将Hatch平滑算法应用于GNSS定位。3GPP目前正在讨论是否在Release 18中支持利用5G NR载波相位测量量平滑与信号到达时间有关的测量量（例如，RSTD、UL RTOA、UE/基站收发时间差）、相应的平滑算法，以及对3GPP协议的影响。

(•‿•) 8.6 性能评估

8.6.1 克拉美罗下界分析

本节从克拉美罗下界（CRLB）的角度分析基于5G NR信号的载波相位技术能够获得高定位精度的原因。

假设5G NR时域发送信号如式（8-67）。

$$x(t) = \frac{1}{\sqrt{N}} \sum_{k=-N/2}^{N/2-1} X_k e^{j2\pi kt\Delta f_{\mathrm{SCS}} + j2\pi f_c t} \qquad (8\text{-}67)$$

其中，Δf_{SCS} 为子载波间隔，X_k 表示第 k 个子载波上的调制符号。在高斯信道下，经过传输时延 τ 到达接收机的时域信号如式（8-68）。

$$x[\tau]_n = x[nT_s - \tau] = \frac{1}{\sqrt{N}} \sum_{k=-N/2}^{N/2-1} X_k e^{j2\pi k\Delta f_{\mathrm{SCS}}(nT_s - \tau) + j2\pi f_c(nT_s - \tau)} \qquad (8\text{-}68)$$

在复高斯白噪声信道下，假设在时域对接收信号进行了 N 次采样，那么接收信号的表达式如式（8-69）。

$$y[n] = x[nT_s - \tau] + w_n, n = 0,1,\cdots,N-1 \qquad (8\text{-}69)$$

其中，T_s 为采样间隔，$w_n \sim CN(0,\sigma^2)$ 为复高斯白噪声，τ 是信号传输时延，并且有 $\mathrm{E}[y[n]] = x[nT_s - \tau]$。因此，根据 $y[n]$ 估计 $x[nT_s - \tau]$ 中的 τ 是一个无偏估计，将 $x[nT_s - \tau]$ 简写为 $x[\tau]_n$，那么以 τ 为参数的似然函数表达式如式（8-70）。

$$p(y;\tau) = \frac{1}{(\pi\sigma^2)^N} \exp\left(\frac{-1}{\sigma^2} \sum_{n=0}^{N-1} \left| y[n] - x[\tau]_n \right|^2 \right) \qquad (8\text{-}70)$$

由式（8-70）可以推导出载波相位测量量的CRLB表达式如式（8-71）。

$$\mathrm{CRLB}(\hat{\tau}) = \frac{1}{\mathrm{E}\left[\left(\dfrac{\mathrm{d}\ln p(y;\tau)}{\mathrm{d}\tau} \right)^2 \right]} = \frac{\sigma^2}{2\sum\limits_{n=0}^{N-1}\left\{ \left[\dfrac{\mathrm{d}x[\tau]_n}{\mathrm{d}\tau} \right]^2 \right\}} \qquad (8\text{-}71)$$

根据式（8-68）可知，N 个时域抽样的一阶导数 $\dfrac{\mathrm{d}x[\tau]_n}{\mathrm{d}\tau}$ 如式（8-72）。

$$\frac{\mathrm{d}x[\tau]_n}{\mathrm{d}\tau} = \frac{1}{\sqrt{N}} \sum_{k=-N/2}^{N/2-1} -jX_k \left(2\pi k\Delta f_{\mathrm{SCS}} + 2\pi f_c\right) e^{j2\pi k\Delta f_{\mathrm{SCS}}(nT_s - \tau) + j2\pi f_c(nT_s - \tau)} \qquad (8\text{-}72)$$

进一步可得一阶导数的平方如式（8-73）。

$$\left\| \left[\frac{\mathrm{d}x[nT_s - \tau]}{\mathrm{d}\tau} \right] \right\|^2 = \left[\frac{\mathrm{d}x[nT_s - \tau]}{\mathrm{d}\tau} \right]\left[\frac{\mathrm{d}x[nT_s - \tau]}{\mathrm{d}\tau} \right]^*$$
$$= \frac{1}{N} \sum_{m,k=-N/2}^{N/2-1} X_k X_m^* \left(2\pi k\Delta f_{\mathrm{SCS}} + 2\pi f_c\right)\left(2\pi m\Delta f_{\mathrm{SCS}} + 2\pi f_c\right) e^{j2\pi\Delta f_{\mathrm{SCS}}(nT_s - \tau)(k-m)} \qquad (8\text{-}73)$$

$$\sum_{n=0}^{N-1}\left\{\left[\frac{\mathrm{d}x[\tau]_n}{\mathrm{d}\tau}\right]^2\right\}$$ 可以根据式（8-74）计算。

$$
\begin{aligned}
&\sum_{n=0}^{N-1}\left\{\left[\frac{\mathrm{d}x[\tau]_n}{\mathrm{d}\tau}\right]^2\right\}\\
&=\frac{1}{N}\sum_{n=0}^{N-1}\sum_{m,k=-N/2}^{N/2-1}X_k X_m^*\left(2\pi k\Delta f_{\mathrm{SCS}}+2\pi f_{\mathrm{c}}\right)\left(2\pi m\Delta f_{\mathrm{SCS}}+2\pi f_{\mathrm{c}}\right)\mathrm{e}^{\mathrm{j}2\pi\Delta f_{\mathrm{SCS}}\left(nT_s-\tau\right)\left(k-m\right)}\\
&=\frac{1}{N}\sum_{m,k=-N/2}^{N/2-1}X_k X_m^*\left(2\pi k\Delta f_{\mathrm{SCS}}+2\pi f_{\mathrm{c}}\right)\left(2\pi m\Delta f_{\mathrm{SCS}}+2\pi f_{\mathrm{c}}\right)\sum_{n=0}^{N-1}\mathrm{e}^{\mathrm{j}2\pi\Delta f_{\mathrm{SCS}}\left(nT_s-\tau\right)\left(k-m\right)}\\
&=\sum_{k=-N/2}^{N/2-1}\left|X_k\right|^2\left(2\pi k\Delta f_{\mathrm{SCS}}+2\pi f_{\mathrm{c}}\right)^2
\end{aligned}
\tag{8-74}
$$

其中，$\sum_{n=0}^{N-1}\mathrm{e}^{\mathrm{j}2\pi\Delta f_{\mathrm{SCS}}\left(nT_s-\tau\right)\left(k-m\right)}=N\delta_{km}$，由式（8-71）可知，基于5G OFDM信号的载波相位估计的CRLB如式（8-75）。

$$
\mathrm{CRLB}(\hat{\tau})=\frac{1}{\mathrm{E}\left[\left(\frac{\mathrm{d}\ln p\left(y;\tau\right)}{\mathrm{d}\tau}\right)^2\right]}=\frac{\sigma^2}{2\sum_{k=-N/2}^{N/2-1}\left|X_k\right|^2\left(2\pi k\Delta f_{\mathrm{SCS}}+2\pi f_{\mathrm{c}}\right)^2}
\tag{8-75}
$$

进一步假设所有子载波上的信号发射功率相同，$\left|X_k\right|^2=P_{\mathrm{s}}$，并且假设 $SNR=\frac{P_{\mathrm{s}}}{\sigma^2}$。此时，基于5G OFDM信号的载波相位测量量的CRLB如式（8-76）。

$$
\mathrm{CRLB}(\hat{\tau})=\frac{1}{8\pi^2 SNR\sum_{k=-N/2}^{N/2-1}\left(k\Delta f_{\mathrm{SCS}}+f_{\mathrm{c}}\right)^2}
\tag{8-76}
$$

根据参考文献[8]可知，在上述假设条件下，基于5G OFDM信号的TOA测量量的CRLB如式（8-77）。

$$
\mathrm{CRLB}(\hat{\tau})=\frac{1}{8\pi^2 SNR\Delta f_{\mathrm{SCS}}^2\sum_{k=-N/2}^{N/2-1}k^2}
\tag{8-77}
$$

对比式（8-76）和式（8-77）可知，载波相位测量量的CRLB主要取决于载波频率，TOA测量量的CRLB主要取决于系统带宽。因此，载波相位定位技术无须使用较大带宽就能够获得厘米级的高精度。

8.6.2 仿真评估

仿真评估采用3GPP Release 17定位增强研究项目给出的室内工厂场景，仿真配置主要参数如表8-1所示（具体的仿真配置和评估内容参见参考文献[27]）。

表8-1　仿真配置参数

仿真参数	参数取值
载波频率	3.5GHz
定位场景	稀疏障碍物和高基站高度的室内工厂场景（InF-SH）
场景大小	长300m，宽150m
移动终端速度	1m/s
TOA测量算法	高分辨率算法
载波相位测量算法	数字PLL

图8-7给出了上行载波相位定位（UL-CPP）和UL-TDOA的仿真结果。由图8-7可知，当CDF=90%时，UL-TDOA定位技术的水平定位精度为0.21m，UL-CPP的水平定位精度为0.026m，这表明UL-CPP将定位精度提高了大约一个数量级。

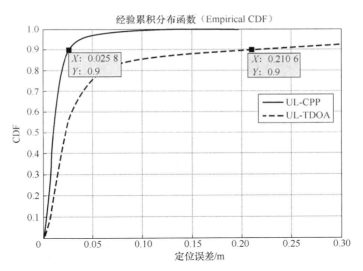

图8-7　UL-CPP和UL-TDOA的仿真结果

(((•))) 8.7　小结

5G NR载波相位定位技术的基本原理是通过测量5G NR信号的载波相位变化，获得传输时延或者距离信息，进行高精度终端定位。3GPP Release 18研究5G NR载波相位定位技术的主要动机是该技术方案能够利用5G NR信号以厘米级的精度确定UE位置，并且能够工作在难以接收到卫星信号的室内环境。

本章主要介绍了5G NR载波相位定位技术的基本原理、信号模型、载波相位定位的4种关键技术、5G NR载波相位定位对3GPP协议的影响等，并通过CRLB性能分析和仿真评估，证明了5G NR载波相位定位技术相对于Release 16的DL-TDOA和UL-TDOA定位技术具有更高的定位精度。

(((•))) 参考文献

[1] 谢钢. GPS 原理与接收机设计[M]. 北京：电子工业出版社，2009.

[2] Intel Corporation, CATT, Ericsson. RP-213588. Revised SID on Study on Expanded and Improved NR Positioning[R]. 2021.

[3] 任斌，张振宇，方荣一，等. 面向 5G-Advanced 无线系统的高精度定位技术[J]. 电信科学，2022, 38(3):9.

[4] Speth M, Fechtel A, et al. Optimum Receiver Design for Wireless Broad-band Systems Using OFDM. I[J]. IEEE Transactions on Communications, 1999, 47(11): 1668-1677.

[5] Goldsmith A. Wireless Communications[M]. Cambridge: Cambridge University Press, 2005.

[6] Kuang L, Ni Z, Lu J, et al. A Time-frequency Decision-feedback Loop for Carrier Frequency Offset Tracking in OFDM Systems[J]. IEEE Transactions on Wireless Communications, 2005, 4(2):367-373.

[7] 3GPP TS 38.133 V17.6.0. NR; Requirements for Support of Radio Resource Management (Release 17)[R]. 2022.

[8] Xu W, Huang M, Zhu C, et al. Maximum likelihood TOA and OTDOA Estimation with First Arriving Path Detection for 3GPP LTE System[J]. Transactions on Emerging Telecommunications Technologies, 2016, 27(3):339-356.

[9] Li X, Pahlavan K. Super-resolution TOA Estimation with Diversity for Indoor Geolocation[J]. IEEE Transactions on Wireless Communications, 2004, 3(1):224-234.

[10] He W, Yue Z, Tian Z, et al. Carrier Phase-based Wi-Fi Indoor Localization Method[C]// 2020 IEEE/CIC International Conference on Communications in China (ICCC). IEEE, 2020.

[11] 李毓照，王世杰，杨国林. 一种改进的 BDS 三频单历元 TCAR 算法[J]. 测绘科学，2019, 44(4): 8.

[12] Shi J. Precise Point Positioning Integer Ambiguity Resolution with Decoupled Clocks[J]. geodesy, 2012.

[13] 黄小平，王岩. 卡尔曼滤波原理及应用：MATLAB 仿真[M]. 北京：电子工业出版社，2015.

[14] CATT. R1-2205165. FL Summary #2 for Improved Accuracy based on NR Carrier Phase Measurement, Moderator[R]. 2021.

[15] 3GPP RAN1. Draft Report of 3GPP TSG RAN WG1 #109-e v0.3.0[R]. 2021.

[16] Dinius A M. GPS Antenna Multipath Rejection Performance[J]. Nasa Sti/recon Technical Report N, 1995.

[17] Dierendonck A J, Fenton P, Ford T. Theory and Performance of Narrow Correlator Spacing in a GPS Receiver[J]. Navigation, 1992, 39(3):265-283.

[18] Conley R. Performance of Stand-alone GPS[J]. Understanding GPS Principles & Applications, 2006.

[19] Sahmoudi M, Landry R J. Multipath Mitigation Techniques Using Maximum-Likelihood Principle[R]. 2008.

[20] Dun H, Tiberius C C J M, Janssen G J M. Positioning in a Multipath Channel Using OFDM Signals with Carrier Phase Tracking[J]. IEEE Access, 2020, (99):1.

[21] Lau L, Cross P. Investigations into Phase Multipath Mitigation Techniques for High Precision Positioning in Difficult Environments[J]. Journal of Navigation, 2007, 60(3):457-482.

[22] Bilich A, Larson K M, Axelrad P. Modeling GPS Phase Multipath with SNR: Case Study from the Salar de Uyuni, Boliva[J]. Journal of Geophysical Research, 2008, 113(B4):B04401.

[23] Rost C, Wanninger L. Carrier Phase Multipath Mitigation based on GNSS Signal Quality Measurements[J]. J. of Applied Geodesy, 2009.

[24] Ray J K, Cannon M E. Mitigation of Static Carrier-Phase Multipath Effects Using Multiple Closely Spaced Antennas[J]. Navigation, 1999.

[25] Moradi R, Schuster W, Feng S, et al. The Carrier-multipath Observable: a New Carrier-phase Multipath Mitigation Technique[J]. GPS Solutions, 2015, 19(1):73-82.

[26] CATT. R1-1900310. NR RAT-dependent DL Positioning[R]. 2019.

[27] CATT. R1-2203469. Discussion on Improved Accuracy based on NR Carrier Phase Measurement[R]. 2022.

[28] Hatch R R. The Synergism of GPS Code and Carrier Measurements[J]. International Geodetic Symposium on Satellite Doppler Positioning, 1982.

[29] Tian R, Dong X. An Improved Divergence-Free Hatch Filter Algorithm Toward Sub-Meter Train Positioning with GNSS Single-Frequency Observations Only[J]. IEEE Access, 2020, (99):1.

[30] 3GPP TS 37.355 V17.0.0. LTE Positioning Protocol (LPP) (Release17)[R]. 2022.

[31] HarryL. VanTrees，范特里斯，等. 检测、估计和调制理论[M]. 北京：电子工业出版社，2007.

第9章

5G定位标准的进展和趋势展望

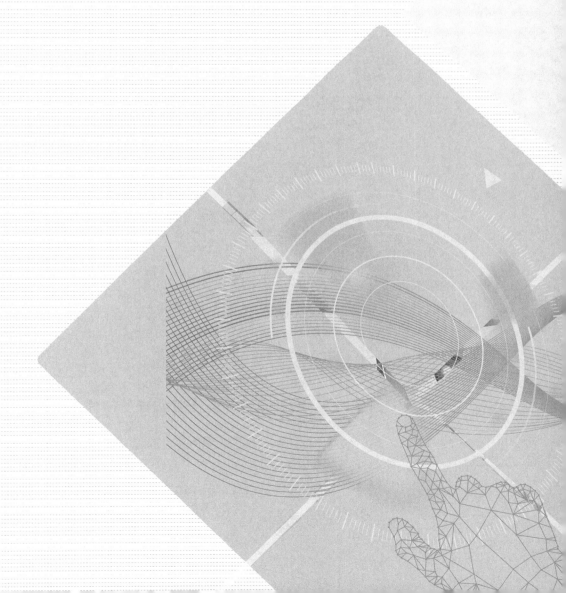

9.1　引言

　　支持各行业中基于位置的服务和应用，为UE提供可靠和准确的位置，一直是3GPP制定标准的关键目标之一。针对各种5G可能支持的定位服务和应用，3GPP制定了相应的定位要求。本章首先介绍3GPP针对各种定位应用所制定的5G定位的性能要求。然后介绍3GPP Release 16和Release 17中重点研究的定位应用场景和所对应的目标性能指标。接着讨论3GPP将在Release 18开始研究的定位方向和第六代蜂窝移动通信系统（6G）定位技术发展的应用场景。通过本章的介绍，读者可以了解到5G定位服务应用的性能指标、目前Release 17已达到的性能指标、在Release 18中正开展的NR定位研究项目和6G定位的发展趋势。

9.2　5G定位场景和性能指标

　　本节从以下7个方面总结5G定位服务的需求指标，以及5G Release 16/17的定位场景和性能指标，具体如下。
- 3GPP协议中5G定位服务总体需求和性能指标。
- 3GPP 5G V2X定位性能指标。
- 3GPP 5G公共安全定位性能指标。
- 3GPP 5G测距业务定位性能指标。
- 3GPP 5G LPHAP（低功耗高精度）定位性能指标。
- 3GPP Release 16 NR定位场景和性能指标。
- 3GPP Release 17 NR定位场景和性能指标。

9.2.1　3GPP协议中5G定位服务总体需求和性能指标

　　3GPP在TS 22.261中定义了5G系统需要采用单一定位和/或混合定位方式，为各种定位服务（包括监管要求、垂直领域和商业应用等）提供绝对定位和/或相对定位服务。对于高精度5G定位服务，TS 22.261定义了7个定位服务等级（PSL），每个PSL都有其对应的覆盖范围和使用环境。针对各个PSL，3GPP规定了定位性能要求，包括定位精度、服务可用性和时延等方面。前6个PSL为绝对定位的性能要求，所要求的水平精度范围从10m（PSL 1）至0.3m（PSL 6），垂直精度范围从3m（PSL 1）至2m（PSL 6）。PSL 7为相对定位的性能要求，水平和垂直精度都为0.2m。所有PSL的定位精度要求均采用95%置信水平。此外，3GPP还定义了每个PSL的服务可用性和定位时延。例如，PSL 6的定位服务可用性为99.9%，定位时延为10ms（备注：关于高精度5G SPL的详细描述和对应的定位性能要求参见TS 22.261协议的7.3节）。

9.2.2　3GPP 5G V2X定位性能要求

TS 22.261规定了5G高精度定位要求。这些要求适用于各种类型的UE，也包括V2X UE。针对V2X的近距离队列应用，TS 22.186还要求支持UE之间相对横向定位精度为0.1m和相对纵向定位精度小于0.5 m。此外，5GAA将58种V2X定位服务应用场景归纳为3组。3GPP TR 38.845进一步定义了这3组V2X定位服务的相应定位性能要求。第1组为信息供应有关的V2X定位服务，例如交通拥堵警告、路线信息、软件更新、病人运输监控和自动代客泊车等，这一组定位服务所需要的水平定位精度较低，范围为10～50m（对应于TS 22.261定义的PSL 1），置信度为68%～95%；第2组V2X定位服务与交通安全监测管理密切相关，例如变道警告、交叉路口左转辅助、紧急刹车警告和车辆健康监测等，这一组定位服务所需要的水平定位精度较高，范围为1～3m（对应于TS 22.261定义的PSL 2～4），置信度为95%～99%；第3组V2X定位服务与智能交通管理密切相关，例如自动驾驶、遥控驾驶、协同机动等，这一组定位服务需要水平定位精度为0.1～0.5m的高精度位置信息（对应于TS 22.261定义的PSL 5～7），置信度为95%～99%。

V2X定位服务的其他性能指标取决于PSL中的服务水平：绝对定位的垂直精度在2～3m，相对定位的垂直精度为0.2m，定位服务可用性为95%～99.9%，定位服务时延为10ms～1s。另外，3GPP协议要求V2X定位服务需要满足室内、室外、网络覆盖内、覆盖外及在有或没有GNSS信号场景下的要求。

另外，3GPP协议要求应在室内、室外、隧道区域提供V2X定位服务。室外和隧道区域需要支持高达250km/h的UE速度，并且无论UE在网络覆盖范围内或在网络覆盖范围外，以及无论GNSS定位是否可用或是否准确，都应满足V2X用例的相应V2X定位要求。

9.2.3　3GPP 5G公共安全定位性能指标

3GPP在TS 22.261中对公共安全定位（"第一响应者"）所定义的水平精度为1m，绝对垂直精度为2m，相对垂直精度为0.3m，位置服务可用性为95%～98%。3GPP协议要求无论UE在室内或室外，在网络覆盖范围内或在网络覆盖范围外，以及无论GNSS定位是否可用或是否准确，都应满足所规定的公共安全定位要求。此外，TS 22.280针对关键任务服务（MCX）定位规定了一些定性的要求。MCX定位要求可用于公共安全应用、海上安全应用及一般商业应用。

9.2.4 3GPP 5G测距业务定位性能指标

测距业务利用一个UE到另一个UE的距离和/或方向来提供应用服务。为此，3GPP在TS 22.261中定义了不同场景下基于测距服务的定位性能要求，其中包括测距的精度、精度置信度（95%）、测距性能的有效距离、无线覆盖条件（覆盖内、覆盖外和部分覆盖）、可用性（95%或99%）、定位时延等。一般而言，测距精度与有效测距范围有关。例如"免提访问"用例的测距精度为10cm，有效测距范围为10m内；"远程搜索"用例的测距精度为20m，有效测距范围为1km内。

9.2.5 3GPP 5G LPHAP定位性能指标

LPHAP是众多工业应用中不可或缺的一部分。3GPP在TS 22.104中定义了IIoT场景的LPHAP要求，包括极低的UE功耗和长达一年或更长时间的电池寿命。典型场景之一是装配区和仓库中的工件跟踪（TS 22.104中的用例6）。该场景要求定位精度为1m，定位间隔为15～30s，电池寿命为6~12个月。

9.2.6 3GPP Release 16 NR定位场景和性能指标

3GPP在Release 16中开始了基于NR信号的定位方法研究，引入了基于NR信号定位方法研究RAT-dependent的定位方法，并定义了基于NR信号定位的目标性能指标，包括政策监管的紧急服务定位性能指标和商业应用定位性能指标。以覆盖80%的用户为基准，紧急服务定位性能指标包括UE水平定位误差范围为50m内、垂直定位误差范围为5m内和定位时延不超过30s。商业应用定位性能指标包括UE水平定位误差范围在室内为3m内、在室外为10m内、UE垂直定位在室内外误差范围为3m内和定位时延为不超过1s。

3GPP在Release 16对基于NR信号的RAT-dependent定位方法的基本性能进行了评估。在评估中使用多种信道场景（室内办公室、UMi和UMa信道）和多种定位技术（DL-TDOA、UL-TDOA、Multi-RTT等）。不同的定位方式呈现不同的定位性能。基本结论是在TR 38.855所定义的仿真假设下，Release 16 NR定位精度性能可以满足Release

16所定义的目标性能指标，具体评估方法和评估结果参见TR 38.855。

9.2.7 3GPP Release 17 NR 定位场景和性能指标

为满足5G应用和垂直行业所带来的更高精度的定位要求，3GPP在Release 17中开展了"NR 定位增强"研究，其目的是为支持高精度（水平和垂直）、低时延、高网络效率（可扩展性、参考信号开销等）、商业用例（一般商业用例和IIoT用例）的高完好性和高设备效率（功耗、复杂性等）提供必要的增强和解决方案。3GPP Release 17对商业用例的定位要求远高于3GPP Release 16，以覆盖90%的用户为基准，分别将UE水平和垂直定位误差范围定义为小于1m和小于3m。此外，3GPP Release 17针对IIoT用例定义了定位要求，以覆盖90%的用户为基准，分别将UE水平和垂直定位误差范围定义为小于0.2m和小于1m，将端到端定位时延定义为小于100ms。

3GPP在Release 17中对采用NR定位增强后的NR定位性能进行了评估。在评估中使用多种信道场景和多种定位技术（DL-TDOA、UL-TDOA、Multi-RTT等）。不同的定位方式呈现出不同的定位性能增强。基本结论是在TR 38.857所定义的仿真假设下，Release 17 NR定位精度性能可以满足Release 17所定义的目标性能指标，具体评估方法和评估结果参见TR 38.857。

((•)) 9.3 5G–Advance定位及6G定位技术展望

为了进一步满足5G定位服务的需求，3GPP在RAN#94e会议上决定在Release 18开展"扩展和提升NR定位"研究项目，研究方向包括直通链路（Sidelink）定位、NR载波相位定位、带宽聚合定位、RAT-dependent定位完好性、LPHAP和RedCap UE定位。此外，3GPP Release 18"NR空口人工智能/机器学习"研究项目包括了人工智能/机器学习定位技术研究。以下简要介绍这些研究方向的背景、内容及预期目标。

9.3.1 直通链路定位

针对无线蜂窝网络"覆盖内、部分覆盖和覆盖外"各种Sidelink定位场景，3GPP制定了绝对和相对的Sidelink定位精度要求。针对"基于测距的服务"的定位场景，3GPP制定了定位精度要求。针对覆盖范围外的IIoT用例，3GPP也制定了Sidelink定位精度的要求。然而直到Release 17，3GPP协议并不支持利用Sidelink信号进行定位。

于是，3GPP决定从Release 18开始研究各种场景下利用Sidelink信号进行定位解决方案。该研究考虑以下因素。

（1）定位场景：包括无线蜂窝网络覆盖内、部分覆盖和覆盖外各种场景。

（2）定位要求：基于TR 38.845、TS22.261和TS22.104中确定的定位要求。

（3）定位用例：V2X（TR 38.845）、公共安全（TR38.845）、商业（TS22.261）和IIoT（TS22.104）。

（4）定位频谱：ITS频谱和授权频谱（注意，3GPP将在RAN#97，根据Sidelink定位对带宽的要求，以及3GPP在非授权频谱进行Sidelink通信的研究进展来决定是否可以考虑利用非授权频谱进行Sidelink定位）。

（5）定位方法：研究和评估各种Sidelink定位（包括相对定位、绝对定位和测距）的潜在解决方案的性能和可行性，以及满足确定的精度要求所需要的带宽要求。所研究内容包括各种Sidelink定位测量、各种Sidelink定位方法及与已有基于Uu接口的定位测量及定位方法组合的定位。

从物理层方面，3GPP已开始研究针对Release 18的Sidelink定位场景、要求和性能评估方法，Release 18研究Sidelink定位参考信号，包括信号设计、资源分配、测量量及相关测量流程等，尽可能重用NR Release 17的现有参考信号和流程等。

从定位架构和高层信令方面，3GPP将研究与Sidelink定位有关的系统参数配置、测量报告及Sidelink定位的实现过程，包括基于UE和基于网络的Sidelink定位。

9.3.2 载波带宽聚合定位

为了满足5G新应用和垂直行业对高精度定位的要求，3GPP Release 18将着重研究两种定位精度增强技术。其中一种是载波带宽聚合技术，通过传输和接收多个载频上的定位参考信号（例如，DL PRS/UL SRS），以提高定位精度。其基本出发点是利用PRS/SRS载波带宽聚合的方式，减小对信号到达时间的检测误差，提高测量精度。该技术的有效性取决于接收机是否能对不同载频上发送的定位信号进行相干接收。相干信号接收要求考虑不同载频上定位信号之间的时序对齐、相位相干性，以及频率误差和功率不平衡的影响。考虑到不同频段上的定位信号难以实现信号之间的时序对齐和相位连续，Release 18载波带宽聚合定位的研究只限于同一频段内的载波带宽聚合。另一种定位精度增强技术是9.3.3节介绍的5G NR载波相位定位技术。

9.3.3 5G NR载波相位定位

GNSS载波相位定位已非常成功地用于厘米级甚至毫米级定位，但局限于室外环境；而5G NR载波相位定位将可用于室内和室外定位。由于5G NR是一个室内和室外多载波通信系统，且5G NR信号强度远远超过GNSS信号强度，因此，5G NR载波相位定位能用于室内和室外高精度定位，且定位时延低、UE功耗小。

3GPP Release 18开始进行NR载波相位定位的研究，采用优先利用Release 16 PRS和SRS定位参考信号的5G NR载波相位定位方法（如有必要，也可考虑新的定位参考信号），研究方向包括如下内容。

（1）UE-based和UE-assisted载波相位定位。

（2）上行载波相位定位和下行载波相位定位。

（3）利用单载波频率载波相位或多个载波频率载波相位测量的NR载波相位定位。

（4）5G NR载波相位定位与其他已标准化的定位方法（如DL-TDOA、UL-TDOA、Multi-RTT等）的组合定位。

具体的研究内容包括如下内容。

（1）整周模糊度对5G NR载波相位定位的影响及消除整周模糊度影响的潜在解决方案。

（2）多径信号对5G NR载波相位定位的影响，以及研究减轻多径对载波相位定位影响的方法。

（3）使用PRU来辅助5G NR载波相位定位。

（4）研究各种误差源（如发射机/接收机时钟/频率误差、天线参考点位置误差、相位中心偏移位置、相位噪声）对载波相位定位的影响。

关于5G NR载波相位定位技术的具体介绍可参见第8章。

9.3.4　蜂窝网络定位完好性

定位完好性是对位置相关数据准确性的信任度及基于网络提供的辅助数据提供及时警告能力的衡量标准。3GPP在Release 17中引入了GNSS定位完好性的标准化。在此基础上，Release 18将引入各种基于NR信号的RAT-dependent定位完好性的标准化，其重点是确定RAT-dependent定位方法的各种主要误差源和误差模型，包括接收机测量误差、辅助数据错误、多径信道的影响和基站同步误差等。在尽可能重用GNSS定位完好性的概念和原则上，Release 18将引入RAT-dependent相关定位技术的完好性解决方案，包括UE-assisted和UE-based定位完好性的方法、信令和流程等。

9.3.5　低功耗高精度定位

为支持IIoT场景的定位应用，3GPP在TS 22.104中对LPHAP的定位精度和功耗提出了相应要求，并决定在Release 18中评估现有3GPP定位功能是否可以支持这些功耗和定位要求。如果评估结果表明现有3GPP定位功能不足以支持这些功耗要求，则3GPP将在Release 18中进一步研究对LPHAP的增强。3GPP在Release 18的LPHAP研究仅限于对RRC_INACTIVE状态和/或RRC_IDLE状态的增强。

Release 18 LPHAP采用以下性能指标。

- 90%的UE的水平定位精度< 1m。
- 定位间隔/占空比为15 ~ 30s。
- UE电池寿命为6个月 ~ 1年。

对于以上性能指标，3GPP RAN1#109e会议的结论是，在定位参考信号带宽至少为100MHz时，利用Release 16/17定位技术可以实现LPHAP水平定位精度<1m的目标。Release 18 RAN1的标准化重点在于研究功耗方面是否满足性能指标要求。

9.3.6 低能力等级终端定位

3GPP在Release 17引入了低能力等级终端（RedCap UE）。相对一般UE，RedCap UE减少了带宽支持并降低了UE实现的复杂性，包括减少了接收天线的数量。虽然3GPP Release 16所定义的定位方法应可以支持RedCap UE的定位，但3GPP没有评估RedCap UE能力降低对定位的影响，也未定义RedCap UE的定位性能指标。因此，3GPP开始在Release 18中研究RedCap UE定位的有关问题，包括首先评估在利用协议已支持的定位方法时，RedCap UE可以达到的定位性能；然后根据评估结果，研究增强定位功能的必要性，必要时，进一步确定增强定位的解决方案。

9.3.7 人工智能/机器学习定位

近年来，人工智能和机器学习在许多应用领域（包括定位领域）都取得了成功。人工智能/机器学习定位方法的主要优点是能够使用观察到的数据，有效地做出决策，而无需准确的数学公式。3GPP在Release 18中开展了NR空中接口人工智能/机器学习研究，探索人工智能/机器学习对增强NR空中接口性能（如提高吞吐量、鲁棒性、准确性或可靠性等）和降低复杂性/开销等方面的好处。

在人工智能/机器学习模型和框架方面，3GPP将研究人工智能/机器学习算法，人工智能/机器学习模型生成/训练/验证/测试/推理/监控/更新的方法，数据集的生成，UE和基站之间的各种协作级别，支持人工智能/机器学习的相关功能、流程、信令和接口等。

该研究项目将通过3个精心挑选的用例，评估人工智能/机器学习定位方法与传统方法相比的性能有何不同，以及对3GPP规范的影响。其中一个用例为不同场景下的定位精度增强。针对定位精度增强用例，3GPP在Release 18中将评估基于人工智能/机器学习算法的定位性能优势。通过链路和系统级仿真，确定基于人工智能/机器学习算法的定位性能、定位时延和计算复杂性，利用人工智能/机器学习进行定位的相关开销、功耗（包括计算）、内存存储和硬件要求，以及泛化能力等。同时，3GPP将评估人工智能/机器学习定位对3GPP协议和规范的潜在影响。在物理层方面，需要考虑人工智能/机器学习定位模型的生命周期管理，训练、验证和测试数据集的构建、辅助信息内容、定位测量和反馈信息等；在高层信令方面，需要考虑系统参数配置和控制程序（训练/推理），以及数据和人工智能/机器学习模型管理等；在互操作性和可测试性方面，需要考虑人工智能/机器学习定位的性能验证测试框架和要求等。此外，还需要考虑人工智能/机器学习定位对UE和基站处理能力定义的需求和影响。

9.3.8　6G定位技术展望

6G将是一个高度智能化的无线系统，将引入比5G更高的频率范围、更大的带宽及更大规模的天线阵列，不仅提供超高速数据通信，还提供超高精度定位和超高分辨率感知服务。6G将是具有非常精细的位置、距离、角度和速度分辨率的传感系统，达到厘米级定位精度。AI/ML技术将广泛应用于6G中，充分利用大数据和丰富的时频资源来解决6G无线通信系统中的问题。

6G系统的设计需要充分考虑通信、定位和感知如何共存、共享相同的时频空间资源；需要通过实现智能网络管理，将定位、感知和通信完整地融为一体，以改善频谱和能量效率，降低通信、定位和感知的时延。高精度定位和感知将是推动许多6G应用发展的关键，包括自动驾驶、未来工厂、智慧城市、虚拟/增强现实（VR/AR）和公共安全等。6G无线系统的运行环境（更高频率、更大带宽、更大规模的天线和更密集的Uu/Sidelink接口网络）有助于实现高精度定位。同样，精确的定位信息和感知信息也将被充分用于提高数据通信效率，例如协助通信信道估计、波束成形和管理等。

将通信、定位和感知完整地融合为一体，需要解决一系列5G系统中未考虑和未解决的问题。丰富的射频频谱、智能反射表面增强映射、精确波束空间处理、人工智能/机器学习智能定位和感知有可能成为6G感知通信系统的主要使能技术。同步定位和映射（SLAM）方法将能够实现多样化的高级扩展现实（XR）应用、自动驾驶和无人机导航。高分辨率角度和距离、多普勒处理定位、雷达和传感都有助于高精度定位。通过大规模天线阵列可获得高分辨率角度，而毫米波和太赫兹频率可使大规模天线阵列组件小型化；高频载波的大带宽可提高距离分辨率；太赫兹信号更短的波长支持具有精细空间的大规模天线阵（角度和时延）的分辨率，从而实现高度定向传感和成像应用；毫米波和太赫兹信号受到高传播损耗、功率限制和阻塞，需要高度定向的铅笔状天线波束来补偿信道损伤。通过实现这样高度定向的铅笔状天线波束在波束空间域中扫描，就可以创建周围环境的实时、详细的3D地图。波束成形还形成了定位和通信之间的重要联系，类似铅笔的光束受益于准确的位置信息。

可配置智能表面（RIS），也被称为智能反射表面（IRS），因通过智能地重新配置无线传播环境来提高无线网络容量和覆盖范围而受到广泛关注，被认为是6G系统的候选技术之一。RIS不仅可以用于突破障碍物造成的通信阻塞，还可以用于室内多径环境下的高精度定位。

(•) 9.4 小结

本章介绍了3GPP对5G各种定位应用制定的性能要求、3GPP Release 16和Release 17所研究的定位应用场景及对应的目标性能、3GPP Release 18开始研究的定位方向，以及6G定位技术的应用场景和发展趋势。3GPP在2022年5月至2022年12月底开展Release 18定位方向的研究项目。在完成研究项目后，3GPP预计将从2023年1月至2023年12月底进行Release 18定位方向的标准化工作项目的研究。预期3GPP将在Release 18中基本完成它为5G各种定位应用制定的性能要求。

目前，学术界和无线通信产业界对6G的研究已在大力地筹划和开展。通过引入毫米波和太赫兹频段、超大通信带宽、超窄波束成形能力、新的天线技术和人工智能等技术，6G将是一个集高无线数据通信速率、高精度定位、高分辨率雷达感知为一体的高度智能化系统，以便支持未来大量的6G新兴服务（例如智能城市）。值得一提的是，长期以来，无线通信系统的数据通信功能设计与定位功能设计基本是分开考虑的。在6G通信系统中，通信、定位和感知将为相互共存的一体，共享6G系统时频空间资源。UE定位和跟踪及对周围环境的感知将与核心通信功能密不可分，因此，6G系统研究和设计从一开始就应该充分考虑通信、定位和感知的共存和协作。

((·)) 参考文献

[1] 3GPP TS 22.261 V18.5.0. Service Requirements for the 5G System; Stage 1 (Release 18)[R]. 2022.

[2] 3GPP TS 22.186 V16.2.0. Enhancement of 3GPP Support for V2X Scenarios; Stage 1 (Release 16)[R]. 2019.

[3] 5GAA. RP-210040. Reply LS to RP-201390 on Requirements of In-coverage, Partial Coverage, and Out-of-coverage Positioning Use Cases[R]. 2021.

[4] 3GPP TR 38.845 V17.0.0. Study on Scenarios and Requirements of In-coverage, Partial Coverage, and Out-of-coverage NR Positioning Use Cases; Stage 1 (Release 17)[R]. 2021.

[5] 3GPP TS 22.280 V18.0.0. Mission Critical Services Common Requirements （MCCoRe）; Stage 1 (Release 18)[R].2021.

[6] 3GPP TS 22.104 V18.3.0. Service Requirements for Cyber-physical Control Applications in Vertical Domains. Stage 1 (Release 18)[R].2021.

[7] Intel Corporation, Ericsson. RP-182155. Revised SID: Study on NR Positioning Support[R]. 2018.

[8] Intel Corporation, Ericsson. RP-191156. Revised WID: NR Positioning Support[R]. 2019.

[9] 3GPP TR 38.855 V16.0.0. Study on NR Positioning Support (Release 16)[R]. 2019.

[10] 3GPP TR 38.901 V17.0.0. Study on Channel Model for Frequencies from 0.5 to 100 GHz; Stage 1 (Release 17)[R]. 2021.

[11] CATT, Intel Corporation. RP-202094. Revised SID: Study on NR Positioning Enhancements[R]. 2020.

[12] 3GPP. RP-210903. Revised WID on NR Positioning Enhancements[R]. 3GPP TSG RAN Meeting#91e, 2021.

[13] 3GPP TR 38.857 V17.0.0. Study on NR Positioning Enhancements (Release 17)[R]. 2021.

[14] 3GPP. RP-213588. Revised SID on Study on Expanded and Improved NR Positioning[R].2021.

[15] 3GPP. RP-213661. New SID on Study on Further NR RedCap UE Complexity Reduction[R]. 2021.

[16] 3GPP TR 38.875 V17.0.0. Study on Support of Reduced Capability NR Devices (Release 17)[R]. 2019.

[17] 3GPP. RP-213661. New SID on Study on Further NR RedCap UE Complexity Reduction[R].

2021.

[18]Nessa A, Adhikari B, Hussain F, et al. A Survey of Machine Learning for Indoor Positioning[J]. IEEE Access, 2020, 8:214945-214965.

[19]3GPP. RP-213599. New SI: Study on Artificial Intelligence (AI)/Machine Learning (ML) for NR Air Interface[R].2021.

[20]Bourdoux A, Barreto A N, Liempd B V, et al. 6G White Paper on Localization and Sensing[J]. 2020.

[21]Huang B, Zhao J, Liu J. A Survey of Simultaneous Localization and Mapping with an Envision in 6G Wireless Networks[J]. 2019.

[22]Wymeersch H, Shrestha D, CMD Lima, et al. Integration of Communication and Sensing in 6G: a Joint Industrial and Academic Perspective[C]. 2021.

[23]Shastri A. A Review of Millimeter Wave Device-Based Localization and Device-Free Sensing Technologies and Applications[J]. IEEE Communications Surveys & Tutorials, 2022, 24(3): 1708-1749.

[24]Liu Y, Liu X, Mu X, et al. Reconfigurable Intelligent Surfaces: Principles and Opportunities[J]. IEEE Communications Surveys & Tutorials, 2021, 23(3): 1546-1577.

[25]Elzanaty A, Guerra A, Guidi F, et al. Reconfigurable Intelligent Surfaces for Localization: Position and Orientation Error Bounds[J]. IEEE Transactions on Signal Processing, 2021.

[26]Intel Corporation. R1-2205527. FL summary #2 on SL Positioning Scenarios and Requirements, Moderator[R]. 2022.

[27]CATT, GOHIGH. R1-2203465. Discussion on SL Positioning Scenarios and Requirements[R]. 2022.

[28]ZTE. R1-2205228. Summary #2 of [109-e-R18-Pos-03] Email Discussion on Evaluation of SL Positioning, Moderator[R]. 2022.

[29]CATT, GOHIGH. R1-2203466. Evaluation Methodology and Performance Evaluation for SL Positioning[R]. 2022.

[30]Qualcomm. R1-2205457. Moderator Summary #2 for [109-e-R18-Pos-04] Email Discussion on Potential Solutions for SL Positioning, Moderator[R]. 2022.

[31]CATT, GOHIGH. R1-2203467. Discussion on Potential Solutions for SL Positioning[R]. 2022.

[32]CATT. R1-2205165. FL Summary #2 for Improved Accuracy Based on NR Carrier Phase Measurement[R]. 2022.

[33]CATT. R1-2203469. Discussion on Improved Accuracy Based on NR Carrier Phase Measurement[R]. 2022.

[34]CMCC. R1-2205594. FL Summary for AI 9.5.2.3 – Low Power High Accuracy Positioning

（EOM）[R]. 2022.

[35] CATT. R1-2203470. Discussion on Low Power High Accuracy Positioning[R]. 2022.

[36] Ericsson. R1-2205526. Feature Lead Summary#1 for [109-e-R18-Pos-08] Positioning for RedCap UEs[R]. 2022.

[37] CATT. R1-2203471. Discussion on Positioning for RedCap UEs[R]. 2022.

缩略语

1G	1st Generation	第一代蜂窝移动通信系统
2G	2nd Generation	第二代蜂窝移动通信系统
3G	3rd Generation	第三代蜂窝移动通信系统
3GPP	3rd Generation Partnership Project	第三代合作伙伴计划
4G	4th Generation	第四代蜂窝移动通信系统
5G	5th Generation	第五代蜂窝移动通信系统
6G	6th Generation	第六代蜂窝移动通信系统
A-AoA	Azimuth Angle of Arrival	到达方位角
AF	Application Function	应用功能
AFA	Autonomous Frequency Adjustment	自动频率调整
AFLT	Advanced Forward Link Trilateration	高级前向链路三边测量
A-GNSS	Assisted-Global Navigation Satellite System	网络辅助的全球导航卫星系统
AI	Artificial Intelligence	人工智能
AMF	Access and Mobility Management Function	接入和移动性管理功能
AMPS	Advanced Mobile Phone System	高级移动电话系统
AoD	Angle of Departure	离开角
AoA	Angle of Arrival	到达角
ATA	Autonomous Time Adjustment	自动时间调整
BDS	BeiDou Navigation Satellite System	北斗导航卫星系统
BLE	Bluetooth Low Energy	低功耗蓝牙
BWP	BandWidth Part	带宽部分
CDF	Cumulative Distribution Function	累积分布函数
CFR	Channel Frequency Response	信道频域响应
CID	Cell Identification	小区标识
CIoT	Cellular Internet of Things	蜂窝物联网

CIR	Channel Impulse Response	信道冲激响应
CP	Cyclic Prefix	循环前缀
CPP	Carrier Phase Positioning	载波相位定位
C-PRS	Carrier phase-PRS	载波相位定位参考信号
CSI-RSRP	Reference Signal Received Power of CSI-RS	信道状态信息参考信号接收功率
CSI-RSRQ	Reference Signal Received Quality of CSI-RS	信道状态信息参考信号接收质量
CSS	Common Search Space	公共搜索空间
CU	Centralized Unit	集中（控制）单元
DCI	Downlink Control Information	下行控制信息
DNS	Domain Name System	域名系统
DL	Downlink	下行链路
DL-TDOA	Downlink-Time Difference of Arrival	下行链路到达时间差
DS-UWB	Direct-Sequence Ultra Wideband	直接序列（扩频）超宽带
DU	Distributed Unit	分布单元
ECEF	Earth-Centered Earth-Fixed	地心地固（坐标系）
ECI	Earth-Centered-Inertial	地心惯性（坐标系）
E-CID	Enhanced-Cell Identification	增强小区标识
EGNOS	European Geostationary Navigation Overlay Service	欧洲星基增强系统
E-OTD	Enhanced Observed Time Difference	增强观测时间差
EPRE	Energy Per Resource Element	每个资源单元的能量
ESPRIT	Estimation of Signal Parameters via Rotational Invariance Techniques	基于旋转不变技术估计信号参数
E-SMLC	Evolved Serving Mobile Location Centre	演进的服务移动位置中心
EWL	Extra-Wide-Lane	超宽巷
FCC	Federal Communications Commission	美国联邦通信委员会
FDD	Frequency Division Duplex	频分双工
FDM	Frequency Division Multiplexing	频分复用
FDMA	Frequency Division Multiple Access	频分多址
FR1	Frequency Range 1	频率范围 1
FR2	Frequency Range 2	频率范围 2
gNB	next generation NodeB	5G 基站
GAGAN	GPS Aided Geo Augmented Navigation	GPS 辅助地理增强导航
GLONASS	Global Navigation Satellite System	（俄罗斯格洛纳斯）全球导航卫星系统

GMLC	Gateway Mobile Location Centre	网关移动位置中心
GNSS	Global Navigation Satellite System	全球导航卫星系统
GPS	Global Positioning System	全球定位系统
GRS80	Geodetic Reference System 1980	1980 大地参考坐标系
Galileo	Galileo Satellite Navigation System	（欧盟）伽利略导航卫星系统
IMS	Internet Protocal Multimedia Subsystem	互联网协议多媒体子系统
IMU	Inertial Measurement Unit	惯性测量单元
IIoT	Industrial Internet of Things	工业物联网
IRS	Intelligent Reflecting Surface	智能反射表面
LCS	LoCation Service	位置服务
LDR	Location Deferred Request	延迟位置请求
LMF	Location Management Function	位置管理功能
LOS	Line Of Sight	视距
LPHAP	Low Power and High Accuracy Positioning	低功耗高精度定位
LPP	LTE Positioning Protocol	LTE 定位协议
LRF	Location Retrieval Function	位置检索功能
LS	Least Square	最小二乘法
LTE	Long Term Evolution	长期演进系统
MAC	Medium Access Control	媒体接入控制
MBOA	Multiband OFDM Alliance	多频带 OFDM 联盟
MCX	Mission Critical Service	关键任务服务
ML	Machine Learning	机器学习
MM	Mobility Management	移动性管理
MO-LR	Mobile Originated -Location Request	终端主叫位置请求
MT-LR	Mobile Terminated -Location Request	终端被叫位置请求
MSE	Mean Square Error	均方误差
MSAS	Multi-Functional Satellite Augmentation System	多功能卫星增强系统
Multi-RTT	Multiple Cell - Round Trip Time	多小区往返行程时间
MUSIC	MUltiple Signal Classification	多重信号分类
ng-eNB	next generation eNodeB	可接入 5G 核心网的 4G 基站
NAS	Non-Access-Stratum	非接入层
NEF	Network Exposure Function	网络开放功能
NI-LR	Network Induced Location Request	网络触发的位置请求

NG-RAN	New Generation RAN	新一代无线接入网
NR	New Radio	新空口
NRF	Network Repository Function	网络存储功能
NRPPa	NR Positioning Protocol A	新空口定位协议 A
OTDOA	Observed Time Difference of Arrival	观测到达时间差
OFDM	Orthogonal Frequency Division Multiplexing	正交频分复用
PAPR	Peak-to-Average Power Ratio	峰均功率比
PDU	Packet Data Unit	分组数据单元
PEI	Permanent Equipment Identifier	永久设备标识
PLMN	Public Land Mobile Network	公共陆地移动网络
PPP	Precise Point Positioning	精密单点定位
PRB	Physical Resource Block	物理资源块
PRS	Positioning Reference Signal	定位参考信号
PSL	Positioning Service Level	定位服务等级
QCL	Quasi-CoLocation	准共址
QoS	Quality of Service	业务质量
QPSK	Quadrature Phase Shift Keying	四相移相键控
QZSS	Quasi-Zenith Satellite System	准天顶卫星系统
RAN	Radio Access Network	无线接入网络
RAR	Radom Access Response	随机接入响应
RAT	Radio Access Technology	无线接入技术
RE	Resource Element	资源单元
RMSE	Root Mean Square Error	均方根误差
RIS	Reconfigurable Intelligent Surfaces	可配置智能表面
RRM	Radio Resource Management	无线资源管理
RSRP	Reference Signal Received Power	参考信号接收功率
RSRPP	Reference Signal Received Path Power	参考信号接收路径功率
RSTD	Relative Signal Time Difference	相对信号到达时间差
RSSI	Received Signal Strength Indicator	接收信号强度指示
RTK	Real-Time Kinematic	实时动态（定位）
RTOA	Relative Time of Arrival	相对到达时间
RTT	Round Trip Time	往返行程时间
SBAS	Satellite Based Augmentation System	星基增强系统

SCS	Sub-Carrier Spacing	子载波间隔
SET	SUPL Enabled Terminal	安全用户面使能终端
SLAM	Simultaneous Localization and Mapping	同步定位和映射
SLP	SUPL Location Platform	安全用户面位置平台
SM	Session Management	会话管理
SMF	Session Management Function	会话管理功能
SNR	Signal to Noise Ratio	信噪比
SI	System Information	系统信息
SIB	System Information Block	系统信息块
SRS	Sounding Reference Signal	探测参考信号
SRS-Pos	Sounding Reference Signal for Positioning	用于定位的探测参考信号
SSB	Synchronization Signal /PBCH Block	同步信号/物理广播信道块
SS-RSRP	Reference Signal Received Power of Synchronization Signal	同步参考信号接收功率
SS-RSRQ	Reference Signal Received Quality of Synchronization Signal	同步参考信号接收质量
SSR	State Space Representation	状态空间表示
SUPL	Secure User Plane Location	安全用户面位置
TA	Timing Advance	定时提前
TBS	Terrestrial Beacon System	地面定位系统
TDD	Time-Division Duplex	时分双工
TDM	Time Division Multiplexing	时分复用
TDMA	Time Division Multiple Access	时分多址
TE	Timing Error	定时误差
TEG	Timing Error Group	定时误差组
TOA	Time of Arrival	到达时间
TRP	Transmission and Reception Point	收发点
TIFF	Time to First Fix	首次修复时间
UE	User Equipment	用户设备
UDM	Unified Data Management	统一数据管理
UMTS	Universal Mobile Telecommunications System	通用移动通信系统
UL	Uplink	上行链路
UL-TDOA	Uplink-Time Difference of Arrival	上行链路到达时间差
URA	User Range Accuracy	用户范围精度

URI	Uniform Resource Identifier	统一资源标识符
UWB	Ultra Wideband	超宽带
V2X	Vehicle-to-Everything	车联网
WAAS	Wide Area Augmentation System	广域增强系统
WL	Wide-Lane	宽巷
WLAN	Wireless Local Access Network	无线局域网
XR	Extended Reality	扩展现实
Z-AoA	Zenith Angle of Arrival	到达俯仰角